全国应用型高等院校土建类"十二五"规划教材

建筑工程经济

（第2版）

主　编　陈志华　刘　勇

副主编　张　玲　王一举　王丽玫

U0217499

中国水利水电出版社
www.waterpub.com.cn

内 容 提 要

本教材属"全国应用型高等院校土建类'十二五'规划教材"，是依据现行规程规范，结合院校学生实际能力和就业特点，根据教学大纲及培养技术应用型人才的总目标编写。对基本理论的讲授以应用为目的，教学内容以必需、够用为度，突出实训、实例教学，力求体现高职高专、应用型本科教育注重职业能力培养的特点。

本教材共分9章，内容包括：绪论、现金流量的构成与资金等值计算、工程项目的经济效果评价方法、工程项目的不确定性分析、设备更新的经济分析、建设项目的财务评价、工程项目的国民经济评价、建设项目的可行性研究、价值工程。

本教材图文并茂、深入浅出、简繁得当，可作为高职高专院校、应用型本科院校土建类建筑工程、工程造价、建设监理等专业的教材使用；亦可为工程技术人员的参考借鉴，也可作为成人、函授、网络教育、自学考试等参考用书使用。

图书在版编目（CIP）数据

建筑工程经济 / 陈志华，刘勇主编. -- 2版. -- 北京 : 中国水利水电出版社，2012.2 (2018.1重印)
全国应用型高等院校土建类"十二五"规划教材
ISBN 978-7-5084-9468-5

Ⅰ．①建… Ⅱ．①陈… ②刘… Ⅲ．①建筑经济－高等学校－教材 Ⅳ．①F407.9

中国版本图书馆CIP数据核字（2012）第024115号

书　　名	全国应用型高等院校土建类"十二五"规划教材 **建筑工程经济（第2版）**
作　　者	主编　陈志华　刘　勇
出版发行	中国水利水电出版社 （北京市海淀区玉渊潭南路1号D座　100038） 网址：www.waterpub.com.cn E-mail：sales@waterpub.com.cn 电话：（010）68367658（营销中心）
经　　售	北京科水图书销售中心（零售） 电话：（010）88383994、63202643、68545874 全国各地新华书店和相关出版物销售网点
排　　版	中国水利水电出版社微机排版中心
印　　刷	北京瑞斯通印务发展有限公司
规　　格	184mm×260mm　16开本　13.5印张　320千字
版　　次	2009年2月第1版　2009年2月第1次印刷 2012年2月第2版　2018年1月第4次印刷
印　　数	12001—15000册
定　　价	**28.00元**

凡购买我社图书，如有缺页、倒页、脱页的，本社营销中心负责调换

编 委 会

序

随着我国建设行业的快速发展，建筑行业对专业人才的需求也呈现出多层面的变化，从而对院校人才培养提出了更细致、更实效的要求。我国因此大力发展职业技术教育，大量培养高素质的技能型、应用型人才，教育部也就此提出了实施要求和教改方案。快速发展起来的高等职业教育和应用型本科教育是直接为地方或行业经济发展服务的，是我国高等教育的重要组成部分，应该以就业为导向，培养目标应突出职业性、行业性的特点，从而为社会输送生产、建设、管理、服务第一线需要的专门人才。

在上述背景下，作为院校三大基本建设之一的高等职业及应用型本科教育的教材改革和建设必须予以足够的重视。目前，技术型、应用型教育的办学主体多种多样，各种办学主体对培养目标也各有理解，使用的教材也复杂多样，但总体来讲，相关教材建设还处于探索阶段。

中国水利水电出版社在"全国应用型高等院校土建类'十一五'规划教材"的出版基础上，结合当前高职教育和应用型本科教育的发展特点，按照教育部相关最新要求，组织出版了"全国应用型高等院校土建类'十二五'规划教材"。

本套教材从培养技术应用型人才的总目标出发予以编写，具有以下特点：

（1）教材结合当前院校生源和就业特点、以培养"有大学文化水平的能工巧匠"为教学目标来编写。

（2）教材编写者均经过院校推荐、编委会资格审定筛选而来，均为院校一线骨干教师，具有丰富的教学和实践经验。

（3）教材结合新知识、新技术、新工艺、新材料、新法规、新案例，对基本理论的讲授以应用为目的，教学内容以"必需、够用"为度；在教材的编写中加强实践性教学环节，融入足够的实训内容，保证对学生实践能力的培养。

（4）教材编写力求周期短、更新快，在原有教材的基础上予以改版修订，力求延续性与时代性兼顾，从而紧跟行业发展步伐，体现高等技术应用性人才的培养要求。

本套教材图文并茂、深入浅出、简繁得当，可作为高职高专院校、应用型本科院校土建类建筑工程、工程造价、建设监理等专业教材使用，其中小部分教材根据其内容特点明确了适用的细分专业；该套教材亦可为工程技术人员的参考借鉴，也可作为成人、函授、网络教育、自学考试等参考用书使用。

　　"全国应用型高等院校土建类'十二五'规划教材"的出版是对高职高专、应用型本科教材建设的一次有益探索，限于编者的水平和经验，书中难免有不妥之处，恳请广大读者和同行专家批评指正。

编委会

2012 年 1 月

前　　言

随着社会生产力的发展，工程技术已经成为经济的一个不可分割的部分，孤立于经济之外的工程技术是没有生命力的，经济的发展更离不开工程技术的进步。建筑工程经济正是一门研究工程（技术）领域经济问题和经济规律的科学，即研究为实现一定功能而提出的技术上可行的技术方案、生产过程、产品或服务，在经济上进行分析、论证的方法的科学。建筑工程经济是从事土木工程管理、设计和施工的工程技术和管理人员必备的基础知识，该课程作为工程造价、建筑工程技术等专业的一门专业基础课，在培养方案中是工程造价、建筑工程技术专业的学科平台课程。通过本课程的教学，使学生掌握建筑工程经济的基本原理和方法，并具备初步的进行工程项目经济分析和工程方案比较与选择的技能。

本教材以国家发展和改革委员会及住房和城乡建设部 2006 年颁布的《建设项目经济评价方法与参数》（第三版）的有关规定为依据，结合我国工程项目管理的实践，在内容选取方面充分考虑了相关知识的系统性和合理性。各章内容的编写注重理论联系实际，注重相关理论和方法在工程实践中的应用，注意分析最新评价方法的特征以及新旧方法之间的内在联系。本教材配有大量的例题和习题，可供学习者参考，充分体现了教材的实用性和可读性。

本教材共分 9 章，内容包括绪论、现金流量的构成与资金等值计算、工程项目的经济效果评价方法、工程项目的不确定性分析、设备更新的经济分析、建设项目的财务评价、工程项目的国民经济评价、建设项目的可行性研究、价值工程。

本书由太原电力高等专科学校陈志华、淮北职业技术学院刘勇任主编；山东水利职业技术学院张玲、兰州工业专科学校王一举、廊坊师范学院王丽玫任副主编。具体分工如下：太原电力高等专科学校陈志华编写第 1 章、第 6 章；廊坊师范学院颜华编写第 2 章；廊坊师范学院王丽玫编写第 3 章；淮北职业技术学院刘勇编写第 4 章；兰州工业专科学校王一举编写第 5 章；太原电力高等专科学校高喜兰编写第 7 章；浙江工商职业技术学院王佳编写第 8 章；山东水利职业技术学院张玲编写第 9 章。陈志华和刘勇负责全书的统稿。

限于编写人员的水平，书中难免有不足之处，恳请读者和专家同行们批评指正。

编者
2012 年 1 月

目　　录

第1章 绪 论

本章要点

了解建筑工程经济的研究目的和相关的基本概念；了解建筑工程经济的研究内容。

1.1 什么是建筑工程经济

人类社会的发展是以经济发展为标志的，而经济发展依赖于技术进步。任何技术的采用都必然消耗人力、物力、财力等各类自然资源以及无形资源。这些有形和无形资源都是某种意义下的稀有资源。例如，在工程实践中，工程技术人员将涉及各种方案的选择对于人类日益增长的物质生活和文化生活的需求，再多的资源都是不足的。另外，同一种资源往往有多种用途，人类的各种需求又有轻重缓急之分。因此，如何把有限的资源合理地配置到各种生产经营活动中，是人类生产活动有史以来就存在的问题。

在日常生活中，人们对所遇到的事情都要进行选择，例如采购一样物品时，人们总是会选择适合自己使用的同时，价格又便宜的物品。同样，在工程实践中，工程技术人员将涉及各种设计方案、工艺流程方案的选择，工程管理人员会遇到投资决策、生产计划安排和人员调配问题，解决这些问题也有多种方案。由于技术上可行的各方案可能涉及不同的投资、不同的经常性费用和收益，因此就要对这些方案进行比较，判断一个方案是否在经济上更为合理，这就是建筑工程经济所要解决的问题。

那么什么是建筑工程经济呢？目前有以下四种观点：一是研究建设工程中技术方案、技术规划、技术措施等的经济效果，通过计算分析寻找具有最佳经济效果的技术方案。二是研究工程技术与经济的关系，探讨它们之间相互促进、协调发展的途径，以达到技术和经济的最佳结合。三是研究如何通过技术创新，推动技术进步，促进企业发展和国民经济增长的科学。四是研究生产和建设中各种技术经济问题的科学。

综合上述观点，我们可以将建筑工程经济定义为一门研究工程（技术）领域经济问题和经济规律的科学，即研究为实现一定功能而提出的技术上可行的技术方案、生产过程、产品或服务，在经济上进行分析、论证的方法的科学。

1.1.1 建筑工程经济的相关概念

要弄清楚建筑工程与经济的关系，首先要了解建筑工程技术与经济的概念。

（1）建筑工程。建筑工程是指人们应用科学的理论、技术的手段和设备来完成的较大而复杂的具体实践活动。建筑工程的范畴很大，包括为新建、改建或扩建房屋建筑物和附属构筑物设施所进行的规划、勘察、设计和施工、竣工等各项技术工作和完成的工程实体。例如土木工程、安装工程、设备采购工程等。

（2）技术。技术是人类在认识自然和改造自然的实践中积累起来的有关生产劳动的经验、知识、技巧和设备等。建筑工程经济中的技术不同于我们日常生活中的工程技术概念，它属于广义的范畴，一般包括以下四个方面：

1）劳动工具。包括生产设施、生产设备和生产工具。

2）劳动技能。包括生产技术、制造技术、管理技术、决策技术和信息技术等。

3）劳动对象。包括原材料和产品等。

4）劳动组织和管理。包括作业程序、劳动生产方面的经验和技巧、管理方法和手段、其他技巧等。

工程和技术是密不可分的，它们之间相互渗透、相互制约、相互促进。技术是工程的根本，也是工程管理的依托。要取得一个工程的成功必须选择科学的技术方案，并保证准确实施这些方案。

（3）经济。包括三方面的含义：

1）经济是指生产关系。指人类社会发展到一定阶段的社会经济体制，是人类社会生产关系的总和，也是上层建筑赖以存在的经济基础。如马克思的政治经济学研究的经济的含义，国家的宏观经济政策、经济分配体制等。

2）经济是指社会生产和再生产。即物质资料的生产、交换、分配、消费的现象和过程。如社会生产和再生产中的经济效益、经济规模等。

3）经济是指节约或节省。指在社会生活中，对资源的有效利用和节约，如建筑工程经济中研究的经济含义。

1.1.2 工程与经济之间的关系

在人类进行物质生产、交换活动中，工程（技术）与经济是始终并存的，是不可分割的两个方面。两者相互促进、相互制约的关系，使任何工程的实施和技术的应用不仅是一个技术问题，同时又是一个经济问题。

人们建设一个工程不仅追求工程顺利建成和运营，实现使用功能，而且还要取得高的经济效益。工程的技术问题、融资方案、工期安排都会对工程的建造成本、工程产品的价格、收益、利润、投资回报等产生影响。工程过程中有许多技术、管理和经济的变量交织在一起，现代工程对经济性的要求越来越高，资金限制也越来越严格，经济性和资金问题已经成为现代工程是否立项和能否取得成功的关键。

技术经济分析能够帮助我们在一个投资项目尚未实施之前估计出它的经济效果，并通过对不同方案的比较，选出最有效利用现有资源的方案，从而使投资决策建立在科学分析的基础上。技术经济分析是技术服务于生产建设的一个重要环节，在经济、技术决策中占有重要地位。

1.2 建筑工程经济的研究内容

工程技术有两类问题，一类是科学技术方面的问题，侧重研究如何把自然规律应用于工程实践，这些知识构成了诸如工程力学、工程材料学等学科的内容；另一类经济分析方面的问题，侧重研究经济规律在工程问题中的应用，这些知识构成工程经济类学科的内容。

"建筑工程经济"课程既是工程造价专业的一门专业基础课，也是一门实用的专业技术课程。本书主要是作为培养未来的土木工程师、建筑设计师、造价工程师和建造师的工程造价、建筑装饰等专业的教材。全书分为9章。前4章是建筑工程经济的基本原理，包括绪论、现金流量的构成与资金等值计算、工程项目的经济效果评价方法、工程项目的不确定性分析等；后5章是建筑工程经济分析研究与应用，包括设备更新的经济分析、工程项目的财务评价、工程项目的国民经济评价、建设项目的可行性研究、价值工程等。通过本书的学习，使读者掌握建筑工程经济的基本原理和方法，并具备初步的进行工程项目经济分析和工程方案比较与选择的技能。

? 思考题

1. 建筑工程经济的研究内容是什么？
2. 如何正确理解工程技术与经济的关系？

第2章 现金流量的构成与资金等值计算

本章要点

了解现金流量的构成、资金时间价值的概念及其影响因素；熟悉现金流量图的绘制；熟练掌握一次支付型和多次支付型资金等值的计算；了解名义利率和实际利率的区别及计算。

2.1 资金时间价值理论

2.1.1 资金时间价值的概念

资金的时间价值，是指资金在用于生产、流通过程中，将随时间推移而不断增值的能力，它是社会劳动创造价值能力的一种表现形式。

资金具有随着时间过程的延长而增值的能力。但是，一般的货币不会自然而然的增值，只有同劳动结合的资金才有时间价值。因为这种物化为劳动及其相应的生产资料的货币，已转化为生产要素，经过生产和流通过程，回流的货币量比原来支付的货币量更大，我们从时间因素上去考察这种增值的动态变化，即资金的时间价值。

利润和利息是资金时间价值的基本形式，它们都是社会资金增值的一部分，是社会剩余劳动在不同部门的再分配。利润由生产和经营部门产生，利息是以信贷为媒介的资金使用权的报酬，二者都是资金投入后在一定时期内产生的增值。对于利息和利润的获得者来说，利润和利息都是一种收入，都是投资得到的报酬。利息是贷款者的报酬，而利润则是生产经营者的报酬。在经济评价中用以度量资金时间价值的"折现率"，是指贷款人或企业经营者对其投资得到的利息率或利润率，也是指企业使用贷款人的资金或自有资金来支付人力、物力耗费，用以经营企业所获得的收益率。

衡量资金时间价值的尺度是社会平均收益率，或称社会折现率，折现率反映了对未来货币价值所作的衡量。社会平均的资金收益率，各国不等，一般为公债利率与平均风险利率之和。

劳动时间价值概念的建立和应用，不仅可以促进节约资金，而且可以促进更好地利用资金。活劳动的节约、物化劳动消耗和占用的节约，体现在作为活劳动和物化劳动的货币表现的资金节约上。它不仅要求缩减一切不必要的开支，而且评价方案投资后的经济效益是否好。这对于提高经济评价工作的科学性，促进整个社会重视货币资金有效利用等都具有重要意义。

2.1.2 利息与利率

1. 利息

利息是指占用资金使用权所付的代价或放弃资金使用权所获得的报酬。这是从资金的使用权和所有权可以相分离的原则出发来考虑的，但二者所站的角度不同。利润则是把资金投入生产经营过程中而产生的增值。利息来自信贷，利润来自生产和经营。从资金的时间价值来看，利息和利润都是资金对时间的支付。在项目的技术经济评价中，把利息看成是货币因有效使用而取得的盈利更为恰当。

利息的大小与利率、时间、本金有关。利率越高、时间越长、本金越大，则利息越多，否则，利息越少。

2. 利率

利率是指一定时间内所得到的利息额与本金之比，通常以百分数表示，它是计算利息的尺度。利率实质上是资金预期达到的生产率的一种度量。通常是国家根据国民经济发展状况统一制定，作为一种经济杠杆可对资金进行宏观调控。其计算公式为

$$i = \frac{I}{P} \times 100\% \tag{2-1}$$

式中　　i——利率；

　　　　I——一定时期（一般为一年，也可以为半年、季、月等）的利息；

　　　　P——本金。

利率按其计息时间的长短可分为：年利率、季利率、月利率、周利率、日利率等。

例如，某人在银行存款 500 元，在一年期限得到 50 元的利息，则银行存款年利率为 10%。

2.1.3 计息方法

1. 有关利息计算的几个术语

本金：在资金的时间价值中我们讲过，资金所有者之所以可以获得利息，必要条件是因为他具有一定数量的资金。这样，用来获利的原始资金就叫做本金，通常称为本钱。对银行来说，本金就是其借贷资金；而对工程项目来说，本金就是项目的总投资。

计息期：计息期就是计算利息的整个时期。对银行来说，计息期就是存款期或贷款期；而对工程项目来说，计息期就是其寿命期。

计息周期：计算一次利息的时间单位。计息周期的单位有年、半年、季、月、周或日等，通常用年或月来表示。计息周期若以年为单位，则表示一年计息 1 次；若以月为单位，则表示一月计息 1 次，一年计息 12 次。

计息次数：根据计息周期和计息期所求得的计息次数。一般用 n 表示。若以月为计息周期，则一年计息次数 $n=12$，四年计息次数 $n=12\times4=48$ 次。若以年为计息周期，即一年计息次数 $n=1$，四年计息次数 $n=4$。

付息周期：即支付一次利息的时间单位，一般为一年。

2. 利息的计算方法

利息的计算方法有单利和复利之分。分别介绍如下：

（1）单利法。所谓单利法，就是在计算利息时，只有本金生息，利息不再生息。此

时，利息的大小与本金、利率、计息期成正比。若以 P 表示本金，i 表示计息周期内的利率，n 表示计息次数，F 表示本利和，I 表示计息期内总利息额。则单利法计算每期本利和的过程如表 2-1 所示。

表 2-1   单利法本利和计算过程

计息期（年）	期初欠款	当期利息	期末本利和
1	P	Pi	$P+Pi=P(1+i)$
2	$P(1+i)$	Pi	$P(1+i)=P(1+2i)$
3	$P(1+2i)$	Pi	$P(1+2i)=P(1+3i)$
$\vdots$	$\vdots$	$\vdots$	$\vdots$
n	$P[1+(n-1)i]$	Pi	$P[1+(n-1)i]=P(1+ni)$

所以

$$F=P(1+ni) \tag{2-2}$$

$$I=F-P=P \cdot ni \tag{2-3}$$

可见，单利的计算特点是：每个计息周期内所得的利息相同。若以年为计息周期时，只要本金不变，第 1 年与第 2 年以及第 n 年所计算的利息都是相同的。

（2）复利法。所谓复利法，是指在计算利息时，不仅本金要计息，而且利息还要计息，俗称"利滚利"。在计息时，第 1 年以本金为基础，第 2 年以本金与第 1 年的利息额之和为基础，以此类推，越滚本金越大，利息越多。

若仍以 P 表示本金，i 表示计息周期内的利率，n 表示计息次数，F 表示本利和，I 表示计息期内总利息额。则复利法计算每期本利和的过程如表 2-2 所示。

表 2-2   复利法本利和计算过程

计息期（年）	期初欠款	当期利息	期末本利和
1	P	Pi	$P+P_i=P(1+i)$
2	$P(1+i)$	$P(1+i)i$	$P(1+i)+P(1+i)i=P(1+i)^2$
3	$P(1+i)^2$	$P(1+i)^2i$	$P(1+i)^2+P(1+i)^2i=P(1+i)^3$
$\vdots$	$\vdots$	$\vdots$	$\vdots$
n	$P(1+i)^{n-1}$	$P(1+i)^{n-1}i$	$P(1+i)^n$

由表 2-2 可以看出：

$$F=P(1+i)^n \tag{2-4}$$

$$I=P[(1+i)^n-1] \tag{2-5}$$

【例 2-1】 某工程项目年初向银行贷款 1000 万元，若贷款年利率为 10%，一年计息 1 次，贷款期为 5 年，试分别用单利法和复利法计算到期后企业应付的本利和及利息。

解：根据题意 $P=1000$ 万元，$i=10\%$，$n=5$。

（1）单利法：

$$F=P(1+ni)=1000\times(1+5\times10\%)=1500（万元）$$

$$I=P \cdot ni=1000\times5\times10\%=500（万元）$$

（2）复利法：

$$F = P(1+i)^n = 1000 \times (1+10\%)^5 = 1610.5（万元）$$

$$I = P[(1+i)^n - 1] = 1000 \times [(1+10\%)^5 - 1] = 610.5（万元）$$

很明显，单利法每年只是以 1000 万元计算利息，而复利法第 1 年以本金 1000 万元计算利息，第 2 年则以 1100 [1000×（1+10%）] 万元计算利息，每年计算利息的基数逐渐增加。所以，单利法计算出来的利息永远不会大于复利法计算出来的利息。这也说明复利法更充分地反映了资金的时间价值。因此，在技术经济学中，一般都用复利法来计算利息。但是，由于单利法计算方便，在现实生活中，比如银行存款也很常用。

2.1.4　等值、现值和将来值

1. 资金等值

资金等值是考虑货币时间价值时的等值，即不同时刻绝对值不等而价值相等的两笔资金具有相等的价值。如今年 1000 元，在年利率 10% 的复利条件下，一年后相当于 1100 元，两年后相当于 1210 元等。从资金的绝对值看，1000 元不等于 1100 元和 1210 元，但在年利率 $i = 10\%$ 的条件下，我们说今年的 1000 元与一年后的 1100 元和两年后的 1210 元其价值是相等的。

影响资金等值的因素有：资金额的大小、资金额发生的时间及其利率的大小。

例如：在上例中把 1000 元的资金换成 2000 元，年利率还是 10%，则一年后的等值为 2200 元，而不是 1100 元；同样，其他条件不变，年利率降为 5%，则一年后的等值为 1050 元。

资金等值在技术经济学中是一个非常重要的概念。在不同方案比较时，必须运用资金等值原理把各个方案发生在不同时点上的现金流量换算为相同时刻的资金进行比较、选择方案。

2. 现值

现值是指现在时刻的资金价值，或者说我们把某一时刻的资金价值按一定的利率换算成现在时刻的价值。如按年利率 10%，可以把两年后的 1210 元换算成现在的价值为 1000 元，亦可以把一年后的 1100 元换算成现在的价值也是 1000 元。这一换算过程称为"贴现"或"折现"，用以换算的利率称为折现率，换算所得到的现在时刻的价值即"现值"。现值就是"期初值"或"基期的价值"。

3. 将来值

在复利条件下，按一定利率可以将"现值"换算到将来某一时刻的价值，即将来值，又称为"期末值"或"终值"。

现值与将来值之间的关系为

$$将来值 = 现值 + 复利利息 \tag{2-6}$$

$$现值 = 将来值 - 复利利息 \tag{2-7}$$

2.1.5　现金流量图

1. 现金流量

所谓现金流量是指拟建项目在整个项目计算期内各个时间点上实际发生的现金流入、

现金流出，以及流入与流出的差额（又称为净现金流量）。现金流量一般以计息期（年、季、月等）为时间量的单位，用现金流量图或现金流量表表示。

2. 现金流量图

在工程经济研究中，为了考察各种投资项目在其整个寿命期内的各个时间点上所发生的收入和支出，并分析计算它们的经济效果，可以利用现金流量图。

现金流量图是把时间标在横轴上，现金收支量标在纵轴上，即可形象的表示现金收支和时间的关系。例如某项目现金流量图如图 2-1 所示。现金流量图的具体作法如下：

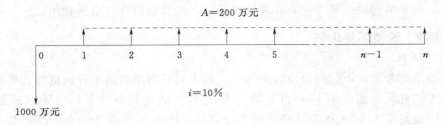

图 2-1 现金流量图

（1）作一水平轴线，在该轴线上划出等分间隔，每一个等分段代表一个时间期限（年、季、月、周、日）；将始点定为零点，表示投资过程的开始时刻，沿轴线自左向右对每一等分间隔点依次连续编号。其中编号"n"表示第"n"期的终点，也就是第"$n+1$"期的起点。即图 2-1 中，除 0 和 n 以外，每个数字都有两个含义，如 1，它既代表第一个计息期的终点（结束），又代表第二个计息期的始点（开始）。

（2）相对于水平轴线画出垂直箭头线，以表示项目在该时间点上的资金流动情况。其中，箭头表示资金流动的方向：向上表示现金收入（正现金流量），向下表示现金支出（负现金流量）；箭线的长短代表资金额的大小。

（3）在现金流量图标明利率的大小。所以现金流量图是描述现金流量作为时间函数的图形，它能表示资金在不同时间点流入与流出的情况。现金流量图包括三大要素：大小、流向、时间点。其中大小表示资金数额，流向指项目的现金流入或流出，时间点指现金流入或流出所发生的时间。

3. 现金流量位置的确定

如图 2-1 所示，如第 3 年发生了一笔资金的流入或流出，因而形成了相应的现金流量，那么这笔现金流量应该标在时间轴上哪一个时间点上呢？是标在 2（因为 2 是第 3 年的始点）上呢，还是标在 3（因为 3 是第 3 年的终点）上呢？对这个问题，工程经济分析中规定如下：现金流入（收益）标示在期末（年末），而现金流出（投资）标示在期初（年初）。按照这个规定，前面所提到的这笔现金流量，如果是现金流入（收益）就应该标示在 3 这个时间点上，如果是现金流出（投资）就应该标示在 2 这个时间点上。

2.2 资金等值计算

2.2.1 符号和术语

在基本复利公式中用到以下符号：

P：表示货币的现在金额，即现值。在时间标度上，它出现在零点上或出现在我们所选定的用以度量时间的任一其他点上。若不指明，P 处在初始周期的起点上。

F：表示某一特定未来日期的货币金额。在时间标度上，它出现在点 n 或我们所选定的用以计算时间的某一未来点。若不指明，F 出现在最终周期的末尾。

A：表示每一个期末的等额支付。要满足这个定义，它们必须是等量的支付，并且必须出现在每一个周期的末尾。

i：表示每一个计息周期结束时所获得的利息率，即利率。

n：表示计息次数。

2.2.2 资金等值计算公式

1. 一次支付经济活动情况

（1）一次支付复利公式。已知本金（期初投资）为 P，利率为 i，以复利计算，求 n 期末的本例和（将来值）F 为多少？其现金流量如图 2-2 所示：

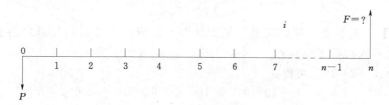

图 2-2 已知 P 求 F 的现金流量图

在本章的复利法计算一部分内容中我们已经推导出

$$F = P(1+i)^n \tag{2-8}$$

式中 $(1+i)^n$ 为一次支付复利系数。其经济意义为：现在的一元钱按利率 i 复利计息，在 n 年后可得到 $(1+i)^n$ 元钱，即一元钱的复利本利和。通常以 $(F/P, i, n)$ 表示，式（2-8）可写成

$$F = P(F/P, i, n) \tag{2-9}$$

如果已知 i、n 的值，我们就可计算出一次支付复利系数 $(1+i)^n$ 的值。因此，我们可事先计算出不同利率 i 在不同时期 n 的复利系数，在实际工作中，只要查相应的复利系数表即可。本书附录中列出几个常用的利率在不同时期的复利系数，计算时可根据需要查出不同的复利系数。括号内斜线上的符号表示所求的未知数，斜线下的符号表示已知数。

【例 2-2】 一企业 1 次向银行贷款 10000 元，假如年利率为 10%，一年计息 1 次。问 5 年到期后应该还银行多少钱？

解：由式（2-8）可直接求得：
$$F = 10000 \times (1+10)^5 = 10000 \times 1.6105 = 16105 （元）$$

也可查复利系数表 $(F/P, 10\%, 5) = 1.6105$
$$F = 10000 \times (F/P, 10\%, 5) = 10000 \times 1.6105 = 16105 （元）$$

（2）一次支付现值公式。如果已知 F，i 和 n，求现值 P。现金流量如图 2-3 所示。

图 2-3 已知 F 求 P 的现金流量图

由公式（2-8）可得

$$p = \frac{F}{(1+i)^n} \tag{2-10}$$

式中 $\dfrac{1}{(1+i)^n}$ 为一次支付现值系数，也叫贴现系数，常以 $(P/F, i, n)$ 表示。它表示将来一元钱的现值是多少。同样依符号形式表示公式（2-10）也可写成：

$$P = F(P/F, i, n) \tag{2-11}$$

【**例 2-3**】　某企业 5 年后需要一笔 100 万元的资金用于设备更新，若利率为 10%，问现在应一次存入银行多少钱？

解： 由公式（2-10）可得：

$$P = 500 \times (1+10\%)^{-5} = 100 \times 0.62092 = 62.092 \text{（万元）}$$

2. 多次支付经济活动情况

在经济活动分析中，有时需要由一系列的期末偿付值 A_t 依复利计息，求 n 次偿付后的未来累计值 F。现金流量图如图 2-4 所示（注意图中 F 和最后一个 A 同时发生）。

由图 2-4 可知，在 n 年末一次支付的未来值 F，应等于每次支付值 A_t 的未来值之和。即：

$$F = A_1(1+i)^{n-1} + A_2(1+i)^{n-2} + \cdots + A_{n-2}(1+i)^2 + A_{n-1}(1+i) + A_n$$

$$= \sum_{t=1}^{n} A_t(1+i)^{n-1} \tag{2-12}$$

利用公式（2-12）可对多次支付系列求其未来值 F

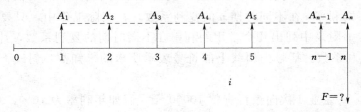

图 2-4 已知 A 求 F 的现金流量图

（1）等额支付系列复利公式。对于图 2-3 中的特例，A_t 等于常数 A 时，即多次等额支付系列，则公式（2-12）可写成

$$F = A(1+i)^{n-1} + A(1+i)^{n-2} + \cdots + A(1+i)^2 + A(1+i) + A \tag{1}$$

将式（1）两边乘以 $(1+i)$ 得

$$F(1+i) = A(1+i)^n + A(1+i)^{n-1} + \cdots + A(1+i)^3 + A(1+i)^2 + A(1+i) \tag{2}$$

（2）－（1）得

$$F(1+i)-F=A(1+i)^n-A$$
$$F \cdot i = A[(1+i)^n-1]$$
$$F = A\left[\frac{(1+i)^n-1}{i}\right] \qquad (2-13)$$

公式 2-13 也可以由等比数列前 n 项和公式直接求出。

式（2-13）称为等额支付系列复利公式，式中 $\dfrac{(1+i)^n-1}{i}$ 叫等额支付复利系数。其经济意义为在期利率 i 时，每期期末的一元钱相当于第 n 期末的多少元钱，并以（F/A，i,n）表示。则式（2-13）可写成

$$F = A(F/A, i, n) \qquad (2-14)$$

由于每期期末的等额支付称为"年金"，所以等额支付复利公式又叫做"年金终值"公式。

【例 2-4】 某厂计划自筹资金扩建，连续 5 年每年年末从利润中提取 200 万元存入银行，年利率为 10%，问 5 年后一次可以提取多少万元？

解： 由式（2-13）得

$$F = 200\left[\frac{(1+10\%)^5-1}{10\%}\right] = 200 \times 6.1051 = 1221.02 \text{（万元）}$$

即 5 年后可以提取 1221.02 万元。

（2）等额支付系列资金积累公式。等额支付系列资金积累公式又称为资金储存公式，与上述等额支付系列复利公式正好相反，已知第 n 期期末的将来值为 F，期利率为 i，求连续 n 期每期期末的等额支付值 A。其现金流量图如图 2-5 所示。由公式（2-13）可得：

$$A = F\left[\frac{i}{(1+i)^n-1}\right] \qquad (2-15)$$

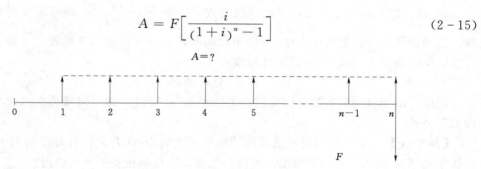

图 2-5 已知 F 求 A 的现金流量图

式（2-12）称为等额支付系列积累资金公式，式中 $\dfrac{(1+i)^n-1}{i}$ 叫等额支付积累资金复利系数。其经济意义为在期利率 i 时，第 n 期末的一元钱相当于每期期末的多少元钱，并以（$A/F, i, n$）表示。则式（2-15）可写成

$$A = F(A/F, i, n) \qquad (2-16)$$

式（2-16）也可理解为在存款年利率为 i 时，第 n 年年末要偿还一笔资金 F，从现在起每年年末应该向银行存款多少元钱。因此，式（2-16）又称为资金偿还公式。

【例 2 - 5】 某企业计划 5 年后更新设备，共需资金 500 万元。为落实资金，现决定每年末从企业利润中提出一部分存入银行。若银行年存款利率为 10%，问每年企业应该等额提出多少钱才能满足需要？

解： 由式（2 - 15）得

$$A = 500\left[\frac{10\%}{(1+10\%)^5 - 1}\right] = 500 \times 0.1638 = 81.9（万元）$$

即企业每年年末应该存入银行 81.9 万元，5 年后就可得到 500 万元的资金用来更新设备。

（3）等额支付系列现值公式。如果在利率 i 的时间因素作用下，n 年中每年年末得到等额值 A，现在应该一次投入多少元钱，即现值 P 是多少？如图 2 - 6 所示（注意现值 P 发生在第一个 A 值的前一期）。

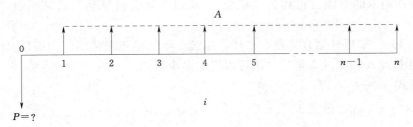

图 2 - 6　已知 A 求 P 的现金流量图

由 $F = P(1+i)^n$ 及 $F = A\left[\dfrac{(1+i)^n - 1}{i}\right]$ 可得

$$P = A\left[\frac{(1+i)^n - 1}{i(1+i)^n}\right] \tag{2-17}$$

式（2 - 17）称为等额支付系列现值公式，式中 $\dfrac{(1+i)^n - 1}{i(1+i)^n}$ 叫等额支付现值复利系数。其经济意义为在期利率 i 时，n 期中每期期末的一元钱相当于的现值多少元钱，并以 $(P/A, i, n)$ 表示。则式（2 - 17）可写成：

$$P = A(P/A, i, n) \tag{2-18}$$

同样，由于每期期末的等额支付称为"年金"，所以等额支付现值公式又叫做"年金现值"公式。

【例 2 - 6】 某工程项目建成后预计每年可获利 1000 万元，其寿命期为 10 年，银行存款年利率为 10%。问如果该项目可行，总投资应控制在多少万元以内？

解： 由式（2 - 18）得

$$P = 1000(P/A, 10\%, 10) = 1000 \times 6.1446 = 6144.6（万元）$$

$$p = 1000\left[\frac{(1+10\%)^{10}}{10\%(1+10\%)^{10}}\right] = 1000 \times 6.1446 = 6144.6（万元）$$

（4）等额支付系列资金回收公式。等额支付系列资金回收公式又称为资金恢复公式。与上述等额支付系列现值公式正好相反，若现值为 P，期利率为 i，求连续 n 期每期期末的等额支付值 A。其经济意义为在利率 i 的情况下，企业现在向银行贷款进行投资，投产后用逐年的利润均衡偿还贷款，如按协定要在 n 年内全部偿清，每年应该偿还多少？现金流量图如图 2-7 所示。

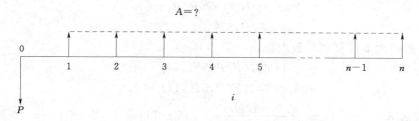

图 2-7　已知 P 求 A 的现金流量图

由式（2-17）得

$$A = P\left[\frac{i(1+i)^n}{(1+i)^n-1}\right] \tag{2-19}$$

式（2-19）称为等额资金恢复公式，式中 $\left[\dfrac{i(1+i)^n}{(1+i)^n-1}\right]$ 叫等额资金恢复系数。其经济意义为在期利率 i 时，现在的一元钱相当于的 n 期中每期期末的多少元钱，并以 $(A/P,i,n)$ 表示。则式（2-19）可写成：

$$A = P(A/P,i,n) \tag{2-20}$$

【例 2-7】　某企业贷款投资 100 万元，贷款年利率为 8%。如果生产经营期为 5 年，则每年应该盈利最低多少此项目才可行？

解：由式（2-19）得

$$A = 100\left[\frac{8\%(1+8\%)^5}{(1+8\%)^5-1}\right] = 100 \times 0.2505 = 25.05 \text{（万元）}$$

2.2.3　资金等值计算

我们讲了资金时间价值的基本计算，只要已知基本要素就可以求出另一个要素，而实际工作中，资金的运动比较复杂，往往需要多个公式结合运用才能解决。通过以下例题的学习，使我们灵活运用基本公式，对资金时间价值的计算进一步加深理解。

1. 求利率问题

【例 2-8】　当利率为多大时，现在的 300 元等值于第九年末的 525 元？

解：$P=300$ 元，$F=525$ 元，$n=9$ 年

由　　　　　　　　　　　　$F = P(1+i)^n$

得：　　　　　　　　　　$525 = 300 \times (1+i)^9$

解之得：　　　　　　　　　　$i=6.41\%$

2. 求计息期问题

【例 2-9】　如果年利率为 5%，现在 1000 元的投资经过多少年后可达到 2000 元？

解：$P=1000$ 元，$F=2000$ 元，$i=5\%$

由　　　　　　　　　　　　$F = P(1+i)^n$

得：　　　　　　　　　　$2000 = 1000 \times (1+5\%)^n$

解之得：　　　　　　　　　　$n=14.2$（年）

本题也可以这样做：

由 $$F = P(F/P, i, n)$$

得： $$2000 = 1000 \times (F/P, 5\%, n)$$

所以 $$(F/P, 5\%, n) = 2.0$$

查 5% 的一次支付复利系数表得：

$$n = 14 \text{ 时}, (F/P, 5\%, 14) = 1.980$$

$$n = 15 \text{ 时}, (F/P, 5\%, 15) = 2.079$$

用插值法求： $$n = 14 + \frac{2.0 - 1.980}{2.079 - 1.980} \times (15 - 14) = 14.2 \text{（年）}$$

3. 支付周期不等于计息周期问题

【例 2-10】 某企业计划在 3 年后建成一座新的办公楼，今每季度末从企业盈利中提取 10 万元作为存储资金。若银行年利率为 12%，每季度计息 1 次。问这笔资金在 3 年末是多少？

解： 根据题意画出现金流量图如图 2-8 所示：

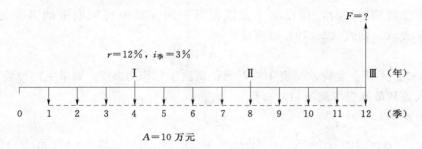

图 2-8 例 2-10 现金流量图

这是一个等额支付问题。计息周期是一季度，支付周期也是一季度。可直接用公式计算：

$A = 10$ 万元， $i_{季} = 12\%/4 = 3\%$， $n = 12$ 季

则：

$$F = A(F/A, i, n) = 10 \times (F/A, 3\%, 12) = 10 \times 14.192 = 141.92 \text{（万元）}$$

【例 2-11】 在例 2-10 中，若把每"季度"末改成每"年"末从企业盈利中提取 40 万元，其他条件不变。那么这笔资金在 3 年末是多少？

解： 现金流量图如图 2-9 所示。

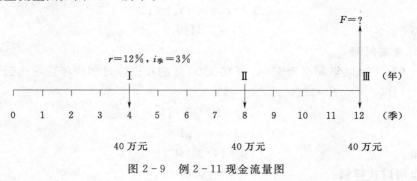

图 2-9 例 2-11 现金流量图

在此例中，计息周期是一季度，而支付周期为一年。支付周期长于计息周期，不可直接用公式计算。解决这类问题，应以支付周期为准，求出支付周期内的有效利率再计算。

$$i = \left(1 + \frac{r}{m}\right)^{m} - 1 = \left(1 + \frac{12\%}{4}\right) - 1 = 12.55\%$$

则：
$$F = A(F/A, i, n) = 10 \times (F/A, 12.55\%, 3)$$

查表得：
$$(F/A, 12\%, 3) = 3.374, \quad (F/A, 15\%, 3) = 3.472$$

利用插值法得：

$$(F/A, 12.55\%, 3) = 3.374 + \frac{3.472 - 3.374}{15\% - 12\%}(12.55\% - 12\%) = 3.392$$

所以：
$$F = 40 \times 3.392 = 135.68 \text{（万元）}$$

【例 2 - 12】 在例 2 - 10 中，若把每"季度计息 1 次"改成"每年计息 1 次"，其他条件不变。那么这笔资金在 3 年末是多少？

解：现金流量图如图 2 - 10 所示。

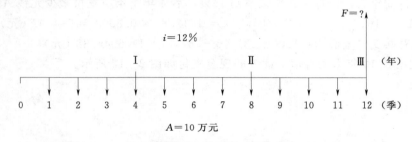

图 2 - 10 例 2 - 12 现金流量图

在此例中，支付周期还是一季，而计息周期却为一年。支付周期短于计息周期。通常规定存款必须存满一个计息周期才计算利息。因此处理原则是，计息其间的存款相当于在本期末，而取款相当于在本期初支出。即在计息周期内的存款，应在本计息周期末开始计息；在计息周期内的提款，应在本计息周期初计息。计息周期内的支付款（存款或提款）都不计算利息。这样，该问题可以简化为如图 2 - 11 所示。

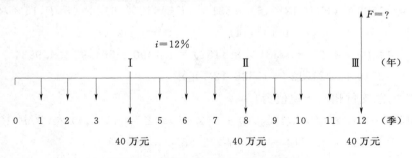

图 2 - 11 例 2 - 12 简化现金流量图

如图（2 - 11）可得：

$$F = A(F/A, i, n) = 40 \times (F/A, 12\%, 3)$$
$$= 40 \times 3.3744 = 134.976 \text{（万元）}$$

4. 综合运算问题

对于一些复杂的问题，我们要记住基本公式的使用条件，分析题意，灵活运用，进行计算。

【例2-13】 某人购买一台电冰箱，价值为4500元。商店要求先支付1500元，剩余的钱以后分10年等额支付，并且还款条件随银行利率而变动，现在年利率为12%。但在支付了6年以后，因通货膨胀，银行年利率调整到15%。问用户一共需支付多少元钱？这些钱10年末的等值及现值各是多少？

解：1. 求用户一共需支付的钱数：

(1) 先求剩余3000元钱的等额支付值 A_1：
$$A = P(A/P, i, n) = (4500 - 1500) \times (A/P, 12\%, 10)$$
$$= 3000 \times 0.1770 = 531 \text{（元）}$$

(2) 支付6年后，还有多少钱未付，即第6年末还欠多少元钱 P_6？
$$P_6 = 531 \times (P/A, 12\%, 4) = 531 \times 3.0373 = 1612.81 \text{（元）}$$

(3) 支付6年后，银行年利率调整到15%，后4年每年应支付多少元钱 A_2？
$$A_2 = 1612.81 \times (A/P, 15\%, 4) = 1612.81 \times 0.3503 = 564.97 \text{（元）}$$

则此人总共支付金额为：$1500 + 531 \times 6 + 564.97 \times 4 = 6945.88$（元）

2. 求这些钱10年末的等值，此人的现金支付如图2-12所示。

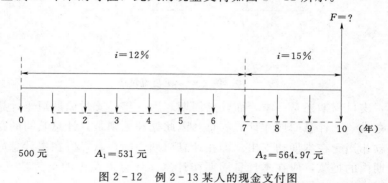

图2-12 例2-13某人的现金支付图

$$F = [1500 \times (F/P, 12\%, 6) + 531 \times (F/A, 12\%, 6)] \times (F/P, 15\%, 4)$$
$$+ 564.97 \times (F/A, 15\%, 4)$$
$$= (1500 \times 1.9738 + 531 \times 8.1152) \times 1.7490 + 564.97 \times 4.9934$$
$$= 12715 + 2821.12 = 15536.12 \text{（元）}$$

3. 10年的总支付相当于现值为：
$$P_{\text{总}} = 1500 + 531 \times (P/A, 12\%, 6) + 564.97 \times (P/A, 15\%, 4) \times (P/F, 12\%, 6)$$
$$= 1500 + 531 \times 4.1114 + 564.97 \times 2.8550 \times 0.5066$$
$$= 1500 + 2183 + 817 = 4500 \text{（元）}$$

即此人总共支付金额为6945.88元；等值于10年末的15536.12元；相当于现在支付4500元。

【例2-14】 某项经济活动现金流动是：第6年年末支付3000元，第9、10、11、

12 年各年年末支付 600 元，第 13 年年末支付 2100 元，第 15、16、17 年各年年末支付 800 元。假如按年利率为 5% 计息，与其等值的现金流量的现值为多少？

解：现金流量如图 2-13 所示。

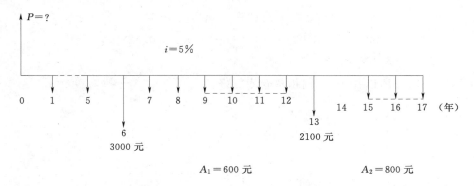

图 2-13　例 2-14 现金流量图

解法①：

$$P = 3000 \times (P/F,5\%,6) + 600 \times (P/A,5\%,4) \times (P/F,5\%,8)$$
$$+ 2100 \times (P/F,5\%,13) + 800 \times (F/A,5\%,3) \times (P/F,5\%,17)$$
$$= 3000 \times 0.7462 + 600 \times 3.5456 \times 0.6768 + 2100 \times 0.5305$$
$$+ 800 \times 3.1530 \times 0.4363 = 589.72 \text{（元）}$$

解法②：

$$P = 3000 \times (P/F,5\%,6) + 600 \times [(P/A,5\%,12) - (P/A,5\%,8)]$$
$$+ 2100 \times (P/F,5\%,13) + 800 \times [(F/A,5\%,17) - (P/F,5\%,14)]$$
$$= 3000 \times 0.7462 + 600 \times (8.8633 - 6.4632) + 210 \times 0.5303$$
$$+ 800 \times (11.2741 - 9.8986) = 589.27 \text{（元）}$$

【例 2-15】　一家小规模的新型制造公司，需要获得产品存放空间，以便通过稳定生产来减少产品成本。资源有效利用的研究表明：在一年里，如果均衡生产，产品储存量将减少，总的制造成本将降低。这家新型公司生产的产品已广泛被市场接受，销售量每年都有增加，为了增加生产能力，有两种可行的方案。一是建一座能满足 10 年全部需要的，有足够空间的较大仓库。由于对未来产量究竟能增加多少不太明确，公司不愿投资，而以每年 25000 元的价格租用。另一个方案是目前用 150000 元建个小仓库，并在第 3 年末用 50000 元扩建它，前 3 年的年税收、保险费用为 1000 元，后 7 年为 2000 元。10 年后扩建的仓库可以 50000 元卖出。考察周期等于租赁合同期，利率为 12%，问哪一个方案可取？

此题是要选择比较有利的方案，而两方案的现金流量是不同的，必须根据资金等值原理把两方案发生在不同时刻的资金值按利率换算为相同时刻的资金值，我们以现值 P 进行比较。两方案的现金流量图如图 2-14 所示。

解：租用仓库的现值费用为：

$$P_1 = 25000 \times (P/A,12\%,10) = 25000 \times 5.6502 = 141255 \text{（元）}$$

先建小仓库后扩建方案最后一年可以把仓库卖出得收入 50000 元，是与费用相反方向流动的，在此我们取负值计算，得：

$$P_2 = 150000 + 50000(P/F,12\%,3) + 1000(P/A,12\%,3)$$
$$+ 2000[(P/A,12\%,10) - (P/A,12\%,3)] - 50000(P/F,12\%,10)$$
$$= 150000 + 50000 \times 0.7118 + 1000 \times 2.4018$$
$$+ 2000 \times (5.6502 - 2.4018) - 50000 \times 0.3220$$
$$= 178388.6 \text{（元）}$$

由于 $P_2 > P_1$，所以在 10 年内租赁仓库较好。

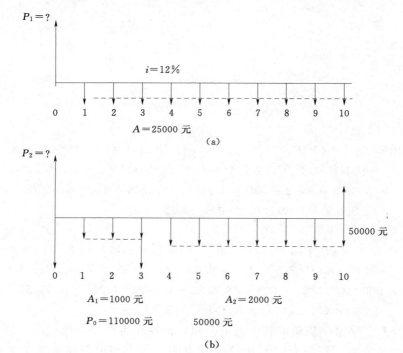

图 2-14 例 2-15 现金流量图
(a) 租用；(b) 先建小仓库后扩建

此题也可以比较两方案的年度费用，计算如下：

租赁年度费用 $\qquad A_1 = 25000$ 元

先建小仓库后扩建的年度费用为：

$$A_2 = [150000 + 50000(P/F,12\%,3) + 1000(P/A,12\%,3)]$$
$$\times (A/P,12\%,10) + [2000(F/A,12\%,7) - 5000] \times (A/F,12\%,10)$$
$$= [150000 + 50000 \times 0.7118 + 1000 \times 2.4018] \times 0.1770$$
$$+ [2000 \times 10.0890 - 50000] \times 0.0570$$
$$= 31574.69 \text{（元）}$$

当然，如果求出 P_2 值，也可直接利用 P_2 计算 A_2 值，结果相同。通过比较年度费用，还是租赁较好。

2.3 名义利率和实际利率

利息通常是按年计算的，但在实际工作中，计算利息的周期与复利率周期可能会不完全相同。计算复利的次数会多于计息期数，也就是说，计算复利时，有时是一年计息1次，有时是半年计息1次，或每季度、每月计息1次。由于复利计算次数与计息期数不同，就会使计算得出的利息数额产生差异。因此，就需要将两种利率区别开来，一种是名义利率，另一种是实际利率。

1. 名义利率

以一年为计息基础，等于每一计息期的利率与计息期数的乘积。它是采用单利计算的方法，把各种不同计息期的利率换算为以年为计息期的利率。例如每月存款月利率为3‰，则名义利率为：3‰×12月/年＝3.6%。

2. 实际利率

是采用复利计算的方法，把各种不同计息期的利率换算为以年为计息期的利率。例如每月存款月利率为3‰，则实际利率为：$(1+3‰)^{12}-1=3.66\%$。需要指出的是，在资金的等值计算公式中所使用的利率都是指实际利率。当然如果计息期为一年，则名义利率就是实际利率，因此可以说两者之间的差异主要取决于实际计息期与名义计息期的差异。

3. 名义利率与实际利率的换算关系

设名义利率为r，每年计息期数为m，则每一个计息期的利率为r/m，其1年后本利和的计算公式为

$$F = P\left(1+\frac{r}{m}\right)^m \qquad (2-21)$$

其利息I为

$$I = F - P = P\left(1+\frac{r}{m}\right)^m - P \qquad (2-22)$$

根据国际"借贷真实性法"的规定：实际利率是1年利息额与本金之比，因此实际利率为

$$i = \left(1+\frac{r}{m}\right)^m - 1 \qquad (2-23)$$

当$m=1$时，名义利率等于实际利率；当$m>1$时，实际利率大于名义利率。

 习题

1. 某农业银行为鼓励企业投资，用单利方式向企业贷款80万元，年利率5%，还款期为4年。

问：（1）4年后银行可获得多少利息？

（2）4年后银行的本利和是多少？

2. 某人以单利方式在银行存款50元，年利率为8%，请问多少年后他可以从银行取得现款90元？

3. 100 元借出 5 年，计算按 5％的单利和复利计息所得的利息差额。

4. 名义利率和实际利率的本质区别是什么？银行的贷款年利率为 15％，若一年计息 1 次，其名义利率和实际利率各为多少？若一季计息 1 次，其名义利率和实际利率各为多少？若一年计息无数次，其名义利率和实际利率各为多少？

5. 某油田开发投资为 1000 万元，每年年初投入资金比例如下表所示：

方案	第一年（％）	第二年（％）	第三年（％）	第四年（％）
方案Ⅰ	10	20	30	40
方案Ⅱ	25	25	25	25
方案Ⅲ	40	30	20	10

若贷款利率为 10％，按复利计算三种投资方案 4 年末各欠银行多少钱？其结果说明什么？

6. 某炼厂投入新产品，第 1 年末从银行借款 8 万元，第 2 年末又借款 6 万元，第 3 年末用利润还款 4 万元，第 4 年末又还款 4 万元，若年利率为 10％，请问该厂第 5 年还要还银行多少钱才能还清借款？

7. 某企业 1988 年初借外资购进设备，按年利 10％计息。外商提出两个还款方案：第一方案要求于 1991 年末一次偿还 650 万美元；第二方案为用产品补偿欠债，相当于 1989 年、1990 年、1991 年每年年末还债 200 万美元。试画出两方案的现金流量图，并计算哪一方案更经济？

8. 若一台彩色电视机售价 1800 元，规定为分期付款，办法如下：一开始付 500 元，剩余款项在此后两年每月从工资中等额扣除，若利率为 6％，复利计算，一月一期，问每月应付多少元？

9. 假设某人用 1000 元进行投资，时间为 10 年，年利率 20％，按季计息，求 10 年后的将来值为多少？其有效利率是多少？

10. 某人以 8％的单利存款 1500 元，存期 3 年，然后以 7％的复利把 3 年末的本利和再存，存期 10 年，问此人在 13 年年末可获得多少钱？

11. 现在投资 1000 元，此后 6 年每年年末投资 500 元，并在第 3 年初和第 5 年初各追加投资 800 元，年利率为 10％，求 6 年末的总投资为多少？

12. 一连 10 年每年年末年金为 900 元，希望找到一个等值方案，该方案是三笔数额相等的款项。它分别发生在第 12 年末、第 15 年末及第 20 年末，设年利率为 10％，试求这三笔相等的款项是多少？

13. 某人借了 5000 元钱，打算在 48 个月中以等额月支付形式分期付款，在归还了 25 次以后，他想以一次支付形式（即第 26 个月）还余下的借款，年利率为 24％，每月计息 1 次，问此人归还的总金额为多少？相当于一次支付现值为多少？

14. 某企业兴建一工业项目，第 1 年投资 1000 万元，第 2 年投资 2000 万元，第 3 年投资 1500 万元，投资均在年初发生，其中第 2 年和第 3 年的投资由银行贷款，年利率为 12％。该项目从第 3 年开始获利并偿还贷款，10 年内每年年末获净收益 1000 万元，银行贷款分 8 年偿还，问每年应偿还银行多少万元？画出企业的现金流量图。

15. 某一机器购入后第 5 年末、第 10 年末及第 15 年年末均需大修理一次，大修理费依次为 3000 元、4000 元及 5000 元，设备使用寿命为 20 年，若大修费贷款利率为 15% 的情况下，请回答：

（1）每年年末分摊大修理费用为多少？

（2）画出现金流量图。

16. 某项工程项，第 1 年投资 1000 万元，第 2 年又投资 1500 万元，第 3 年又投入 2000 万元，投资均在年初发生，若全部投资均由银行贷款，年利率为 8%，并从第 3 年末开始偿还贷款，分 10 年等额偿还。问每年应偿还银行多少万元？

第3章 工程项目的经济效果评价方法

本章要点

　　了解经济效果的概念及分类；掌握经济效果的静态评价方法，熟练地进行各种指标的分析计算；掌握经济效果动态分析方法，熟练地进行各种指标的分析计算。

3.1 经济效果评价的基本概念

　　各种技术活动，都需要投入。以最少的投入取得尽可能多的产出，是各种技术活动追求的经济目标。因此如何对各种技术方案的经济效果进行评价，如何优选技术方案是工程技术人员必须掌握的内容。评价技术方案的经济效果，首先涉及到经济效果的概念。

3.1.1 经济效果的概念

　　我们把"成果与消耗之比"、"产出与投入之比"称为经济效果，而将经济活动中所取得的有效劳动成果与劳动耗费的比较称为经济效益。

　　应当指出，对上述经济效果概念及表达式的理解，必须注意以下三点：

　　(1) 成果和劳动消耗相比较是理解经济效果的本质所在。在现实生活中，较常见的大致有三种类型对经济效果的误解：第一类，属于传统观念较深的人，他们将数量（产量、产值）的多少视作经济效果，产量大、产值高就说经济效果好；第二类，把"快"和"速度"视作经济效果；第三类，认为企业利润就是经济效果，"钱"赚得多，就是经济效果好。为了防止出现对经济效果概念的误解，必须强调将成果和劳动消耗联系起来综合考虑的原则，而不能仅使用单独的成果或消耗指标。不将成果与消耗、投入与产出相联系，我们就无法判断其优劣、好坏。当然在投入一定时，也可以单独用产出衡量经济效果，产出越多效果越好；在产出一定时，投入越少越好。

　　(2) 技术方案实施后的效果有好坏之分，比如环境污染就是生产活动的坏的效果，或者叫负效果。经济效益概念中的产出是指有效产出，是指对社会有用的劳动成果，即对社会有益的产品或服务。不符合社会需要的产品或服务，生产越多，浪费就越大，经济效益就越差。反映产出的指标包括三方面：①数量指标，如产量、销量、销售收入、总产值、净产值等；②质量指标，如产品寿命、可靠性、精度、合格率、品种、优等品率等；③时间指标，如产品设计和制造周期、工程项目建设期、工程项目达产期等。

　　(3) 经济效果概念中的劳动消耗，包括技术方案消耗的全部人力、物力、财力，即包括生产过程中的直接劳动的消耗、劳动占用、间接劳动消耗三部分。直接劳动的消耗指技术方案在生产运行中所消耗的原材料、燃料、动力。生产设备等物化劳动消耗以及劳动力等活劳动消耗。这些单项消耗指标都是产品制造成本的构成部分，因而产品制造成本是衡量劳动消耗的综合性价值指标。劳动占用通常指技术方案为正常进行生产而长期占用的用货币表现的厂房、设备、资金等，通常分为固定资金和流动资金两部分。投资是衡量劳动占用的综合性价值指标。间接劳动的消耗是指在技术方案实施过程中社会发生的消耗。

3.1.2 经济效果表达式

成果与耗费进行比较通常有三种表达方式：

1. 差额表示法

这是一种用成果与劳动耗费之差表示经济效果大小的方法，表达式为

$$经济效果 = 成果 - 劳动耗费 \tag{3-1}$$

如利润额、利税额、国民收入、净现值等都是以差额表示法表示的常用的经济效果指标。显然，这种表示方法要求劳动成果与劳动耗费必须是相同计量单位，其差额大于 0 是技术方案可行的经济界限。

这种经济效果指标计算简单，概念明确。但不能确切反映技术装备水平不同的技术方案的经济效果的高低与好坏。

2. 比值表示法

这是一种用成果与劳动耗费之比表示经济效果大小的方法，表达式为

$$经济效果 = 成果 / 劳动耗费 \tag{3-2}$$

采用比值法表示的指标有：劳动生产率和单位产品原材料、燃料、动力消耗水平等。比值法的特点是劳动成果与劳动的耗费的计量单位可以相同，也可以不相同。当计量单位相同时，比值大于 1 是技术方案可行的经济界限。

3. 差额——比值表示法

这是一种用差额表示法与比值表示法相结合来表示经济效果大小的方法，表达式为

$$经济效果 = （成果 - 劳动耗费）/ 劳动耗费 \tag{3-3}$$

3.1.3 经济效果的分类

1. 企业经济效果和国民经济效果

这是根据受益分析对象不同所做的分类。人们站在企业立场上，从企业的利益出发，分析得出的技术方案为企业带来的效果称企业经济效果。而技术方案对整个国民经济以至整个社会产生的效果为国民经济效果。

由于分析的角度不同，对同一技术方案的企业经济效果评价结果与国民经济效果评价结果可能会不一致，这就要求不仅要作企业经济效果评价，而且还要分析国民经济效果。对技术方案的取舍应主要取决于国民经济评价的结果。

2. 直接经济效果和间接经济效果

一个技术方案的采用，除了给实施企业带来直接经济效果外，还会对社会其他部门产生间接经济效果。如一个水电站建设，不仅给建设单位带来发电收益、旅游收益，而且给下游带来防洪收益。一般来说，直接经济效果容易看得见，不易被忽略。但从全社会角度考虑，则更应强调后者。

3. 有形经济效果和无形经济效果

有形经济效果是指能用货币计量的经济效果，比如利润；无形经济效果是指难以用货币计量的经济效果，例如技术方案采用后对改善环境污染、保护生态平衡、提高劳动力素质、填补国内空白等方面产生的效益。在技术方案评价中，不仅要重视有形经济效果的评价，还要重视无形经济效果的评价。

3.2　经济效果的静态评价方法

对技术方案经济效益分析评价的方法很多，概括起来，可分为两大类，即按是否考虑资金的时间价值，可分为静态评价方法和动态评价方法。

静态评价方法是指在不考虑资金时间价值的情况下，对技术方案在经济寿命期内的收支情况进行分析、计算和评价的方法。

静态评价方法主要有投资回收期法、投资效果系数法、追加投资回收期法、追加投资效果系数法、年折算费用法等。

3.2.1　静态投资回收期（P_t）法

静态投资回收期法是以投资回收期（P_t）作为经济评价指标来评价选择投资方案的一种方法。

1. 静态投资回收期的定义

投资回收期是指投资项目投产后以每年所获得的净收益回收（抵偿）全部投资所需的时间，一般以"年"为单位。投资回收期可以从项目建设开始年算起，也可以从项目投产年开始算起。我国有关部门规定投资回收期从项目建设开始年算起。若从投产年算起，应予以注明。

2. 静态投资回收期的计算公式

静态投资回收期的定义式为

$$\sum_{t=0}^{P_t} (CI - CO)_t = 0 \qquad (3-4)$$

式中　　CI——现金流入；

CO——现金流出；

$(CI - CO)_t$——第 t 年的净现金流量；

P_t——静态投资回收期。

该公式表示某工程项目从投资开始至 P_t 年所有的收益正好抵补支出，此时的 P_t 即为投资回收期。

在实际工作中，P_t 通常可用财务现金流量表中累计净现金流量求出。其具体数值可由下式求出：

$$P_t = \frac{累计净现金流量开始}{出现正值的年份数} - 1 + \frac{上年累计净现金流量的绝对值}{当年净现金流量} \qquad (3-5)$$

如果项目投资是在期初一次投入，当年获益且各年净收益均相同或基本相同，则：

$$P_t = \frac{I_0}{CI - CO} \tag{3-6}$$

式中 I_0——项目在期初的一次性投资额。

3. 判别标准

求出的投资回收期 P_t 必须与国家规定的基准投资回收期 P_c 进行比较，以判断该项目的可行性。

若 $P_t \leqslant P_c$，可以考虑接受该项目；若 $P_t > P_c$，可以舍弃该项目。

目前，我国尚未制定出部门或行业统一的基准投资回收期。然而，P_c 的合理与否直接关系到对工程项目的正确评价。因此，各部门、各行业应根据自身的具体情况制定出合适的 P_c 值。石油开采暂定基准投资回收期为 $8 \sim 10$ 年，石油加工为 10 年，作为评价时参考的标准。

【例 3-1】 某项目的净现金流量如表 3-1 所示，基准投资回收期为 5 年，试用投资回收期法评价其经济效果。

表 3-1 项目净现金流量表 单位：万元

年	0	1	2	3	4	5	6	7
净现金流量	−60	−85	60	65	65	65	65	90

解：根据表 3-1 的净现金流量表，计算出的累计净现金流量如表 3-2 所示。

表 3-2 项目累计净现金流量表 单位：万元

年	0	1	2	3	4	5	6	7
净现金流量	−60	−85	60	65	65	65	65	90
累计净现金流量	−60	−145	−85	−20	45	110	175	265

根据式 (3-5)，则

$$P_t = 4 - 1 + \frac{|-20|}{65} = 3.4 \text{（年）}$$

因为 $P_t = 3.4$ 年 < 5 年，所以方案可行。

【例 3-2】 某工程最初投资为 1550 万元，预计使用 15 年，累计盈利为 4500 万元，投资回收期是几年？

解：

$$P_t = \frac{1550}{\dfrac{4500}{15}} = 5.2 \text{（年）}$$

4. 对静态投资回收期指标的评价

静态投资回收期指标的最大优点是经济意义明确、直观，计算简便，便于投资者衡量项目承担风险的能力，同时在一定程度上反映了投资效果的优劣，因此，P_t 指标在实际工作中得到了广泛的应用。

静态投资回收期指标的缺点及局限性主要体现在：

(1) 只考虑投资回收之前的效果，不能反映回收投资之后的效益大小。

例如，有三个工程项目可供选择，总投资均为 2000 万元，投产后每年净收益如表 3-3

所示：

表 3 - 3　　　　　　　　　　　　　　　工程项目年净收益表　　　　　　　　　　　　单位：万元

年	项目 A	项目 B	项目 C	年	项目 A	项目 B	项目 C
1	1000	1000	1000	3	—	1000	1000
2	1000	1000	1000	4	—	—	1000

从投资回收期指标看，3 个项目均为 2 年。但项目 B、C 在回收投资以后还有收益，其经济效益明显比项目 A 好，可是从 P_t 指标看是反映不出来它们之间的差别。

（2）静态投资回收期由于没有考虑资金的时间价值，无法正确地判别项目的优劣，可能导致错误的选择。例如，某项目需要 5 年建成，每年需投资 10 亿元，全部投资为贷款，年利率为 10%。项目投产后每年回收净现金 5 亿元，项目生产期为 20 年。若不考虑资金时间价值，投资回收期为 10 年（10×5/5）。也就是说，只用 10 年就可回收全部投资，以后的 10 年回收的现金都是净赚的钱，共计 50 亿元，不能不说是一个相当不错的投资项目。其实不然，如果考虑贷款利息因素，情况将大为不同：

$$投产时欠款 = 10 \times \frac{(1+10\%)^5 - 1}{10\%} = 61.051（亿元）$$

$$投产后每年利息支出 = 61.051 \times 10\% = 6.1051（亿元）$$

可见每年回收的现金还不够偿还利息，因此，这是一个极不可取的项目。

（3）静态投资回收期指标没有考虑项目的寿命期及寿命期末残值的回收。

总之，静态投资回收期不考虑资金时间价值，不考虑投资项目全过程收益情况，加之基准投资回收期难以准确制定，这些都可能导致评价、判断的失误。因此，P_t 指标不是全面衡量投资项目的理想指标，只能用于粗略评价或者作为辅助指标，应和其他指标结合起来使用。

3.2.2　投资效果系数（E）法

投资效果系数法又叫简单投资收益率法，它是以投资效果系数（E）作为经济评价指标来评选投资方案的一种方法。

1. 投资效果系数的定义

投资效果系数是指工程项目投产后，每年所获净收益与投资之比。此时的净收益可以是达产年份的净收益，亦可以是经济寿命期内的年平均净收益，二者计算结果不同。为简便起见，常常假设：第一，工程项目投产后，能连续发生效益，且各年净收益基本相同；第二，多方案比较时，认为各方案经济寿命期大致相同。

2. 投资效果系数的计算公式

投资效果系数的计算公式为

$$E = \frac{CI - CO}{I} = \frac{NCF}{I} \tag{3-7}$$

式中　E——投资效果系数（或简单投资收益率）；

NCF——年净收益；

I——项目的总投资。

投资效果系数是一个综合指标，在项目评价时根据分析目的的不同，投资效果系数又可以分为：投资利润率、投资利税率、资本金利润率等。其中最常用的是投资利润率，它等于正常生产年利润总额与项目全部投资之比。

3. 判别标准

求出的投资效果系数 E 必须与国家规定的基准投资效果系数 E_c 进行比较，以判别该投资项目的可行性。

若 $E \geqslant E_c$，可以考虑接受该项目；若 $E < E_c$，可以舍弃该项目。

基准投资效果系数（E_c）与基准投资回收期 P_c 之间关系密切，一般可以认为二者互为倒数，即

$$E_c = \frac{1}{P_c} \qquad\qquad (3-8)$$

【例 3-3】 某建筑公司准备投资 10 万元购置一台施工设备，估计该设备可使用 8 年，在 8 年内，每年净收益预计为 2 万元。若标准投资收益率为 0.17，问该购买计划是否可行？

解：根据题意可知：$I=10$ 万元，$NCF=2$ 万元，$E_c=0.17$

根据公式（3-7）计算：

$$E = \frac{NCF}{I} = \frac{2}{10} = 0.2$$

由于 $E > E_c = 0.17$，所以该购买计划是可行的。

4. 对投资效果系数指标的评价

投资效果系数指标有着与静态投资回收期指标相类似的优缺点，即计算简便、意义明确，但没有考虑资金的时间价值，其评价结论依赖于基准投资效果系数的正确性，因而在实际工作中投资效果系数指标仅作为一种辅助指标。

3.2.3 追加投资回收期（$\triangle P_t$）法

追加投资回收期法又叫差额投资回收期法或增额投资回收期法，是评价互斥方案的常用方法之一。互斥关系是指各个方案之间具有排他性。进行方案比选时，在多个备选方案中只能选择一个方案，其余方案均须放弃。处于互斥关系中的方案为互斥方案。互斥性方案又可称为排他型方案、对立型方案、替代型方案等。

比较两个互斥方案时，可能出现两种情况。第一种情况是：方案 I 的投资 I_1 比方案 II 的投资 I_2 小，而方案 I 的年净收益 NCF_1 却比方案 II 的年净收益 NCF_2 大，即 $I_1 < I_2$，而 $NCF_1 > NCF_2$。显然方案 I 优于方案 II。

第二种情况是：方案 I 的投资和年净收益均大于方案 II 的投资和年净收益，即 $I_1 > I_2$，且 $NCF_1 > NCF_2$。对这种情况就无法立即判断出哪个方案更经济。而现实生活中这种情况更为普遍，例如，采用自动化程度高的设备，技术上先进，其投资额比采用一般机械化设备要高；但自动化设备通常又比机械化设备生产效率高、质量好、废品率低、操作工人少，故其年净收益比一般机械化设备要高。那么投资大的方案比投资小的方案所多支出的投资额能否带来更多的年净收益（或年经营成本更小）呢？此时可以采用追加投资回收期法予以分析、评选。

1. 追加投资回收期的定义

通常投资大的方案比投资小的方案经营成本低或净收益大。我们把投资大的方案比投资小的方案所多支出的那部分投资额叫做追加投资或差额投资或增量投资。追加投资回收期是指投资大的方案用其每年所多得的净收益或节约的经营成本来回收或抵偿追加投资所需的时间，一般以"年"为单位。

2. 追加投资回收期的计算公式

为简便起见，假设相互比较的互斥方案寿命期相同，且各方案寿命期内各年净收益或经营成本也基本相同，那么每两个互斥方案的各年净收益或经营成本之差额也基本相同，则追加投资回收期的计算公式有两个：

$$\Delta P_{t2-1} = \frac{\Delta I}{\Delta NCF} = \frac{I_2 - I_1}{NCF_1 - NCF_2} \tag{3-9}$$

$$\Delta P_{t2-1} = \frac{\Delta I}{\Delta C} = \frac{I_2 - I_1}{C_1 - C_2} \tag{3-10}$$

式中 I_1、I_2——分别为方案 I 与方案 II 的投资额，且 $I_2 > I_1$；

  NCF_1、NCF_2——分别为方案 I 与方案 II 的年净收益，且 $NCF_2 > NCF_1$；

   C_1、C_2——分别为方案 I 与方案 II 的年经营成本，且 $C_1 > C_2$；

     ΔI——方案 II 比方案 I 多支出的投资，即追加投资；

   ΔNCF——方案 II 比方案 I 每年多获得的净收益；

     ΔC——方案 II 比方案 I 每年所节约的经营成本。

如果两个方案各年的净收益或经营成本之差额不等时，则追加投资回收期的计算公式为

$$\sum_{t=1}^{\Delta P_t} \Delta NCF_t = \Delta NCF \tag{3-11}$$

或

$$\sum_{t=1}^{\Delta P_t} \Delta C_t = \Delta C \tag{3-12}$$

式中 ΔNCF_t——第 t 年两方案的净收益之差额，可理解为第 t 年投资大的方案比投资小的方案多获得的净收益；

    ΔC_t——第 t 年投资大的方案比投资小的方案所节约的经营成本。

3. 判别标准

计算出追加投资回收期 ΔP_{t2-1} 后，应与基准投资回收期 P_c 相比较。

当 $\Delta P_{t2-1} \leqslant P_c$ 时，说明投资大的方案 II 优于投资小的方案 I；

当 $\Delta P_{t2-1} > P_c$ 时，说明投资小的方案 I 优于投资大的方案 II。

如果多方案相比较，可以用追加投资回收期法进行环比。方法是按照上面计算公式两个方案相比，每比较一次，用判别标准选择一次，淘汰一个方案。将保留下来的较优方案与下一个方案相比较，再淘汰一个。依次比较选择，直到选出最优方案。

4. 对追加投资回收期指标的评价

追加投资回收期指标在两个方案比较中具有直观、简便的优点，但它仅仅反映方案的相对经济性，并不说明方案本身的经济效果。

【例3-4】 某公司需筹建一个购物中心，现有两个达到同样目标的设计方案。甲方案投资为2500万元，年成本费用为1500万元；乙方案投资为3000万元，年成本费用为1300万元。如果标准投资回收期为5年，问这两个方案中哪一个经济效果好？

解： 根据公式（3-10），

追加投资回收期 $\Delta P_t = \dfrac{\Delta I}{\Delta C} = \dfrac{I_2 - I_1}{C_1 - C_2} = \dfrac{3000 - 2500}{1500 - 1300} = 2.5$（年）

因为 $\Delta P_t < 5$ 年，所以投资大的乙方案的经济效果好于投资小的甲方案。

【例3-5】 设有三个互斥方案，其投资与年净收益如表3-4所示。若基准投资回收期为3年，试比较选优（假设三个方案其他条件相同）。

表3-4　　　　　　　　　　　　投资与年净收益表　　　　　　　　　　单位：万元

项　目	投　资	年净收益	项　目	投　资	年净收益
方案Ⅰ	20	8	方案Ⅲ	36	18
方案Ⅱ	24	12			

解： 根据式（3-9），先比较方案Ⅰ与方案Ⅱ：

$$\Delta P_{t2-1} = \frac{\Delta I}{\Delta NCF} = \frac{I_2 - I_1}{NCF_1 - NCF_2} = \frac{24 - 20}{12 - 8} = 1 \text{（年）}$$

由于 $\Delta P_{t2-1} < P_c = 3$ 年，故方案Ⅱ优于方案Ⅰ。

再比较方案Ⅱ与方案Ⅲ：

$$\Delta P_{t3-2} = \frac{36 - 24}{18 - 12} = 2 \text{（年）}$$

由于 $\Delta P_{t3-2} < P_c = 3$ 年，故方案Ⅲ优于方案Ⅱ。

即方案Ⅲ为最优方案，方案Ⅱ为次优方案，方案Ⅰ最差。

3.2.4　年折算费用（Z）法

有些互斥方案寿命期相同，提供的服务或产出也相同，如水力发电和火力发电，铁路运输与公路运输等；有些互斥方案的净收益无法计量，如环境保护、社会公用设施方面的工程；对于这种类型的互斥方案的评价，不需要进行全面比较，可以只计算比较其不同的部分，即分析计算各方案的费用，选择费用最小的方案为最优方案。而方案的费用主要指投资和各年经营费用。由于投资常常是一次性的，且在项目建设初期支出，而经营费用是项目投产后发生的，二者不能简单相加，必须通过一定方法将初始投资分摊到各年（常用基准投资效果系数进行换算），然后再与各年经营费用相加，所得的结果即为方案的年折算费用。根据各方案年折算费用的大小进行选择，以年折算费用最小的方案为最优方案。其计算公式为

$$Z = C + E_c \times I \tag{3-13}$$

式中　Z——年折算费用；

　I——总投资；

　C——年经营费用；

　E_c——折算系数，一般用基准投资效果系数进行计算。

对年折算费用指标的评价：

该指标计算非常简便，易于快速得出各方案的优劣。但必须有 E_c 的具体数值，且 E_c 值的大小直接影响到方案的取舍。因此，用该指标正确选择方案的首要条件是 E_c 值的合理性。

【例 3 - 6】 设有三个互斥方案（见表 3 - 5），均能满足相同需要，且寿命期相同。若基准投资效果系数为 0.2，试比较选优。

表 3 - 5　　　　　　　　　　　方案投资、年经营费用表　　　　　　　　　　单位：万元

项　目	方案 Ⅰ	方案 Ⅱ	方案 Ⅲ	项　目	方案 Ⅰ	方案 Ⅱ	方案 Ⅲ
投　资	1000	1100	1300	年经营费用	120	115	95

解： 由式（3 - 13）得：

$$Z_{\text{I}} = 120 + 0.2 \times 1000 = 320 \text{（万元）}$$

$$Z_{\text{II}} = 115 + 0.2 \times 1100 = 335 \text{（万元）}$$

$$Z_{\text{III}} = 95 + 0.2 \times 1300 = 355 \text{（万元）}$$

由于 $Z_{\text{I}} < Z_{\text{II}} < Z_{\text{III}}$，故方案 Ⅰ 优于方案 Ⅱ，方案 Ⅱ 优于方案 Ⅲ。

3.3　经济效果的动态评价方法

动态评价方法是在考虑资金时间价值的基础上，根据技术方案经济寿命期内各年现金流量对其经济效益进行分析、计算、评价的一种方法。

动态分析法和静态分析法的区别主要体现在以下 4 个方面：

（1）在使用范围上，动态分析法比静态分析法要宽的多。静态分析法只能研究投资、经营费用和年收入；动态分析法就无此限制。

（2）静态分析法忽略了资金的时间价值，当各方案的使用寿命不等或较长时，静态分析法得出的结论与动态分析法不一致，而动态分析法得结论是正确的。

（3）动态分析法能求出方案本身的内部收益率和增额投资收益率，这是筹措资金的重要依据，静态分析法却无能为力。

（4）一般来说，动态分析法比静态分析法复杂，而静态分析法计算简便，形象直观。静态分析法常用以下两种情况：

1）项目规划。因规划只要看出大体方向，计算精确度要求不高。

2）当投资期限很短或收益水平很低时，也可用静态分析法。因其简便，没有考虑资金时间价值带来的误差也在允许范围之内。

动态评价方法主要包括动态投资回收期法、净现值法、净现值比率法、净年值法、内部收益率法等。

3.3.1　净现值（NPV）法

净现值法是动态评价的最重要的方法之一。根据各投资方案净现值的大小，可决定方案的取舍。

1. 净现值的定义及计算

净现值（Net Present Value，记为 NPV）是指在基准收益率 i_c 或给定折现率下，投资方案在寿命期内各年净现金流量现值的代数和。其计算公式为：

$$NPV = \sum_{t=0}^{n} (CI - CO)_t (1 + i_c)^{-t} \qquad (3-14)$$

式中　　　　i_c——基准收益率；

　$(1 + i_c)^{-t}$——第 t 年的贴现系数（或折现系数）；

　　　　　n——投资方案的寿命期（年）；

　$(CI - CO)_t$——第 t 年的净现金流量。

例：若工程项目只有初始投资 I，以后各年末均获相等的净收益 A，寿命期末残值为 L，则

$$NPV = -I + A(P/A, i_c, n) + L(P/F, i_c, n)$$

2. 判别标准

根据净现值的定义，单一项目方案的评价标准为：

$NPV > 0$，表示项目除保证实现规定（期望）的收益率外，尚可获得额外的收益；

$NPV = 0$，表示项目正好达到所规定（期望）的收益率标准；

$NPV < 0$，表示项目未能达到所规定（期望）的收益率水平。

因此，净现值法的判别标准是：若 $NPV \geqslant 0$，可以考虑接受该投资项目；若 $NPV < 0$，可以舍弃该项目。

单纯用净现值指标对多方案选优时，应选择净现值最大的方案。

3. 对净现值指标的评价

净现值指标的优点是考虑了资金时间价值，并全面考虑了项目方案在整个寿命期内的绝对收益；并且经济意义简单、明确、直观，能够直接以货币额表示项目的净收益，能直接说明项目投资额与资金成本之间的关系。

但净现值指标也有其不足之处，就是必须首先确定一个符合经济现实的基准收益率，而折现率 i 或基准收益率 $MARR$（或 i_c）的确定比较困难。另外，折现率或基准收益率的大小又直接影响方案的经济性。若折现率或基准收益率 $MARR$（或 i_c）选得过高，则会使经济效益较好的方案变为不可行；选得太低，又会使经济效益不好的方案变为可行。NPV 指标不能直接说明项目运营期间各年的经营成果；不能真正反映项目投资中单位投资的利用效率。

【例3-7】　某工程项目初始投资 1000 万元，以后连续五年有相同的净收益 350 万元，试求基准收益率分别为 15%、25% 时项目的净现值。

分析：项目的现金流量如图 3-1 所示：

解：$i_c = 15\%$ 时，

$$NPV = -I + A(P/A, i_c, n) = -1000 + 350(P/A, 15\%, 5)$$
$$= -1000 + 350 \times 3.3522$$
$$= 173.27（万元） > 0$$

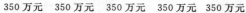

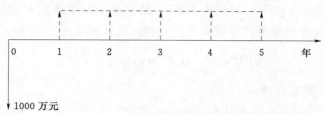

图 3-1 项目现金流量图

$i_c = 25\%$ 时，

$$NPV = -1000 + 350(P/A, 25\%, 5) = -1000 + 350 \times 2.6893$$
$$= -58.745 （万元）< 0$$

可见，当 $i_c = 15\%$ 时，$NPV > 0$，项目可行；而当 $i_c = 25\%$ 时，$NPV < 0$，项目不可行。

【例 3-8】 某企业打算购买新设备以改进工艺，现有两种设备可供选择。假定基准收益率为 8%，两种设备的各项经济指标如表 3-6 所示，试选择设备。

表 3-6 　　　　　　　　　　　设备的各项经济指标表 　　　　　　　　　　单位：万元

设 备 类 型	设 备 价 值	年均净收益	使用期（年）	残　　值
甲设备	2000	450	6	100
乙设备	3000	650	6	300

分析：残值可以作为收益来处理，也可以作为负的费用来处理

现金流量图如图 3-2 所示。

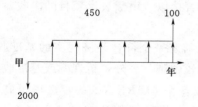
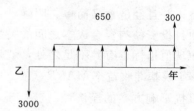

图 3-2 设备的现金流量图

解：甲设备 $NPV(8\%) = -2000 + A(P/A, 8\%, 6) + F(P/F, 8\%, 6)$
$$= -2000 + 450 \times 4.623 + 100 \times 0.6302$$
$$= 143.37 \text{万元} > 0$$

乙设备 $NPV(8\%) = -3000 + A(P/A, 8\%, 6) + F(P/F, 8\%, 6)$
$$= -3000 + 650 \times 4.623 + 300 \times 0.6302$$
$$= 194.01 \text{万元} > 0$$

结论：任何一种设备都是可行的，但 $NPV_乙 > NPV_甲$，乙设备的经济效果好于甲设备，因此选择乙设备。

3.3.2 年现金流程分析法（年金法）

1. 年金法的含义

实质就是将各个比较的项目方案在计算期内的所有收益和费用，按照基准收益率或预先确定的收益率转化为等额年金，即通过资金等值换算，将项目方案的净现值分摊到计算期的各年，然后对各项目方案的净收益年金进行比较，以确定项目优劣的方法。

2. 年金的计算

在实际运用中，年金可分为净收益年金（NAV）、等额收益年金（$EUAB$）、等额费用年金（$EUAC$）。

$$NAV = NPV(i_0)(A/P, i_0, n) = EUAB - EUAC \qquad (3-15)$$

3. 年金法的评价准则

单一项目方案：$NAV \geqslant 0$，在经济上可行；

$NAV < 0$，在经济上不可行。

多方案比较时，评价标准见表 3-7；

就项目的评价结论而言，年金法与净现值法是等价的评价方法，由于年金法不

表 3-7　年金法的评价标准

项目方案情况	比较内容	结　论
$EUAC$ 相同	比较 $EUAB$	$EUAB$ 大的方案优
$EUAB$ 相同	比较 $EUAC$	$EUAC$ 小的方案优
均不同	比较 NAV	NAV 大的方案优

必考虑各比较方案是否有相同的寿命期，因此更为简便和易于计算，在经济评价中占有相当重要的地位

【例 3-9】 某企业欲购置一台设备，现有两台功能相近的设备供选择。购买甲设备需投资 8000 元，预计使用寿命为 8 年，期末残值 500 元，日常经营及维修费用每年 3800 元，年收益 11800 元；购买乙设备需投资 4800 元，使用寿命 5 年，期末无残值，年经营成本 2000 元，年收益 9800 元，若基准收益率为 15%，用年金法做购买选择。

分析（如图 3-3 所示）：

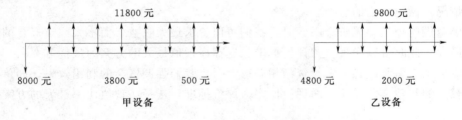

图 3-3　设备的现金流量图

解： 甲设备

$$EUAB = 11800 + 500(A/F, 15\%, 8)$$
$$= 11800 + 500 \times 0.07285 = 11836.4（元）$$
$$EUAC = 3800 + 8000(A/P, 15\%, 8)$$
$$= 3800 + 8000 \times 0.22285 = 5582.8（元）$$
$$NAV_{甲} = EUAB - EUAC = 6253.6（元）$$

乙设备

$$EUAB = 9800（元）$$
$$EUAC = 2000 + 4800(A/P, 15\%, 5)$$
$$= 2000 + 4800 \times 0.29832 = 3431.9（元）$$

$$NAV_Z = EUAB - EUAC = 6368.1 \text{（元）}$$

由于 $NAV_Z > NAV_甲$，所以应选择乙设备。

3.3.3 净现值比率（NPVR）法

净现值所反映的是方案绝对经济效益，不能说明资金的利用效果大小。当各方案投资不同时，易选择投资大盈利也大的方案，而忽视投资较少、盈利较多的方案。特别是当各方案投资额相差很大时，仅根据净现值的大小选取方案可能会导致错误的选择。为了解决这一问题，常需要借助于净现值比率这一指标。

净现值比率法是在净现值法的基础上发展起来的，可以作为净现值法的一种补充。

1. 净现值比率的定义及计算

净现值比率（Net Present Value Rate，记为 NPVR）是方案的净现值与投资现值之比，它反映了单位投资现值所获得的净现值。其计算公式为

$$NPVR = \frac{NPV}{I_p} \qquad\qquad (3-16)$$

式中 I_p——投资现值，即如果工程项目的投资是分次投入，应将各次投资均换算为现值后相加。

2. 净现值比率法的判别标准

净现值比率反映了方案的相对经济效益，净现值比率越大，投资方案的经济效益越好。因此，其判别标准是：

若 $NPVR \geqslant 0$，可以考虑接受该项目；

若 $NPVR < 0$，可以舍弃该项目。

单纯用净现值比率指标来选优时，应选择净现值比率最高的方案。

一般情况下，净现值大的方案，其净现值比率也大，但有时净现值最大的方案，其净现值比率并不是最大的。当用净现值与净现值比率两个指标在选择方案发生矛盾时，应区别不同情况，做出恰当的选择。

在资金供应充足即无资金限额时，我们可以追求最大收益，而不太注重资金的利用效果是否最大，此时应以净现值为评价标准，选择净现值最大的方案为最优方案。

在资金供应紧张或各方案投资额相差很大时，我们强调资金的利用效果，即单位投资应获得较高的收益。此时应以净现值比率为评价标准，选择净现值比率最大的方案为最优方案。

【例 3-10】 某工程项目的初始投资为 1200 万元，以后连续十年每年有净收益 350 万元，试计算基准收益率为 15% 时的净现值比率。

解：
$$NPV = -1200 + 350(P/A, 15\%, 10)$$
$$= -1200 + 350 \times 5.019 = 556.65 \text{（万元）}$$
$$I_p = 1200 \text{ 万元}$$
$$NPVR = \frac{NPV}{I_p} = \frac{556.65}{1200} = 0.46$$

净现值比率为 0.46，其经济意义是该项目除确保基准收益率 15% 外，单位投资尚可获得 0.46 的额外收益。可见，该项目有一定的经济效益，是可行的。

【例 3-11】 某企业资金供应较充足，为适应生产发展的需要，设计了两个寿命期均为 5 年的生产方案可供选择，其现金流量如图 3-4 和图 3-5 所示。若折现率为 10%，试从中选优。

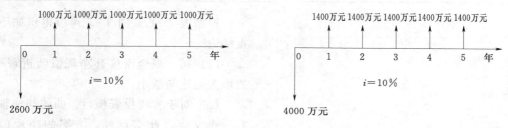

图 3-4 方案 A 的现金流量图   图 3-5 方案 B 的现金流量图

解：方案 A：

$$NPV_A = -2600 + 1000(P/A, 10\%, 5)$$
$$= -2600 + 1000 \times 3.791 = 1191 (万元)$$
$$NPVR_A = \frac{1191}{2600} = 0.458$$

方案 B：

$$NPV_B = -4000 + 1400(P/A, 10\%, 5)$$
$$= -4000 + 1400 \times 3.791 = 1307 (万元)$$
$$NPVR_B = \frac{1307}{4000} = 0.327$$

从净现值指标看，$NPV_B > NPV_A$，方案 B 优于方案 A；

从净现值比率指标看，$NPVR_A > NPVR_B$，方案 A 优于方案 B。

当用净现值指标与净现值比率指标选择方案发生矛盾时，应视具体情况做出选择。现已知该企业资金供应较充足，可以追求最大收益，故应选择方案 B。

3. 对净现值比率指标的评价

$NPVR$ 指标能明确反映单位投资可获得的净现值。这对于提高资金利用效率，加强资金运用的管理工作有着重大意义。该指标与净现值指标紧密结合，既考虑了投资方案的绝对收益，也考虑了其相对经济效益。$NPVR$ 指标的弱点是在多方案选择时，易选择投资较少、收益较大的方案，而放弃投资大、收益也大的方案。

3.3.4 内部收益率（IRR）法

内部收益率法和净现值法一样，也是动态评价的一种重要的方法。为了更好地了解内部收益率的含义，我们先考察净现值与折现率的关系。

1. 净现值函数

从净现值计算公式（3-14）可以看出，若不改变净现金流量而变动折现率 i，NPV 将随 i 的增大而减小。当 i 连续变化时，可以得到 NPV 随 i 变化的函数，即净现值函数。

例如，某工程项目初始投资 500 万元，寿命期 10 年。在 10 年内每年净收益均为 140 万元，画出净现值函数曲线。

分析：NPV 随折现率 i 变化的数值如表 3-8 所示，则可得出净现值函数曲线，如图 3-6 所示。

表 3-8   不同的 i 所对应的 NPV 值

i(%)	0	5	10	15	20	25	30	35	40	45
NPV（万元）	900	581	360	203	87	0	-67	-120	-162	-196

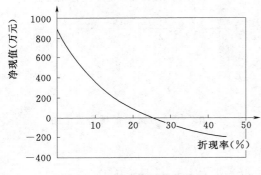

图 3-6　净现值函数曲线图

根据表 3-8 或图 3-6 可以得出如下三点结论：

（1）同一现金流量其净现值随折现率 i 的增大而逐渐减小。

（2）对于常规投资项目，曲线与横轴只有一个交点，此交点处，方案的净现值为 0。在这一点以前任何一个 i 都使 NPV 为正，在此后任何一个 i 都使 NPV 为负。本例中，$i=25\%$ 时，$NPV=0$；$i<25\%$ 时，$NPV>0$；$i>25\%$ 时，$NPV<0$。

（3）由本例可见，在方案比较中，由于选择的折现率（或基准收益率）大小不同，所选中的方案可能不同。选择的折现率（或基准收益率）越高，则可选的方案越少；反之，选择的折现率（或基准收益率）越低，则可选的方案越多。

2. 内部收益率的定义

能够使投资项目的净现值等于 0 的折现率就是该项目的内部收益率（Internal Rate of Return，记为 IRR）。

在上例中，净现值函数曲线与横轴的交点处，即 $i=25\%$，项目的净现值为 0，故折现率 $i=25\%$，就是该项目的内部收益率。

内部收益率的定义式为

$$\sum_{t=0}^{n} (CI - CO)_t (1+i)^{-t} = 0 \qquad (3-17)$$

由上式求得的 i 即为内部收益率。

可见，内部收益率与净现值不同，它不代表方案寿命期内的绝对收益，而是一个用百分数表示的利率，用这个利率计算方案的净现值可使净现值等于 0。所以，它不是一个任意的 i，而是特定条件下的 i，因而常以 IRR 表示。故式（3-17）变为

$$\sum_{t=0}^{n} (CI - CO)_t (1 + IRR)^{-t} = 0 \qquad (3-18)$$

若方案只有一次初始投资 I，以后各年有相同的净收益 A，残值为 L，则内部收益率的计算公式为

$$-I + A(P/A, IRR, n) + L(P/F, IRR, n) = 0 \qquad (3-19)$$

内部收益率的经济含义是，它反映的是项目全部投资所能获得的实际最大收益率，是项目借入资金利率的临界值。假如一个项目的全部投资均来自借入资金，从理论上讲，若借入资金的利率 i 小于项目的内部收益率 IRR，则项目会有盈利。若 $i>IRR$，则项目就会亏损，若 $i=IRR$，则由项目全部投资所得的净收益刚好用于偿还借入资金的本金和利

息。这样一个偿还的过程只与项目的某些内部因素，如借入资金额、各年的净收益以及由于存在资金的时间价值而产生的资金的增值率有关，反映的是发生在项目内部的资金的盈利情况，而与项目之外的外界因素无关。

3. 内部收益率的求解法

由式 3-18 知，当 $t = 0,1,2,\cdots,n$ 时，式（3-18）是一个高次方程，不能采用一般的代数方法求解。目前计算 IRR 的方法是试算法，即先任取一个折现率 i 计算净现值，如果净现值为正，则增加折现率 i；如果净现值为负，则减小 i 的值，直到净现值等于 0 或接近于 0 为止。此时的折现率 i 即为所求的内部收益率 IRR。

求解 IRR 的一种手工算法是公式试算法。通常当试算的 i 使得净现值在零值左右摆动（前后两个净现值反号），且前后两次计算的 i 值之差足够小（一般不超过 $1\% \sim 2\%$，最大不得超过 5%）时，可用内插法近似求出内部收益率 IRR。内插法公式为

$$IRR = i_1 + \frac{NPV_1}{NPV_1 + |NPV_2|}(i_2 - i_1) \qquad (3-20)$$

式中 i_1、i_2——分别是使净现值由正转为负的两个相近的折现率，且 $i_2 > i_1$；

NPV_1、NPV_2——分别为 i_1、i_2 时的净现值，且 $NPV_1 > 0$，$NPV_2 < 0$。

求解 IRR 的另一种手工算法是图解法。即先分别算出几个有代表性的折现率 i 所对应的净现值，然后画出净现值函数曲线，该曲线与折现率坐标的交点即为所求的内部收益率 IRR。

用手工试算 IRR，比较费时，但若采用电子计算机来计算 IRR 则并不困难，而且迅速、准确。

4. 内部收益率法的判别标准

计算出内部收益率 IRR 后，应与基准收益率 i_c（或 MARR）相比较，以判断其经济可行性。

对单方案来说，内部收益率越高，经济效益越好。则：

若 $IRR \geqslant i_c$（或 MARR），则认为方案在经济上是可取的；

若 $IRR < i_c$（或 MARR），则认为方案在经济上是不可取的。

在多方案的比选中，若各方案的内部收益率 IRR_1、IRR_2，$\cdots$，IRR_n，均大于基准收益率 i_c，均可取，则此时应该与净现值指标结合起来考虑。一般是选择 IRR 较大且 NPV 最大的方案，而非 IRR 越大的方案越好（此时也可采用差额内部收益率法，计算差额部分的内部收益率 ΔIRR 来进行判断）。

【例 3-12】   某工程项目现金流量如表 3-9 所示。试计算其内部收益率。

表 3-9   项 目 的 现 金 流 量 表   单位：万元

年限	0	1	2	3	4	5	6
净现金流量	-130	35	35	35	35	35	35

解： 由式（3-19）

$$-130 + 35(P/A, IRR, 6) = 0$$

则

$$(P/A, IRR, 6) = 3.7143$$

查附录可知，IRR 介于 15% 与 20% 之间。

令　　$i_1 = 15\%$，$NPV_1 = -130 + 35(P/A,15\%,6) = -130 + 35 \times 3.784$

$$= 2.44（万元）> 0$$

$i_2 = 20\%$，$NPV_2 = -130 + 35(P/A,20\%,6) = -130 + 35 \times 3.326$

$$= -13.59（万元）< 0$$

由式（3-20）：

$$IRR = 15\% + \frac{2.44}{2.44 + |-13.59|}(20\% - 15\%) = 15.76\%$$

i_1 与 i_2 相差越小，计算所得的内部收益率越准确。

【例 3-13】　某新建炼油厂工程项目，建设期 3 年，第 1 年投资 8000 万元，第 2 年投资 4000 万元，生产期 10 年，若 $i_0 = 18\%$，项目投产后预计年均收益 3800 万元，回答：（1）项目是否可行？（2）IRR 是多少？

解：（1）$NPV = -8000 - 4000(P/F,18\%,1) + 3800(P/A,18\%,10)(P/F,18\%,3)$

$$= -8000 - 4000 \times 0.848 + 3800 \times 4.494 \times 0.609 = -991.99 < 0$$

项目不可行。

（2）$i_2 = 18\%$ 时 $NPV_2 = -991.99 < 0$

$i_1 = 15\%$ 时，$NPV_1 = -8000 - 4000(P/F,15\%,1)$

$$+ 3800(P/A,15\%,10)(P/F,15\%,3)$$

$$= -8000 - 4000 \times 0.87 + 3800 \times 5.019 \times 0.658$$

$$= 1069.51 > 0$$

$$IRR = i_1 + \frac{NPV_1}{NPV_1 + |NPV_2|}(i_2 - i_1) = 15\% + \frac{1069.51}{1069.51 + |-991.99|}(18-15)\%$$

$$= 16.56\%$$

内部收益率是 16.56%。

5. 对内部收益率指标的评价

优点：（1）该指标考虑了资金的时间价值及方案在整个寿命期内的经营情况；

（2）不需要事先设定折现率而可以直接求出；

（3）该指标以百分数表示，与传统的利率形式一致，比净现值更能反映方案的相对经济效益，能够直接衡量项目的真正的投资收益率。

不足：对于非常规投资项目内部收益率可能多解或无解，在这种情况下内部收益率难以确定。需要大量的与投资项目有关的数据，计算比较麻烦。

6. 净现值与内部收益率的区别

净现值与内部收益率这两个评价指标都考虑了资金的时间价值，克服了静态评价方案的缺点。两者主要区别在于：

（1）净现值指标以绝对值表示，即直接以现金来表示工程项目在经济上的盈利能力；而内部收益率不直接用现金表示，而是以相对值来表示项目的盈利情况，更易被理解；

（2）各个工程项目在同一基准收益率下计算的净现值具有可加性，而各个工程项目的内部收益率不能相加；

（3）计算净现值必须已知基准收益率才能求得，而内部收益率的计算不需已知基准收益率，只是在求得内部收益率后与基准收益率进行比较；

（4）净现值指标可用于对互斥方案进行比较选择最优方案，而内部收益率对互斥方案进行比较有时会与净现值指标发生矛盾。此时应以净现值指标为准。

3.3.5 动态回收期（P'_t）法

投资回收期是分析工程项目投资回收快慢的一种重要方法。作为投资者，非常关心投资回收期。通常，投资回收期越短投资风险就越小。投资回收快，收回投资后还可以进行新的投资。因此，投资回收期是投资决策的重要依据之一。为了弥补静态投资回收期没有考虑资金时间价值的缺陷，现引入动态投资回收期的概念。

1. 动态投资回收期的定义及计算

动态投资回收期就是在基准收益率或一定折现率下，投资项目用其投产后的净收益现值回收全部投资现值所需的时间，一般以"年"为单位。

动态投资回收期一般从投资开始年算起，其定义式为

$$\sum_{t=0}^{P'_t}(CI-CO)_t(1+i)^{-t} = 0 \tag{3-21}$$

式中　P'_t——动态投资回收期。

实际计算时一般采用逐年净现金流量现值的累计并结合以下插值公式求解 P'_t。

$$P'_t = \frac{累计折现值开始}{出现正值的年数} - 1 + \frac{上年累计折现值的绝对值}{当年净现金流量的折现值} \tag{3-22}$$

2. 动态投资回收期的判别标准

采用动态投资回收期法进行方案评价时，应将计算所得的动态投资回收期 P'_t 与国家有关部门规定的基准投资回收期 P_c 相比较，以确定方案的取舍。故其判别标准是：

若 $P'_t \leqslant P_c$，项目可行；若 $P'_t > P_c$，项目不可行。

3. 对动态投资回收期指标的评价

动态投资回收期指标的优点是概念明确，计算简单，突出了资金回收速度。需要注意的是，动态投资回收期与静态投资回收期相比，尽管考虑了资金的时间价值，但仍未考虑投资回收以后的现金流量，没有考虑投资项目的使用年限及项目的期末残值。此外，人们对投资与净收益的理解不同往往会影响该指标的可比性。因此，它常常被广泛地用作辅助指标。只有在资金特别紧缺，投资风险很大的情况下，才把动态投资回收期作为评价方案最主要的依据之一。

【例 3-14】 某项目方案有关数据如表 3-10 所示，基准折现率为 10%，标准动态回收期为 8 年，试计算动态投资回收期，并评价方案。

解：由于动态投资回收期就是累计折现值为 0 的年限，则动态投资回收期应按下式计算

$$P'_t = 6 - 1 + \frac{118.5}{141.1} = 5.84（年）$$

由于项目方案的投资回收期小于基准的动态投资回收期，则该项目可行。

表 3 - 10　　　　　　　　　　　　动态投资回收期计算表　　　　　　　　　　单位：万元

序号	目录＼年	0	1	2	3	4	5	6
1	投资支出	20	500	100				
2	其他支出				300	450	450	450
3	收入				450	700	700	700
4	净现值流量	−20	−500	−100	150	250	250	250
5	折现值	−20	−454.6	−82.6	112.7	170.8	155.2	141.1
6	累计折现值	−20	−474.6	−557.2	−444.5	−273.7	−118.5	22.6

3.4　项目评价简介

投资方案经济效益评价可分为两个基本内容：单方案检验和多方案比选。

1. 单方案检验

单方案检验是指对某个初步选定的投资方案，根据项目收益与费用的情况，通过计算其经济评价指标，确定项目的可行性。单方案检验的方法比较简单，其主要步骤如下：

（1）确定项目的现金流量情况，编制项目现金流量表或绘制现金流量图。

（2）根据公式计算项目的经济评价指标，如 NPV、NAV、IRR、P_t' 等。

（3）根据计算出的指标值及相对应的判别准则，如 $NPV \geqslant 0$，$NAV \geqslant 0$，$IRR \geqslant i_c$，$P_t' \leqslant P_c$ 等来确定项目的可行性。

单方案检验的基本内容前面已经作了详细介绍，本节主要对多方案比选的有关内容进行简介。

2. 多方案比选

多方案比选是指对根据实际情况所提出的多个备选方案，通过选择适当的经济评价方法与指标，对各个方案的经济效益进行比较，最终选择出具有最佳投资效果的方案。与单方案比选相比，多方案的比选要复杂得多，所涉及到的影响因素、评价方法以及要考虑的问题都要多得多。可以说多方案比选是一个复杂的系统工程，涉及因素不仅包括经济因素，而且还包括诸如项目本身以及项目内外部的其他相关因素。归纳起来主要有以下四个方面：

（1）备选方案的筛选。通过单方案的检验剔除不可行的方案，因为不可行的方案是不能参加多方案比选的。

（2）进行方案比选时所考虑的因素。多方案比选可按方案的全部因素计算多个方案的全部经济效益与费用，进行全面的分析对比，也可仅就各个方案的不同因素计算其相对经济效益和费用，进行局部的分析对比。另外还要注意各个方案间的可比性，要遵循效益与费用计算口径相一致的原则。

（3）各个方案的结构类型。对于不同结构类型的方案比较方法和评价指标，考察结构类型所涉及的因素有：方案的计算期是否相同，方案所需的资金来源是否有限制，方案的投资额是否相差过大等。

（4）备选方案之间的关系。备选方案之间的关系不同，决定了所采用的评价方法也会有所不同。一般来讲，方案之间存在着三种关系：互斥关系，独立关系和相关关系。限于篇幅我们仅介绍简单互斥方案比选问题，至于互斥的方案组合和独立关系、相关关系方案的比选不作介绍。

3. 互斥方案的比选

互斥方案的比选包括寿命期相同的比选和寿命期不同的比选。

（1）寿命期相同的互斥方案的比选。

对于寿命期相同的互斥方案，计算期通常设定为其寿命周期，这样能满足在时间上可比的要求。寿命期相同的互斥方案的比选方法一般有净现值法、净现值率法、差额内部收益率法、最小费用法等。

1）净现值法。净现值法就是通过计算各个备选方案的净现值并比较其大小而判断方案的优劣。是多方案比选中最常用的一种方法。其基本步骤为：①分别计算各个方案的净现值，并用判别准则加以检验，剔除 $NPV<0$ 的方案；②对所有 $NPV\geqslant0$ 的方案比较其净现值；③根据净现值最大准则，选择净现值最大的方案为最佳方案。

2）差额内部收益率法。内部收益率是衡量项目综合能力的重要指标，也是在项目经济评价中经常用到的指标之一，但是在进行互斥方案的比选时，如果直接用各个方案内部收益率的高低来衡量方案优劣的标准，往往会导致错误的结论。互斥方案的比选，实质上是分析投资大的方案所增加的投资能否用其增量收益来补偿，即对增量的现金流量的经济合理性做出判断，因此我们可以通过计算增量净现金流量的内部收益率来比选方案，这样就能够保证方案比选结论的正确性。

差额内部收益率的表达式为

$$\sum_{t=0}^{n}\left[(CI-CO)_2-(CI-CO)_1\right]_t(1+\Delta IRR)^{-t}=0 \tag{3-23}$$

其计算与内部收益率的计算相同，也可以采用线性插值法求得。

采用差额内部收益率指标对互斥方案进行比选的基本步骤如下：①计算各备选方案的 IRR。②将 $IRR\geqslant i_c$ 的方案按投资额由小到大依次排列。③计算排在最前面的两个方案的差额内部收益率 ΔIRR，若 $\Delta IRR\geqslant i_c$，则说明投资大的方案优于投资小的方案，保留投资大的方案；反之，若 $\Delta IRR<i_c$，则保留投资小的方案。④将保留的较优方案依次与相邻方案两两逐对比较，直至全部方案比较完毕，则最后保留的方案就是最优方案。

采用差额内部收益率法进行方案比选时一定要注意，差额内部收益率只能说明增加投资部分的经济合理性，亦即 $\Delta IRR\geqslant i_c$，只能说明增量投资部分是有效的，并不能说明全部投资的效果，因此采用此方法前，应该先对备选方案进行单方案检验，只有可行的方案才能作为比较的对象。

3）最小费用法。在工程经济中经常遇到这样一类问题，两个或多个互斥方案其产出的效果相同，或基本相同但却难以进行具体估算，比如一些环保、国防、教育等项目，其所产生的效益无法或者说很难用货币直接计量，这样由于得不到其现金流量情况，也就无法采用诸如净现值法、差额内部收益率法等方法来对此类项目进行经济评价。在这种情况下，我们只能通过假定各方案的收益是相等的，对各方案的费用进行比较，根据效益极大化目标的要求及费用较小的项目比之费用较大的项目更为可取的原则来选择最佳方案，这种方法称为最小费用法。最小费用法包括费用现值比较法和年费用比较法。

①费用现值（PC）比较法。费用现值比较法实际上是净现值法的一个特例，费用现值的含义是指利用此方法所计算出的净现值只包括费用部分。由于无法估算各个方案的收益情况，只计算各备选方案的费用现值（PC）并进行对比，以费用现值较低的方案为最佳。其表达式为：

$$PC = \sum_{t=0}^{n} CO_t(1+i_c)^{-t} = \sum_{t=0}^{n} CO_t(P/F, i_c, t) \qquad (3-24)$$

②年费用（AC）比较法。年费用比较法是通过计算各备选方案的等额年费用（AC）并进行比较，以年费用较低的方案为最佳方案的一种方法，其表达式为：

$$AC = \sum_{t=0}^{n} CO_t(P/F, i_c, t)(A/P, i_c, n) \qquad (3-25)$$

采用年费用比较法与费用现值比较法对方案进行比较的结论是完全一致的。因为实际上费用现值（PC）和等额年费用（AC）之间可以很容易进行转换。即：

$$PC = AC(P/A, i, n) \quad \text{或} \quad AC = PC(A/P, i, n)$$

所以根据费用最小的选择原则，两种方法的计算结果是一致的，因此在实际应用中对于效益相同或基本相同但又难以具体估算的互斥方案进行比选时，若方案的寿命期相同，则任意选择其中的一种方法即可，若方案的寿命期不相同，则一般适用年费用比较法。

【例 3-15】 某项目有 A、B 两种不同的工艺设计方案，均能满足同样的生产技术需要，其有关费用支出如表 3-11所示，试用费用现值比较法和年费用比较法选择最佳方案，已知 $i_c = 10\%$。

表 3-11　A、B 两方案费用支出表　单位：万元

费用\项目	投资（第一年末）	年经营成本（2~10 年末）	寿命期（年）
A	600	280	10
B	785	245	10

解： 费用现值比较法：

根据费用现值的计算公式可分别计算出 A、B 两方案的费用现值为：

$$PC_A = 600(P/F, 10\%, 1) + 280(P/A, 10\%, 9)(P/F, 10\%, 1)$$
$$= 2011.40 （万元）$$
$$PC_B = 785(P/F, 10\%, 1) + 245(P/A, 10\%, 9)(P/F, 10\%, 1)$$
$$= 1996.34 （万元）$$

由于 $PC_A > PC_B$，所以方案 B 为最佳方案。

年费用比较法：

根据公式计算出 A、B 两方案的等额年费用如下：

$$AC_A = 2011.40(A/P, 10\%, 10) = 327.36 （万元）$$
$$AC_B = 1996.34(A/P, 10\%, 10) = 325.00 （万元）$$

由于 $AC_A > AC_B$，所以方案 B 为最佳方案。

（2）寿命期不同的互斥方案的比较与选择。

对于寿命期不同的互斥方案，为了满足时间可比的要求，就需要对各备选方案的计算

期和计算公式进行适当的处理，使各个方案在相同的条件下进行比较，才能得出合理的结论。为满足时间可比条件而进行处理的方法很多，常用的有年值法、最小公倍数法和研究期法等。

1) 年值（AW）法。年值（AW）法是对寿命期不相等的互斥方案进行比选时用到的一种简明的方法。它是通过分别计算各备选方案净现金流量的等额年值（AW）并进行比较，以 $AW \geqslant 0$，且 AW 最大者为最优方案。其中年值（AW）的表达式为：

$$AW = \Big[\sum_{t=0}^{n} (CI - CO)_t (1+i_c)^{-t} \Big](A/P, i_c, n) = NPV(A/P, i_c, n) \qquad (3-26)$$

【例 3-16】 某建设项目有 A、B 两个方案，其净现金流量如表 3-12 所示，若 $i_c = 10\%$，试用年值法对方案进行比选。

解：先求出 A、B 两个方案的净现值：

表 3-12 　　A、B 两方案的净现金流量　　单位：万元

年序 方案	1	2~5	6~9	10
A	−300	80	80	100
B	−100	50	—	—

$NPV_A = -300(P/F, 10\%, 1)$
$\qquad + 80(P/A, 10\%, 8)$
$\qquad \times (P/F, 10\%, 1)$
$\qquad + 100(P/F, 10\%, 10)$
$\qquad = 153.83$（万元）

$NPV_B = -100(P/F, 10\%, 1) + 50(P/A, 10\%, 4)(P/F, 10\%, 1)$
$\qquad = 53.18$（万元）

然后根据公式求出 A、B 两个方案的等额年值 AW。

$AW_A = NPV_A(A/P, 10\%, 10) = 153.83(A/P, 10\%, 10) = 25.04$（万元）

$AW_B = NPV_B(A/P, 10\%, 5) = 53.18(A/P, 10\%, 5) = 14.03$（万元）

由于 $AW_A > AW_B$，且 AW_A、AW_B 均大于 0，故方案 A 为最佳方案。

2) 最小公倍数法。又称方案重复法，是以各备选方案寿命期的最小公倍数作为进行方案比选的共同的计算期，并假设各个方案均在这样一个共同的计算期内重复进行，对各方案计算期内各年的净现金流量进行重复计算，直至与共同的计算期相等。例如有 A、B 两个互斥方案，A 方案计算期为 6 年，B 方案计算期为 8 年，则其共同的计算期即为 24 年（6 和 8 的最小公倍数），然后假设 A 方案将重复实施 4 次，B 方案将重复实施 3 次，分别对其净现金流量进行重复计算，计算出在共同的计算期内各个方案的净现值，以净现值较大的方案为最佳方案。

3) 研究期法。在用最小公倍数法对互斥方案进行比选时，如果诸方案的最小公倍数比较大，则就需要对计算期较短的方案进行多次的重复计算，而这与实际情况显然不相符合，因为技术是在不断地进步，一个完全相同的方案在一个较长的时期内反复实施的可能性不大，因此用最小公倍数法得出的方案评价结论就不太令人信服。这时可以采用一种被称为研究期的评价方法。

所谓研究期法，就是针对寿命期不相等的互斥方案，直接选取一个适当的分析期作为各个方案共同的计算期，通过比较各个方案在该计算期内的净现值来对方案进行比选。以净现值最大的方案为最佳方案。其中，计算期的确定要综合考虑各种因素，在实际应用中，为简便起见，往往直接选取诸方案中最短的计算期为各个方案的共同的计算期，所以

研究期法又称最小计算期法。采用研究期法进行方案比选时，其计算步骤、判别准则均与净现值法完全一致，唯一需要注意的是对于寿命期比共同计算期长的方案，要对其在计算期以后的现金流量情况进行合理的估算，以免影响结论的合理性。

【例 3 - 17】 有 A、B 两个项目的净现金流量如表 3 - 13 所示，若已知 $i_c = 10\%$，试用研究期法对方案进行比选。

表 3 - 13 　　　　　　　　　　　**A、B 两个项目的净现金流量**　　　　　　　　　单位：万元

项目＼年	1	2	3～7	8	9	10
A	−550	−350	380	430		
B	−1200	−850	750	750	750	900

解：取 A、B 两方案中较短的计算期为共同的计算期，也即 $n=8$（年），分别计算当计算期为 8 年时 A、B 两方案的净现值

$$NPV_A = -550(P/F,10\%,1) - 350(P/F,10\%,2) + 380(P/A,10\%,5)$$
$$\times (P/F,10\%,2) + 430(P/F,10\%,8) = 601.89（万元）$$

$$NPV_B = [-1200(P/F,10\%,1) - 850(P/F,10\%,2) + 750(P/A,10\%,7)$$
$$\times (P/F,10\%,2) + 900(P/F,10\%,10)](A/P,10\%,10)(P/A,10\%,8)$$
$$= 1364.79（万元）$$

注：计算 NPV_B 时，是先计算 B 在其寿命期内的净现值，然后再计算 B 在共同的计算期内的净现值。

由于 $NPV_B > NPV_A$，所以 B 方案为最佳方案。

❓ 思考题

1. 经济效果的基本概念是什么？表达方式有哪几种？

2. 动态评价方法和动态评价方法的区别是什么？

3. 静态投资回收期法的含义是什么？如何计算？

4. 投资效果系数与投资回收期是何关系？

5. 追加投资回收期如何计算？如何进行方案的评价？

6. 怎样计算净现值？净现值指标有哪些优缺点？如何使用净现值进行方案评价？

7. 怎样计算净年值？如何使用净年值进行方案评价？

8. 净现值比率如何计算？如何评价方案？

9. 怎样计算内部收益率？内部收益率的经济含义是什么？如何使用内部收益率进行方案评价？

10. 动态投资回收期与静态投资回收期有何区别？

 习题

1. 某工程一次性投资 7000 万元，每年净收益见表 3 - 14，该工程投资回收期是多少？

若基准投资回收期为4年，工程是否可行？若基准投资回收期为7年，工程是否可行？

表3-14 　　　　　　　　　　　　年 净 收 益 表 　　　　　　　　　　单位：万元

年	1	2	3	4	5	6~10
净收益	700	800	900	2000	2000	3000

2. 某工程项目有两个设计方案，各方案的现金流量见表3-15，假设项目的投资回收期为3年，试用静态投资回收期法来评价方案。

表3-15 　　　　　　　　　　方案各年的现金流量 　　　　　　　　　　单位：万元

年	方案1		方案2	
	投资	净收益	投资	净收益
0	−1500		−1000	
1		400		100
2		500		300
3		600		450
4		700		150
5		700		450
6		700		450
7		700		450

3. 某企业拟建一车间，所需总投资2000万元，寿命期为10年，预计年净收益400万元，若基准收益率为10%，问是否该建此车间？若基准收益率为25%，问是否该建此车间？

4. 某工程项目有A、B两个方案可供选择。A、B投资额分别为2500万元和5800万元，A、B年成本费用分别为1000万元和500万元，若基准投资回收期为5年，选哪个方案？

5. 某投资项目的投资情况，年成本费用和年收益的数据如表3-16所示，若基准投资收益率为10%，试用净现值法评价其经济效果。

表3-16 　　　　　　　项目的投资额、年成本和年收益数据表 　　　　　　单位：万元

年	0	1	2	3	4~10
投资额	30	500	100		
年成本				300	450
年收益				450	700

6. 某工程有两个方案，基准投资收益率为10%，生产期为10年，建设期为3年，A方案：各年投资额分别为700万元，500万元，200万元，年均利润300万元；B方案：各年投资额分别为400万元，600万元，800万元，年均利润350万元，试选择最优方案。

7. 某工程项目，建设期2年，第1年投资1200万元，第2年投资1000万元，第3年投产当年收益100万元，项目生产期14年，从第4年起到生产期末的年均收益为390万元，基准投资收益率为12%，计算并判断：（1）项目是否可行？（2）若不可行，从第4

年起的年均收益需增加多少万元，才能使基准投资收益率为 12%？

8. 某公司选择施工机械，有两种方案可供选择，资金利率 10%，设备方案的数据见表 3-17，选择最优方案。

表 3-17　　　　　　　　　　设 备 方 案 数 据 表

项目	单位	方案 A	方案 B	项目	单位	方案 A	方案 B
投资 P	元	10000	15000	残值 F	元	1000	1500
年收入 A	元	6000	6000	服务寿命期 n	年	6	9
年度经营费 A	元	3000	2500				

9. 有两种型号的汽车可供选则，其效益相同，耗油量不同（即每吨公里耗油量），年耗油节约费可视为收益，各指标见表 3-18（单位：万元），若年基准折现率为 6%，试选购。

表 3-18　　　　　　　　　　汽 车 经 济 指 标 表　　　　　　　　　　单位：万元

车型	一次购买费	年耗油节约费	年维修费	使用年限（年）
甲车	15	1.1	1.0	10
乙车	8		0.8	8

10. 若 $i_c = 10\%$，用年值法从表 3-19 所列两方案中选优。

表 3-19　　　　　　　　　　方 案 数 据 表　　　　　　　　　　单位：万元

投资及收益	A 型	B 型	投资及收益	A 型	B 型
一次投资	18	25	残值	2	0
年均收益	6	9	寿命期（年）	10	12

11. 进行各方案选优表 3-20 所示，各方案均无残值，$i_c = 15\%$。

表 3-20　　　　　　　　　　方 案 数 据 表　　　　　　　　　　单位：万元

方案	A	B	方案	A	B
建设期（年）	2	2	生产期（年）	18	16
第一年投资	1000	300	年均收益	250	182
第二年投资	0	500			

12. 某厂计划引进一条生产线，投资为 100 万元，预计使用寿命为 10 年，每年可得净收益 20 万元，第 10 年末的残值为 15 万元。问该引进项目的内部收益率为多少？若 $MARR = 12\%$，问该项目是否可行？

13. 某工程投资 25000 万元，经济寿命 10 年，每年收益 3000 万元，残值 7000 万元，$i_0 = 5\%$，项目的内部收益率 IRR 是多少？此工程是否可行？

14. 某项出租房产，初期费用为 5 万元，如果购买房产的话，以为可以在 10 年后再出售。估计 10 年后该房产的售价为 6 万元，在 10 年内每年租金收入约为 10000 元，与业主和房产管理有关的每年支出额（维修，财产税，保险等）第 1 年为 3000 元，以后每年增加 200 元，至第 10 年维修费 4800 元。另外，在第 5 年末为大修，其一次性支出 2000 元，此方案的 IRR？

15. 包括仓库和办公室在内的房地产价格为 100 万元，一位未来投资者估计从租金中每年收入 16 万元，并且估计每年除所得税外的支出 6200 元，他还估计在 20 年末将房地产出售可得净收入 90 万元，如果他以此价购得此房地产并拥有 20 年，预期税后投资收益率为多少？

16. 某项目各年净现金流量如表 3-21 所示。设基准收益率为 12%，求该项目的动态投资回收期。若基准投资回收期为 8 年，试判断该项目的可行性。若 $P_c = 7$ 年，结果又如何？

表 3-21 项目各年净现金流量表 单位：万元

年	0	1	2	3	4	5	6~14	15	16
净现金流量	−500	−700	−300	200	400	600	600	600	300

第 4 章　工程项目的不确定性分析

本章要点

　　理解不确定性分析的概念及与风险分析的关系；掌握盈亏平衡分析方法；熟悉单因素敏感性分析方法；掌握决策树的概念、分析步骤、决策树的绘制及其计算；熟悉风险决策；了解蒙特卡洛模拟法。

4.1　不确定性分析概述

　　不确定性分析是项目经济评价中的一个重要内容，它是对决策方案受到各种事前无法人为控制的外部因素变化与影响所进行的研究与估计，是研究技术经济方案中主要不确定性因素对经济效益影响的一种方法。通过第 3 章"工程项目的经济效果评价方法"的学习我们知道，项目方案经济评价是定性分析与定量分析相结合、以定量分析为主，这就需要事先知道一些确定的数据。经济评价是在项目建设之前进行的，而不是在项目完成之后（此时称为建设项目后评价，将在第 5 章中介绍）。所以用于建设项目经济评价的数据应由建设方案的制订者在事前通过对以往和现在的市场状况、现有的资料进行分析来推知项目未来的情况，即计算项目未来经济效果所使用的数据都是预测或估计值。而客观事物发展多变的特点，以及对客观事物认识的局限性和渐近性，决定着人们对客观事物的预测或估计无论采用什么方法都会包含许多不确定性因素，从而导致预测结果偏离人们的预期。因此可以说不确定性是所有项目固有的内在特性，只是对不同的项目来说，这种不确定性的程度有大有小。

4.1.1　不确定性分析与风险分析的关系

　　不确定性是指在缺乏足够的信息的情况下，估计可变因素对项目实际值与人们期望值所造成的偏差，其结果无法用概率分布来描述。风险是指未来发生不利事件的概率或可能性。投资建设项目经济风险是指由于不确定性的存在导致项目实施后偏离预期经济效益的可能性，其结果可以用概率分布来描述。经济风险分析是通过对风险因素的识别，采用定性或定量分析的方法估计各风险因素发生的可能性及对项目的影响程度，揭示影响项目成败的关键风险因素，提出项目风险的预警、预报和相应的对策，为投资决策服务。经济风险分析的另一个重要功能还在于它有助于在可行性研究的过程中，通过信息反馈，改进或优化项目设计方案，直接起到降低项目风险的作用。由此可见，不确定性与风险是有区别的。其区别就在于一个是不知道未来可能发生的结果，或不知道各种结果发生的可能性，由此产生的问题称为不确定性问题；另一个是知道未来可能发生的各种结果的概率，由此产生的问题称为风险问题。解决不确定性问题的方法称为不确定性分析；解决风险问题的方法称为风险分析。严格来讲，不确定性分析包含了不确定性分析和风险分析两方面的内容。虽然这两种分析方法之间存在差异，但是从投资项目经济评价的实践角度来看，将两者严格区分开来实际意义不大。所以，一般人们习惯于将两种分析方法统称为不确定性分析，并将其定义为：分析和研究由于不确定性因素的变化所引起的项目经济效益指标的变化和变化程度。

借助于风险分析可以得知不确定性因素发生的可能性以及给项目带来经济损失的程度。不确定性分析找出的敏感因素又可以作为风险因素识别和风险估计的依据。风险分析的程序包括风险因素识别、风险估计、风险评价与防范应对。

4.1.2 不确定性或风险产生的原因

产生不确定性或风险的原因很多，一般情况下主要有：

（1）所依据的基本数据不足或者统计偏差。这是指由于原始统计上的误差，统计样本点的不足，公式或模型的套用不合理等所造成的误差。比如项目固定资产投资和流动资金是项目经济评价中重要的基础数据，但在实际工作中往往由于各种原因而高估或低估了它的数额，从而影响了项目评价结果。

（2）预测方法的局限，预测的假设不准确。

（3）未来经济形势的变化，如通货膨胀、市场供求结构的变化等。由于有通货膨胀的存在，会产生物价的变化，从而会影响项目评价中所用的价格，进而导致诸如年销售收入、年经营成本等数据与实际发生偏差。产品的价格不仅受价值规律的影响，还要受到供求关系的影响，市场供求结构发生变化，也会导致价格发生变化，影响项目评价结果。

（4）技术进步，如生产工艺或技术的发展变化。技术进步会引起新老产品和工艺的替代，这样根据原有技术条件和生产水平所估计出的年销售收入等指标就会与实际值发生偏差。

（5）无法以定量来表示的定性因素的影响。

（6）其他外部影响因素。如政府政策的变化，新的法律、法规的颁布，国际政治经济形势的变化等，都会对项目的经济效果产生一定的甚至是难以预料的影响。

当然，还有其他一些影响因素。在项目经济评价中如果想全面分析这些因素的变化对项目经济效果的影响是十分困难的，有时甚至是不可能的。因此在实际工作中，我们往往要着重分析和把握那些对项目影响大的、起关键作用的因素，以期在较短时间内取得较好的效果。

4.1.3 不确定性分析的作用

由于上述种种原因，项目技术经济效果计算和评价所使用的计算参数，诸如投资、产量、价格、成本、利率、收益、建设期限、经济寿命等，总是带有一定的不确定性。不确定性的直接后果是使方案经济效果的实际值与评价值相偏离，如果不对此进行分析，仅凭一些基础数据所做的确定性分析为依据来取舍项目，就可能会导致投资决策的失误。为了分析不确定性因素对项目经济评价指标的影响，应根据拟建项目的具体情况，分析各种外部条件发生变化或者测算数据误差对方案经济效果的影响程度，以估计项目可能承担不确定性的风险及其承受能力，确保项目在经济上的可靠性，并采取相应的对策力争把风险减低到最小限度。为此，就必须对影响项目经济效果的不确定性因素进行分析。

4.1.4 不确定性分析的内容和方法

常用的不确定性分析的方法包括盈亏平衡分析（又称收支平衡分析）、敏感性分析（又称灵敏度分析）和概率分析（又称风险分析）三种，其内容各有不同。在具体应用时要在综合考虑项目的类型、特点、决策者的要求、相应的人力财力以及项目对国民经济的影响程度等条件来选择。一般来说，盈亏平衡分析只适用于项目的财务评价，而敏感性分析和概率分析则可以同时用于财务评价和国民经济评价。

4.2 盈亏平衡分析

投资项目的经济效果会受到许多因素的影响，如投资额、销售量、产品价格、成本、项目寿命等。当这些因素发生变化达到某一临界值时，就会导致原来盈利的项目变为亏损项目，即可能会影响到方案的取舍。盈亏平衡分析的目的就是要找出这种由盈利到亏损的临界值（盈亏平衡点 BEP），据此判断项目风险的大小和对风险的承受能力，为投资决策提供科学的依据。

4.2.1 盈亏平衡分析的概念

盈亏平衡分析是指项目达到设计生产能力的条件下，研究分析项目成本费用与收益关系的一种定量分析方法。它通过对产品产量、成本、利润相互关系的分析，判断项目对市场需求变化的适应能力，所以也称量、本、利分析。

根据生产成本及销售收入与产销量之间是否呈线性关系，盈亏平衡分析又可进一步分为线性盈亏平衡分析和非线性盈亏平衡分析。投资项目决策分析与评价中一般只进行线性盈亏平衡分析。盈亏平衡分析不仅可以进行量、本、利分析，也可以进行单方案检验和多方案比选，其用途比较广泛。

4.2.2 盈亏平衡点及其确定

在盈亏平衡分析中，首先要做的就是确定盈亏平衡点，然后据此来分析和判断项目风险的大小，因此可以说盈亏平衡点是一个核心的概念。所谓盈亏平衡点（BEP）是项目盈利与亏损的分界点，它标志着项目不盈不亏的生产经营临界水平，反映了在达到一定的生产经营水平时该项目的收益与成本的平衡关系。盈亏平衡点也称保本点，通常用产量表示，也可以根据分析目的的不同用生产能力利用率、销售收入、产品单价等来表示。盈亏平衡点的确定主要根据其定义来进行。

依据盈亏平衡点的定义，在盈亏平衡点处项目处于不盈不亏的保本状态，即项目的收益与成本在该点处相等，可表示为

$$TR = TC \qquad\qquad (4-1)$$

式中　TR——项目的总收益；

　　　TC——项目的总成本。

由于 TR 与 TC 都是产品产量的函数，因此从式（4-1）出发即可求出项目在盈亏平

衡点处的产量，即盈亏平衡产量。

盈亏平衡点反映了项目对市场变化的适应能力和抗风险能力，项目的盈亏平衡点越低其适应市场的能力就越大，抗风险能力也就越强。道理很简单，以盈亏平衡产量为例，如果一个项目的盈亏平衡产量比较低，那么在项目投产后只要销售少量的产品就可以保本，这样只要市场情况不发生很大的变化，其实际销售量就很有可能超过这个比较低的盈亏平衡产量，从而使项目产生盈利。因此，也可以说盈亏平衡点的高低反映了项目风险性的大小。

4.2.3 线性盈亏平衡分析

当项目的收益与成本都是产量的线性函数时，称为线性盈亏平衡分析。

1. 线性盈亏平衡分析的前提条件

进行线性盈亏平衡分析有以下 4 个假定条件。

（1）产量等于销售量，即当年生产的产品当年全部销售出去，没有库存。

（2）总成本可分为可变成本和固定成本。其中可变成本与产量成正比例关系；固定成本与产量无关，在生产过程中保持不变。从而总成本费用是产量的线性函数。

可变成本主要包括原材料、燃料、动力消耗、包装费和计件工资等。固定成本主要包括工资（计件工资除外）、折旧费、无形资产及其他资产摊消费、修理费和其他费用等。为简化计算，财务费用一般也将其作为固定成本。

（3）产量变化，产品售价不变，从而销售收入是销售量的线性函数。

（4）项目只生产一种产品，或者生产多种产品时可以换算成一种产品计算，也即不同产品负荷率的变化是一致的。

2. 线性盈亏平衡分析的方法

线性盈亏平衡分析的方法一般有两种：图解法和数解法（或称解析法）。

（1）图解法。图解法是线性盈亏平衡分析中常用的一种方法，它是以横轴表示产量（或销售量），纵轴表示收益（或成本）的坐标系中画出收益与成本曲线，求出其交点，此交点即为盈亏平衡点，然后据此进行盈亏平衡分析的一种方法，其基本步骤如下：

1）画出坐标系，以横轴表示产量，纵轴表示收益与成本。

2）以原点为起始点，按下面公式在坐标图上画出收益线 TR。

$$TR = （单位产品价格 - 单位产品销售税金及附加）× 产量 \qquad (4-2)$$

3）画出固定成本线 C_F。由于在前面我们已假设固定成本不随产量的变化而变动，所以固定成本线是一条与横坐标轴平行的水平线。

4）画出总成本线 TC。根据叠加法原理，以固定成本线与坐标纵轴的交点为起始点，按照下面的公式在坐标图上画出总成本线。

$$TC = 固定成本 + 可变成本 = 固定成本 + 单位产品可变成本 × 产量 \qquad (4-3)$$

5）求盈亏平衡点。收益线与总成本线的交点就是盈亏平衡点（如图 4-1 所示）。

从图 4-1 可以看出，当产量水平低于盈亏平衡产量 Q^* 时，TR 线在 TC 线的下方，项目是亏损的；当产量水平高于盈亏平衡产量 Q^* 时，TR 线在 TC 线的上方，项目是盈利的。盈亏平衡点越低，达到此点的盈亏平衡产量和收益或成本也就越少。因而项目的盈利机会就越大，亏损的风险就越小。

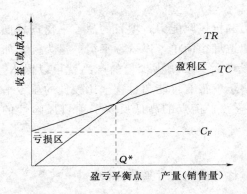

图 4-1 盈亏平衡分析图

（2）解析法。解析法也称数解法，是通过数学解析的方法计算出盈亏平衡点的一种方法。由盈亏平衡点的概念，并根据前面所做的假设可以得到

$$TR = P(1-t)Q \tag{4-4}$$

$$TC = C_F + C_V Q \tag{4-5}$$

式中　P——单位产品价格；

t——单位产品销售税率；

C_F——固定成本；

C_V——单位产品可变成本。

1）设盈亏平衡产量为 Q^*，则当 $Q=Q^*$ 时有 $TR=TC$，即：

$P(1-t)Q^* = C_F + C_V Q^*$，求解此方程可得到

$$Q^* = \frac{C_F}{p(1-t) - C_V} \tag{4-6}$$

盈亏平衡点（BEP）除经常用产量表示以外，还可以用销售收入、生产能力利用率、销售价格等指标来表示。

2）以销售收入表示盈亏平衡点是指项目不发生亏损时至少应达到的销售收入，可用式 4-7 表示

$$TR^* = P(1-t)Q^* = \frac{p(1-t)C_F}{p(1-t) - C_V} \tag{4-7}$$

式中　TR^*——盈亏平衡时的销售收入。

3）生产能力利用率的盈亏平衡点是指项目不发生亏损时至少应达到的生产能力利用率。

$$q^* = \frac{Q^*}{Q_0} \times 100\% \tag{4-8}$$

式中　q^*——生产能力利用率；

Q_0——设计年生产能力。

4）若按设计能力进行生产和销售，则用销售价格表示的盈亏平衡点为

$$P^* = \frac{C_F + C_V Q_0}{Q_0(1-t)} \tag{4-9}$$

式中　P^*——盈亏平衡时的销售价格。

5）若按设计能力进行生产和销售，且销售价格已定，则盈亏平衡点单位产品变动成本为

$$C_V^* = \frac{p(1-t)Q_0 - C_F}{Q_0} \tag{4-10}$$

式中　C_V^*——盈亏平衡时的单位产品变动成本。

从项目盈利及承受风险的角度出发，q^* 越小，P^* 越低，则项目的盈利能力就越大，抗风险能力也就越强。

4.2.4 非线性盈亏平衡分析

线性盈亏平衡分析方法简单明了，有助于我们尽快的全面把握决策的目的，但这种方法在应用中有一定的局限性。实际生产经营活动过程中，产品的销售收入与销售量之间、成本费用与产量之间，并不一定呈线性关系，而是呈非线性关系。比如当项目的产量在市场中占有较大的份额时，其产量的高低可能会明显影响市场的供求关系，从而使得市场价格发生变化；再比如根据报酬递减规律，变动成本随着生产规模的不同而与产量呈非线性的关系，在生产中还有一些辅助性的生产费用（通常称为半变动成本）随着产量的变化而呈梯形分布。正是由于这些原因，造成产品的销售收入和总成本与产量之间存在着非线性关系，在这种情况下进行的盈亏平衡分析称为非线性盈亏平衡分析。

1. 非线性盈亏平衡分析图

图4-2表示非线性盈亏平衡分析图。图中横轴表示产量（或销售量），纵轴表示收益（或成本）。从图4-2中可以发现，当产量小于 Q_1 或大于 Q_2 时，项目都处于亏损状态，只有当产量处于 $Q_1 \leqslant Q \leqslant Q_2$ 时，项目才处在盈利区域。因此，Q_1 和 Q_2 是项目的两个盈亏平衡点。同时在盈利区域中存在一个利润最大的产量 Q_{max} 和单位成本最小的产量 Q_{min}。

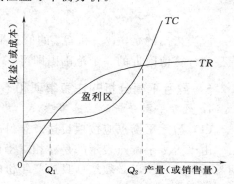

图4-2 非线性盈亏平衡分析图

2. 非线性盈亏平衡分析的求解

如图4-2所示，假设产品的产量等于其销售量均为 Q，则产品的销售收益和总成本与产量的关系可表示为

$$TR(Q) = a_1 Q^2 + b_1 Q + c_1$$
$$TC(Q) = a_2 Q^2 + b_2 Q + c_2$$

式中：a_1、a_2、b_1、b_2、c_1、c_2 均为系数。

根据盈亏平衡点的定义，$TR(Q) = TC(Q)$，于是得到方程 $a_1 Q^2 + b_1 Q + c_1 = a_2 Q^2 + b_2 Q + c_2$，化简得：

$$(a_1 - a_2)Q^2 + (b_1 - b_2)Q + (c_1 - c_2) = 0$$

求解此一元二次方程，得到方程的两个解分别为 Q_1 和 Q_2，也即求出了项目盈亏平衡点的产量。

（1）利润最大的产量 Q_{max} 计算。

根据利润的表达式

$$E(Q) = 收益 - 成本 = TR(Q) - TC(Q) \qquad (4-11)$$

通过求上式对产量的一阶导数，并令导数等于零，即

$$\frac{dE(Q)}{dQ} = 0$$

就可以求出 Q_{max}。Q_{max} 是否为利润最大产量，尚需验证下式是否成立

$$\frac{d^2 E(Q)}{dQ^2} < 0 \qquad (4-12)$$

若上式成立，则 Q_{max} 为利润最大的产量，又称为最大盈利点。

（2）单件成本最小产量 Q_{min} 的计算。

设 W 为平均单件成本，则：

$$W = \frac{TC}{Q} = \frac{C_F + C_V Q}{Q} = \frac{C_F}{Q} + C_V \qquad (4-13)$$

对上式求一阶导数，并令其为零，得：

$$\frac{dW}{dQ} = \frac{d\left(\frac{C_F}{Q} + C_V\right)}{dQ} = 0, 得：$$

$$\frac{dC_V}{dQ} = \frac{C_F}{Q^2} \qquad (4-14)$$

应当指出的是，Q_{max} 和 Q_{min} 的值只是参考数值，在实际确定生产能力时，只要将产量调整到计算值附近的一个范围内即可。

4.2.5 盈亏平衡分析的注意事项和不足

1. 盈亏平衡分析的注意事项

（1）盈亏平衡点应按项目达产年份的数据计算，不能按计算期内的平均值计算。

由于盈亏平衡点表示的是在相对于设计能力下达到多少产量或生产能力利用率才能达到盈亏平衡，所以必须按项目达产年份的销售收入和成本费用数据计算，如按计算期内的平均数据计算，就失去了意义。

（2）当各年数值不同时，最好按还款期间和还完借款以后的年份分别计算。

即便在达产以后的年份，由于固定成本中的利息各年不同，折旧费和摊销费也不是每年都相同，所以成本费用数值可能因年而异，具体按哪一年的数值计算盈亏平衡点，应根据项目情况进行选择。一般而言，最好选择还款期间的第一个达产年和还完借款以后的年份分别计算，以便分别给出最高的盈亏平衡点和最低的盈亏平衡点。

2. 盈亏平衡分析的不足

盈亏平衡分析虽然能够度量项目风险的大小，但并不能提示产生项目风险的根源，比如说虽然我们知道降低盈亏平衡点就可能降低项目的风险，提高项目的安全性，也知道降低盈亏平衡点可采取降低固定成本的方法，但是如何降低固定成本，应该采取哪些可行的方法或通过哪些有效的途径来达到这个目的，盈亏平衡分析并没有给出我们答案，还需要采用其他一些方法来帮助达到这个目标，因此在应用盈亏平衡分析时应注意使用的场合及欲达到的目的，以便能够正确运用这种方法。

4.2.6 盈亏平衡分析应用举例

盈亏平衡分析的原理和方法，在项目决策中具有广泛的用途。本节我们将结合建筑企业的实际情况，列举一些典型问题，说明其用途。

1. 开发新产品决策分析

【例 4-1】 某住宅开发项目 30000m²，市场预测售价为 3300 元/m²，变动成本为 1500 元/m²，固定成本为 800 万元，综合销售税金为 200 元/m²，求此项目以商品住宅面积、销售价格、单位变动成本表示的盈亏平衡点。

解：（1）商品住宅盈亏平衡面积 Q^*：

由 $TR=TC$ 得：

$$(3300-200)Q^* = 800 \times 10^4 + 1500Q^*$$

$$\therefore \quad Q^* = 800 \times 10^4/(3100-1500) = 5000 \text{（m}^2\text{）}$$

（2）盈亏平衡点销售价格 P^*：

$$(P^*-200) \times 30000 = 800 \times 10^4 + 1500 \times 30000$$

$$\therefore \quad P^* = (800 \times 10^4 + 1500 \times 30000)/30000 + 200 = 1966.67 \text{（元 /m}^2\text{）}$$

（3）盈亏平衡点单位变动成本 C_v^*：

$$(3300-200) \times 30000 = 800 \times 10^4 + C_v^* \times 30000$$

$$\therefore \quad C_v^* = (3100 \times 30000 - 800 \times 10^4)/30000 = 2833.33 \text{（元 /m}^2\text{）}$$

2. 生产方法选择的决策分析

盈亏平衡分析也可以用于两个及两个以上方案的优劣比较分析。如果两个或两个以上的方案，其成本都是同一变量的函数时，便可以找到该变量的某一数值，恰能使对比方案的成本相等，该变量的这一特定值，称为方案的优劣平衡点。对于两个以上方案的优劣分析，在求优劣平衡点时要每两个方案进行求解，分别求出两个方案的平衡点，然后两两比较，选择其中最经济的方案。

【例 4 - 2】 现有一挖土工程，有两个挖土方案：一是人工挖土，单价为 3.5 元/m³；另一个是机械挖土，单价为 2 元/m³，但需要机械购置费 10000 元。问在什么情况下（土方量为多少时）应采用人工挖土？什么情况下应采用机械挖土？

解：设土方工程量为 Q，则：

人工挖土费用： $\quad\quad\quad\quad\quad C_1 = 3.5Q$

机械挖土费用： $\quad\quad\quad\quad\quad C_2 = 2Q + 10000$

令 $C_1 = C_2$ 得，$3.5Q = 2Q + 10000$

解得：$Q = 6666.7\text{m}^3$，此值即为两方案的优劣平衡点。

当土方量 $Q \leqslant 6666.7\text{m}^3$ 时应选择人工挖土方；当土方量 $Q \geqslant 6666.7\text{m}^3$ 时应选择机械挖土方。

3. 设备购置和租赁的选择

企业生产所需要的设备可以自己购置，也可能租入。如果购置或租入都能达到同样的目的，当然以成本较低的方案为好。

【例 4 - 3】 某建筑企业需要用一台小型铲车，可以自行购置，也可以租入。有关资料如下：

（1）购置：购买价格为 30000 元，使用年限为 10 年，期末残值为 340 元。运转费用为 50 元/天，维修费用为 2800 元/年。

（2）租入：租金 50 元/天，运转费用 50 元/天。

该设备的年使用成本，若购置则包括折旧、维护等固定成本和运转费等变动成本。如果租入，则包括运转费和租金，全部为变动成本。问如何选择方案？（不考虑资金时间价值）

解：设设备年使用天数为 x，年使用成本为 TC，则：

$$TC(购置) = (30000 - 340)/10 + 2800 + 50x = 5766 + 50x$$
$$TC(租入) = 50x + 50x = 100x$$

令：$TC(购置) = TC(租入)$，得：

$$5766 + 50x = 100x，即 \ x = 115（天）$$

所以，当年使用天数据超过 115 天时，应以购置为宜，年使用时间不足 115 天时，则以租入为好。

4. 非线性盈亏平衡问题

【例 4-4】 某预制构件厂生产某种大型预制构件，根据该厂多年生产和销售资料分析，得到其销售该种预制构件的收入函数为：$TR(Q) = 100Q - 0.001Q^2$；生产成本函数为 $TC(Q) = 0.005Q^2 + 4Q + 200000$。当计划生产 12000 件该预制构件时，其盈亏情况怎样？该预制构件的盈亏平衡点最大利润是多少？

解：此时该预制构件的利润：

$$E(Q) = 销售收入 - 成本 = TR(Q) - TC(Q)$$
$$E(Q) = TR(Q) - TC(Q) = 100Q - 0.001Q^2 - (0.005Q^2 + 4Q + 200000)$$
$$= -0.006Q^2 + 96Q - 200000$$

将 $Q = 12000$ 件代入上式，即可得到此时的利润额：

$$E(Q) = -0.006 \times 12000^2 + 96 \times 12000 - 200000 = 88000（元）$$

即当计划生产 12000 件时，其利润额为 88000 元。

根据盈亏平衡点的定义当利润 $E(Q) = 0$ 时达到盈亏平衡，因而有：

$$-0.006Q^2 + 96Q - 200000 = 0$$

求解该一元二次方程，得到盈亏平衡点产量：

$$Q_1 = 2467 \text{ 件}，Q_2 = 13533 \text{ 件}$$

对利润函数 $E(Q) = -0.006Q^2 + 96Q - 200000$ 求一阶导数，并令一阶导函数等于零有：

$$\frac{dE(Q)}{dQ} = -0.012Q + 96 = 0$$

解之得：$Q = 8000$（件）

同时由于 $\frac{d^2E(Q)}{dQ^2} = -0.012 < 0$，因此当 $Q = 8000$ 件时利润最大，即 $Q = 8000$ 件为该预制构件的最大盈利点，最大利润为：

$$E(Q)_{max} = -0.006Q^2 + 96Q - 200000$$
$$= -0.006 \times 8000^2 + 96 \times 8000 - 200000 = 184000（元）$$

4.3 敏感性分析

敏感性分析是投资项目经济评价中应用十分广泛也是最常见的一种技术，用以考察项目涉及的各种不确定因素对项目效益的影响，找出敏感性因素，估计项目效益对它们的敏感程度，粗略预测项目可能承担的风险，为进一步进行风险分析打下基础。

一个项目在其建设与生产经营的过程中，许多因素会发生变化，如投资、价格、成本、产量、工期等，都会由于项目内外部环境的变化而发生变化，从而与我们在项目的经济评价中对其所做的预测（估计值）发生一定的差异。这些差异不可避免地会对项目的经济评价指标产生一定的影响，但这种影响的程度又是各不相同的，有些因素可能仅发生较小幅度的变化就能引起经济评价指标发生较大的变动，而另一些因素即使发生了较大幅度的变化，对经济评价指标的影响也不是太大，我们将前一类因素称为敏感性因素，后一类因素称为非敏感性因素。从评价项目风险的角度出发，当然更关注敏感性因素，关注它们对项目经济指标的影响程度，这也是敏感性分析的作用。敏感性分析对投资项目财务评价和国民经济评价都适用。根据变化因素的多少，敏感性分析可分为单因素敏感性分析和多因素敏感性分析。

4.3.1 单因素敏感分析

所谓单因素敏感性分析是指在进行敏感性分析时，假定只有一个因素是变化的，其他的因素均保持不变，分析这个可变因素对经济评价指标的影响程度和敏感程度。

1. 单因素敏感性分析的基本步骤

（1）确定敏感性分析的对象。敏感性分析的对象就是前面所谈到的项目经济评价指标。一般是根据项目的特点、不同的研究阶段、实际需求情况和指标的重要程度来选择1～2种指标为研究对象。经常用到是净现值（NPV）和内部收益率（IRR）。另外还要说明的一点是：敏感性分析中所确定的经济评价指标往往应该与方案的经济评价指标一致，不宜设立新的分析指标。

（2）选择需要分析的不确定因素。不确定性因素是指那些在投资项目决策分析与评价过程中涉及的对项目效益有一定影响的基本因素。影响项目经济评价指标的不确定性因素很多，但在实际分析中不可能也不需要对项目涉及的全部因素都进行分析，而只是对那些可能对项目效益影响较大的、重要的不确定因素进行分析。如项目总投资、建设年限、经营成本、产品价格、标准折现率等。选择需要分析的不确定性因素时主要考虑以下两方面：

1）预计这些因素在其可能的变化范围内对经济评价指标的影响较大。

2）这些因素发生变化的可能性比较大。

（3）不确定因素变化程度的确定。敏感性分析通常是针对不确定性因素的不利变化进行的，为绘制敏感性分析图的需要也可以考虑不确定性因素的有利变化。对所选定的需要进行分析的不确定性因素，一般是按照一定的变化幅度（如±5%、±10%、±20%等）改变它的数值，然后计算这种变化对经济评价指标（如NPV、IRR等）的影响数值，并将其与该指标的原始数值相比较，从而得出该指标的变化率。对于那些不便用百分率表示的因素，例如建设期，可以采用延长一段时间表示，通常采用延长一年。百分数的取值并不重要，因为敏感性分析的目的并不在于考察项目效益在某个具体的百分率变化下发生变化的具体数值，而只是借助它进一步计算敏感分析指标，即敏感度（灵敏度）系数和临界点。

1）敏感度系数。敏感度系数是项目效益指标变化的百分率与不确定因素变化的百分率之比。敏感度系数高，表示项目效益对该不确定因素敏感程度高，提示应重视该不确定

因素对项目效益的影响。敏感度系数计算公式如下

不确定因素敏感度系数 = 评价指标相对基本方案的变化率 / 不确定因素变化率

(4-15)

敏感度系数的计算结果可能受到不确定因素变化幅度取值不同的影响，即随着不确定因素变化幅度取值的不同，敏感度系数的数值会有所变化。但其数值大小并不是计算该项指标的目的，重要的是各不确定因素敏感度系数的相对值，借此了解各不确定因素的相对影响程度，以选出敏感度较大的不确定因素。因此虽然敏感度系数有以上缺陷，但在判断各不确定因素对项目效益的相对影响程度上仍然具有一定的作用。

2) 临界点。临界点是指不确定因素的极限变化，即该不确定因素使项目内部收益率等于基准收益率或净现值变为零的变化幅度。当该不确定因素为费用科目时，即为其增加的幅度；当其为效益科目时为降低的幅度。临界点也可以用该幅度对应的具体数值表示。当不确定因素变化超过了临界点所表示的不确定因素的极限变化时，项目内部收益率指标将会转而低于基准收益率，表明项目将由可行变为不可行。

临界点的高低与设定的基准收益率有关，对于同一个投资项目，随着设定基准收益率的提高，临界点就会变低（即临界点表示的不确定因素的极限变化变小）；而在一定的基准收益率下，临界点越低，说明该因素对项目效益指标影响越大，项目对该因素就越敏感。

可以通过敏感性分析图求得临界点的近似值，但由于项目效益指标的变化与不确定因素变化之间不是直线关系，有时误差较大，因此最好采用专用函数求解临界点。

2. 单因素敏感性分析图

敏感性分析图是通过在坐标图上作出各个不确定性因素的敏感性曲线，进而确定各个因素的敏感程度的一种图解方法，其基本作图方法如下：

（1）以纵坐标表示项目的经济评价指标（项目敏感性分析的对象），横坐标表示各个变量因素的变化幅度（以%表示）。

（2）根据敏感性分析的计算结果绘出各个变量因素的变化曲线，其中与横坐标相交角度较大的变化曲线所对应的因素就是敏感性因素。

（3）在坐标图上作出项目经济评价指标的临界曲线（如 $NPV=0$，$IRR=i_c$ 等），求出变量因素的变化曲线与临界曲线的交点，则交点处的横坐标就表示该变量因素允许变化的最大幅度，即项目由盈到亏的极限变化值。

3. 单因素敏感性分析的应用

【例 4-5】 某投资项目设计年生产能力为 10 万台，计划总投资为 1200 万元，期初一次性投入，预计产品价格为 35 元/台，年经营成本为 140 万元，项目寿命期为 10 年，到期时预计设备残值收入为 80 万元，标准折现率为 10%，试就投资额、单位产品价格、经营成本等影响因素对该项目做敏感性分析。

解：选择净现值为敏感性分析的对象，根据净现值的计算公式，可计算出项目在初始条件下的净现值。

$$NPV_0 = -1200 + (35 \times 10 - 140)(P/A, 10\%, 10) + 80(P/F, 10\%, 10)$$
$$= 121.21 （万元）$$

由于 $NPV_0 > 0$，该项目是可行的。

下面来对项目进行敏感性分析。

取三个因素：投资额、产品价格和经营成本，然后令其逐一在初始值的基础上按 $\pm 10\%$、$\pm 20\%$ 的变化幅度变动。分别计算相对应的净现值的变化情况，得出结果如表 4-1 和图 4-3 所示。

表 4-1　　　　　　　　　　　　　单因素敏感性分析表　　　　　　　　　　　单位：万元

项目 ＼ 幅度（％）	−20	−10	0	10	20	平均＋1	平均−1
投资额	361.21	241.21	121.21	1.21	−118.79	−9.90%	9.90%
产品价格	−308.91	−93.85	121.21	336.28	551.34	17.75%	−17.75%
经营成本	293.26	207.24	121.21	35.19	−50.83	−7.10%	7.10%

由表和图可以看出，在各个变量因素变化率相同的情况下，首先，产品价格的变动对净现值的影响程度最大，当其他因素均不发生变化时，产品价格每下降 1%，净现值下降 17.75%，并且还可以看出，当产品价格下降幅度超过 5.64% 时，净现值将由正变负，即项目由可行变为不可行；其次，对净现值影响大的因素是投资额，当其他因素均不发生变化时，投资额每增加 1%，净现值将下降 9.90%，当投资额增加的幅度超过 10.10% 时，净现值由正变负，

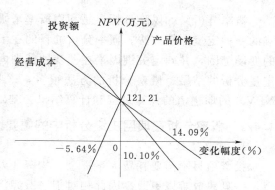

图 4-3　单因素敏感性分析图

项目变为不可行；最后，对净现值影响最小的因素是经营成本，在其他因素均不发生变化的情况下经营成本每上升 1%，净现值下降 7.10%，当经营成本上升幅度超过 14.09% 时，净现值由正变负，项目变为不可行。由此可见，按净现值对各个因素的敏感程度来排序，依次是：产品价格、投资额、经营成本，最敏感的因素是产品价格。因此从项目风险的角度来讲，如果未来产品价格发生变化的可能性较大，则意味着这一投资项目的风险也较大。

4.3.2　多因素敏感性分析

在单因素敏感性分析中，当计算某个不确定性因素对项目投资评价指标的影响时，是基于其他影响因素均保持不变的假设前提，但在实际中各种因素的变动可能存在着相互关联性，一个因素的变动往往引起其他因素也随着变动。这时单因素敏感性分析就存在着一定的局限性，需要加以改进。改进的方法就是同时考虑多种因素同时变化的可能性，使敏感性分析更接近于实际过程。这种同时考虑多种因素同时变化的可能性的敏感性分析就是多因素敏感性分析。多因素敏感性分析由于要考虑可能发生的各种因素不同变动情况的多种组合，因此计算起来要比单因素敏感性分析复杂得多，一般可以采用解析法和作图法相结合的方法进行。当同时变化的因素不超过三个时，一般可采用作图法；当同时变化的因

素超过三个时，就只能采用解析法了。这里不再做介绍了。

敏感性分析虽然可以找出项目效益对之敏感的不确定性因素，并估计其对项目效益的影响程度，但并不能得知这些影响发生的可能性有多大，这是敏感性分析最大的不足之处。

对于项目风险估计而言，仅回答有无风险和风险大小的问题是远远不够的。因为投资项目要经历一个持久的过程，一旦实施很难改变。为避免实施后遭受失败，必须在决策前做好各方面的分析。决策者必须对项目可能面临的风险有足够的估计，对风险发生的可能性心中有数，以便及时采取必要的措施规避风险。只有回答了风险发生的可能性大小问题，决策者才能获得全面的信息，最终做出正确的决策。

4.4 概 率 分 析

概率分析又称风险分析，是利用概率来研究和预测不确定因素对项目经济评价指标影响的一种定量分析方法。概率分析的目的在于确定影响项目投资效果的关键因素及其可能的变动范围，并确定关键因素在此变动范围内的概率，然后进行概率期望值的计算，得出定量分析的结果。概率分析的方法很多，这些方法大多是以项目经济评价指标（主要是NPV）的期望值的计算过程和计算结果为基础的。

4.4.1 概率分析在项目决策分析中的重要地位和程序

1. 重要地位

投资项目不但要耗费大量资金、物资和人力等宝贵资源，且具有一次性和固定性的特点，一旦建成难以更改。因此相对于一般经济活动而言，投资项目的风险尤为值得关注。尽管如此，只要能在决策前正确地认识到相关的风险，并在实施过程中加以控制，大部分风险又是可以降低和防范的。正是基于降低和防范投资项目风险的目的，在投资项目前期工作中有必要加强风险分析。

投资项目的决策分析旨在为投资决策服务，如果忽视风险的存在，仅仅依据基本方案的预期结果，如某项经济评价指标达到可接受水平来简单决策，就可能蒙受损失，多年来项目建设的历史经验证明了这一点。随着投融资体制改革和现代企业制度的建立，各投资主体也开始产生了对如何认识风险和规避风险的主观需求。因此在项目决策分析与评价阶段应进行风险分析，投资决策时应充分考虑风险分析的结果，项目实施和经营中应注意风险防范和控制。一方面可以避免因在决策中忽视风险的存在而蒙受损失，另一方面还可以为项目全过程风险分析打下基础。

风险分析的另一重要功能还在于它有助于通过信息反馈，改善决策分析工作并提请项目各方提高风险意识，在投资中充分重视风险分析的结果。在降低投资项目风险方面起到事半功倍的效果。

2. 风险分析的程序

投资项目可能有各种各样的风险，在项目的不同阶段涉及的风险也会有所不同，项目决策分析与评价中的风险分析主要围绕项目前期研究阶段涉及的风险进行。项目决策分析与评价中的风险分析应首先从认识风险特征入手去识别风险因素；其次根据需要和可能选择适当的方法估计风险程度，可以只对单个风险因素的风险程度进行估计，也可以对项目整体风险进行估计；然后提出针对性的风险对策；最后将项目风险进行归纳，并提出风险分析结论。

风险分析应贯穿于投资项目决策分析与评价的全过程。其具体工作程序为：首先进行相应的单项风险分析，一般只是对所涉及风险因素加以识别，并采用简单的方法粗略估计其风险程度；在此基础上再对投资项目整体风险进行分析，最后进行综合分析和归纳，形成风险分析结论。投资项目整体风险分析以及对投资项目风险的综合分析和归纳应形成单独的风险分析章节。可见风险分析超出了财务分析和经济分析的范畴，是一种系统分析，应由项目负责人牵头，项目组成员参加，当然财务分析和经济分析人员在风险分析中应起重要作用。

3. 风险因素的识别

风险因素识别首先要认识和确定项目究竟可能会存在哪些风险因素，这些风险因素会给项目带来什么影响，具体原因又是什么？同时结合风险程度的估计，得知项目的主要风险因素。

（1）投资项目风险基本特征和识别原则。

1）具有不确定性和可能造成损失是风险的最基本特征，要从这个基本特征入手去识别风险因素。

2）投资项目风险具有阶段性，在项目的不同阶段存在的主要风险有所不同，识别风险因素要考虑其阶段性。

3）投资项目风险依行业和项目不同具有特殊性，因此风险因素的识别要注意针对性，强调具体项目具体分析。

4）投资项目风险具有相对性，对于项目的有关各方（不同的风险管理主体）可能会有不同的风险，或者同样的风险因素对不同方面体现出的影响大小不同。因此识别风险时要注意其相对性。

（2）投资项目风险识别的思路和方法。

在对风险特征充分认识的基础上识别项目潜在的风险和引起这些风险的具体风险因素，只有首先把项目主要的风险因素揭示出来，才能进一步通过风险评估确定损失程度和发生的可能性，进而找出关键风险因素，提出风险对策。风险因素识别应注意借鉴历史经验，特别是后评价的经验。同时可运用"逆向思维"方法来审视项目，寻找可能导致项目"不可行"的因素，以充分揭示项目的风险来源。

风险识别要采用分析和分解方法，把综合性的风险问题分解为多层次的风险因素。常用的方法主要有系统分解法、流程图法、头脑风暴法和情景分析法等。

4.4.2　概率分析方法

1. 风险概率估计

（1）风险变量概率的种类。

项目评价中的概率有主观概率和客观概率两种：

1）主观概率。主观概率是根据人们的经验凭主观推断而获得的概率。主观概率可以通过对有经验的专家调查获得或由评价人员的经验获得。前一种方法获得的主观概率比少数评价人员确定的主观概率可信度要高一些。

2）客观概率。客观概率是在基本条件不变的前提下，对类似事件进行多次观察和试验，统计每次观察和试验结果，最后得出各种结果发生的概率。

由于项目建设具有单件性的特点，每个项目建设无论是外部条件和内部条件都有较大的差异，因此一般难以获得项目风险分析中变量的客观概率，主观概率的获得将占有重要的地位。

（2）确定变量概率分布的步骤。

1）在项目适用的范围内确定项目可能出现的状态。如分析的变量是产品市场销售量，则可能的状态有：低销售量、中等销售量、高销售量，或进一步细分为很低、低、中等、高、很高，或销售量在某一数量范围内。

2）确定可能发生的各种状态的概率或在一个状态区间内发生的概率。

（3）变量通常的概率分布。

1）离散型概率分布。当变量可能值是有限个数，称这种随机变量为离散型随机变量。如生产成本可能出现低、中、高三种状态，各种状态的概率取值之和等于1，生产成本的分布是离散型概率分布。

2）连续型概率分布。当输入变量的取值充满一个区间，无法按一定次序一一列举出来时，这种随机变量为连续型随机变量。如产品销售价格在上限 a 和下限 b 之间，可以有无限多个可能值，这时的产品销售价格就是一个连续型随机变量，它的概率分布用概率密度和分布函数表示。常用的连续概率分布有①正态分布；②三角形分布；③β 分布；④经验分布。

（4）变量概率分析指标。

描述变量概率分布的指标有期望值、方差、标准差和离散系数。

1）期望值。期望值是用来描述随机变量的一个主要参数，它是变量的加权平均值。对于离散变量，期望值：

$$E(X) = \sum_{i=1}^{n} x_i p_i \qquad (4-16)$$

式中　$E(X)$——随机变量 X 的期望值；

　　　x_i——随机变量 X 的各种取值；

　　　p_i—— X 取值 x_i 时所对应的概率值。

2）方差。方差是描述变量偏离期望值大小的指标。对于离散变量，方差 S^2

$$S^2 = \sum_{i=1}^{n} [x_i - E(X)]^2 p_i \qquad (4-17)$$

方差的平方根称为标准差，记为 S。$S = \sqrt{[x_i - E(X)]^2 p_i}$。 $\qquad (4-18)$

3）离散系数。离散系数是描述变量偏离期望值的离散程度的指标，记为 β。

$$\beta = \frac{S}{E(X)} \qquad (4-19)$$

风险变量概率的确定方法主要有两种：主观估计法（由项目评价人员或个别专家估计）和专家调查法（由熟悉风险变量现状和发展趋势的专家、有经验的工作人员、独立采用书面形式反映出来，然后计算专家意见的期望值和意见分歧情况，重复1～2次，直至分歧程度低于要求时为止）。

2. 项目风险评价方法

（1）概率树分析。

1）假定风险变量之间是相互独立的，可以通过对每个风险变量各种状态、取值的不同组合计算项目的内部收益率或净现值等指标。根据每个风险变量状态的组合计算得到的内部收益率或净现值的概率为每个风险变量所处状态的联合概率，即各风险变量所处状态发生概率的乘积。

若风险变量有 A、B、C、$\cdots N$，每个输入变量有状态 A_1、A_2、$\cdots$、A_{n1}；B_1、B_2、$\cdots$、B_{n2}；$\cdots M_1$、M_2、$\cdots$、M_{mn}。各种状态发生的概率：

$$\sum P\{A_i\} = P\{A_1\} + P\{A_2\} + \cdots + P\{A_{n_1}\} = 1$$
$$\sum P\{B_i\} = 1$$
$$\cdots\cdots$$
$$\sum P\{M_i\} = 1$$

则各种状态组合的联合概率为：$P\{A_1\} \times P\{B_1\} \cdots \times P\{N_1\}$，$P\{A_2\} \times P\{B_2\} \cdots \times P\{N_2\}$，$\cdots$，$P\{A_{n1}\} \times P\{B_{n1}\} \cdots \times P\{M_{mn}\}$，共有这种状态组合和相应的联合概率 $N_1 \times N_2 \times \cdots \times N_m$ 个。

2）评价指标（净现值或内部收益率）由小到大进行顺序排列，列出相应的联合概率和从小到大的累计概率，并绘制评价指标为横轴，累计概率为纵轴的累计概率曲线。计算评价指标的期望值、方差、标准差和离散系数。

3）由累计概率（或累计概率图）计算 $P\{NPV(i_c) < 0\}$ 或 $P\{IRR < i_c\}$ 的累计概率，同时也可获得：

$$P\{NPV(i_c) \geqslant 0\} = 1 - P\{NPV(i_c) < 0\} \qquad (4-20)$$
$$P\{IRR \geqslant i_c\} = 1 - P\{IRR < i_c\} \qquad (4-21)$$

当风险变量数和每个变量的状态数较多（大于3个）时，这时状态组合数过多，一般不适于使用概率树方法。若各风险变量之间不是独立的，而存在相互关联时，也不适于使用这种方法。

（2）蒙特卡洛模拟法。

1）当项目风险变量大于3个，每个风险变量可能出现3个以上至无限多种状态时（如连续随机变量），概率树分析的工作量极大，这时可以采用蒙特卡洛模拟技术。其原理是用随机抽样的方法抽取一组输入变量的数值，并根据这组输入变量的数值计算项目评价指标，如内部收益率、净现值等，用这样的办法抽样计算足够多的次数，可获得评价指标的概率分布及累计概率分布、期望值、方差、标准差，计算项目由可行转变为不可行的概率，从而估计项目投资的风险。

2）蒙特卡洛模拟的步骤：①确定风险分析所采用的评价指标，如净现值、内部收益率等；②确定对项目评价指标有重要影响的风险变量；③经调查和专家分析，确定风险变量的概率分布；④为各风险变量独立抽取随机数；⑤由抽得的随机数转化为各随机变量的抽样值；⑥根据抽得的各随机变量的抽样值，组成一组项目评价基础数据；⑦根据抽样值组成基础数据计算出评价指标值；⑧重复第四步到第七步，直至预定模拟次数；⑨整理模拟结果所得评价指标的期望值、方差、标准差和它的概率分布累计概率，绘制累计概率图；⑩计算项目评价指标不小于基准值的累计概率。

3）应用蒙特卡洛模拟法时应注意的问题。

①在应用蒙特卡洛模拟法时，假设风险变量之间是相互独立的，在风险分析中会遇到输入变量的分解程度问题。一般而言，变量分解的越细，风险变量个数也就越多，模拟结果的可靠性也就越高；变量分解程度低，变量个数少，模拟可靠性降低，但能较快获得模拟结果。对一个具体项目，在确定风险变量分解程度时，往往与风险变量之间的相关性有关。变量分解过细往往造成变量之间有相关性，例如产品销售收入与产品结构方案中各种产品数量与各种产品价格有关，而产品销售量往往与售价存在负相关的关系，各种产品的价格之间同样存在或正或负的相关关系。如果风险变量本来是相关的，模拟中视为独立变量进行抽样，就可能导致错误的结论。为避免此问题，采用以下办法处理。

限制输入变量的分解程度。例如不同产品虽有不同价格，如果产品结构不变，可采用平均价格。又如销量与售价之间存在相关性，则可合并销量与售价作为一个变量；但是如果销量与售价之间没有明显的相关关系，还是把它们分为两个变量为好。

限制风险变量个数。模拟中只选取对评价指标有重大影响的关键变量，除关键变量外，其他变量认为保持在期望值上。进一步搜集有关信息，确定变量之间的相关性，建立函数关系。

②蒙特卡洛模拟法的次数。从理论上讲，模拟次数越多越正确，但实际上模拟次数过多不仅费用高，整理计算结果时也费力。因此，模拟次数过多也无必要，但模拟次数过少，随机数的分布就不均匀，影响模拟结果的可靠性，一般应在 200～500 次之间为宜。

3. 概率树分析案例

【例 4-6】　某项目有三个主要风险变量：固定资产投资、年销售收入和年经营成本，估算值分别为 85082 万元，35360 万元和 17643 万元。三个风险变量经调查认为每个变量有三种状态，其概率分布见表 4-2。计算财务净现值 NPV 的期望值和 $NPV \geqslant 0$ 的累计概率。

表 4-2　变 量 概 率 分 布

不确定因素 \ 概率 \ 变化率	+20%	计算值	-20%
固定投资	0.6	0.3	0.1
销售收入	0.5	0.4	0.1
经营成本	0.5	0.4	0.1

解：因每个变量有三种状态，共组成 27 个财务评价数据组合，见图 4-4 中 27 个分支。圆圈内的数字表示风险变量各种状态发生的概率，如图上第一个分支表示固定资产投资、销售收入、经营成本同时增加 20% 的情况，以下称为第一事件。

1. 净现值期望值的计算

（1）分别计算各种可能发生事件发生的概率（以第一事件为例）。

第一事件发生的概率 ＝ P_1（固定资产投资增加 20%）× P_2（销售收入增加 20%）× P_3（经营成本增加 20%）＝ $0.6 \times 0.5 \times 0.5 = 0.15$

式中　P——各不确定因素发生变化的概率。

依此类推，计算出其他 26 个事件可能发生的概率，如图 4-4 中"发生的可能性"一行数字所示。该行数字的合计数应等于 1。

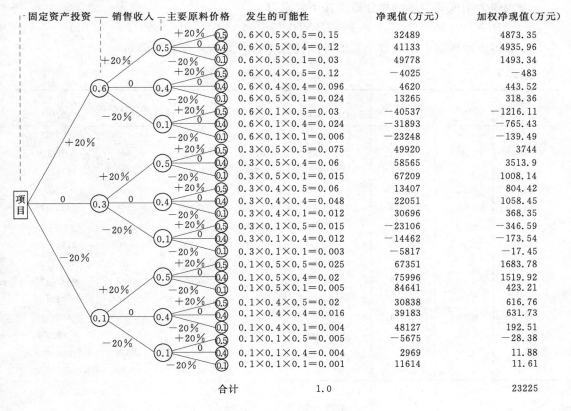

图 4-4　概率树图

（2）分别计算各可能发生事件的净现值。

将产品固定资产投资、销售收入、经营成本各年数值分别调增 20%，重新计算净现值，得净现值为 32489 万元，依此类推，计算出其他 26 个事件可能发生的净现值，示于图 4-4 中"净现值"一列。也可将计算结果列于表 4-3 中。

（3）将各事件发生的可能性与其净现值分别相乘，得出加权净现值，如图中最后一列数字所示。然后将各个加权净现值相加，求得净现值的期望值，为 23225 万元。

2. 净现值大于或等于零的累计概率的求法

净现值大于或等于零的累计概率，可以反映项目风险程度，该概率值越接近于 1，说明项目的风险越小，反之，项目的风险越大。

可以列表求得净现值大于或等于零的累计概率。具体步骤为：将上边计算出的各可能发生事件的净现值按从小到大的顺序排列起来，到出现第一个正值为止，并将各可能发生事件的概率按同样的顺序累加起来，求得累计概率，一并列入表 4-3 中。根据表 4-3，可求得净现值小于零的概率为 $P\{NPV(10\%) < 0\} = 0.215 + (0.219 - 0.215) \times 4025/(4025 + 2969) = 0.217$，即项目不可行的概率为 0.217。净现值的方差 $S_2 = 749548300$，$S = 27378$。

离散系数 $\qquad \beta = S/E(X) = 27378/23225 = 1.18$。

净现值大于或等于零的累计概率按下式求得：

$$P\{NPV(10\%) \geqslant 0\} = 1 - P\{NPV(10\%) < 0\} = 1 - 0.217 = 0.783$$

计算得出净现值大于或等于零的可能性为 78.3%，说明项目风险不大。

表 4-3 累计概率计算表

净现值（万元）	概率	累计概率	$P_i \times [NPV_i - E(NPV)]^2$	净现值（万元）	概率	累计概率	$P_i \times [NPV_i - E(NPV)]^2$
−40537	0.03	0.03	121996975	30696	0.012	0.460	669828
−31893	0.024	0.054	72911298	30838	0.020	0.480	1159219
−23248	0.006	0.06	12958321	32480	0.150	0.630	12848837
−23106	0.015	0.075	32198312	39483	0.016	0.646	4229270
−14462	0.012	0.087	17043530	41133	0.120	0.766	38484478
−5817	0.003	0.09	2530277	48127	0.004	0.770	2480480
−5675	0.005	0.095	4175989	49778	0.030	0.800	21152189
−4025	0.12	0.215	89106127	49920	0.075	0.875	53447568
2969	0.004	0.219	1641188	58565	0.060	0.935	66694176
4620	0.096	0.315	33229268	67209	0.015	0.950	29019161
11611	0.001	0.316	134880	67351	0.025	0.975	48678060
13265	0.024	0.340	2380738	75996	0.020	0.995	55696012
13407	0.06	0.400	5783340	84646	0.005	1.000	18862825
22051	0.048	0.448	66134	合计	1.000		749548300

4.5 风 险 决 策

4.5.1 决策概述

决策是决策者根据所面临的风险和风险程度在不确定的环境中选择最佳方案的过程。决策一定是针对未来而作出的，而未来肯定会涉及不确定因素。因此，在决策时我们不仅是寻求机会和成功，而且也面临风险与失败的可能。曾有人说："决策就是在对将来、变化及人的行为和反应都不具备信息的条件下进行的一种游戏。"

工程建设的各个参与方每天都在对风险的来源及其后果作出决策，这些决策可能是业主的投资决策、工程师或设计师的决策，也可能是造价师就经济方面所作的决策。而在工程技术经济分析中，重点是在项目决策阶段进行的投资决策，如对投资机会的抉择、投资项目的比选、确定项目的投资规模和总体实施方案等。在投资项目决策阶段，决策的质量对总投资影响达 70% 左右，对投资效益影响在 80% 左右。同时项目的投资巨大，其活动过程是不可逆的，因此决策质量关系到项目的成功与否。

决策可以分为程序化决策和非程序化决策。程序化决策用以解决结构性或者日常问题；非程序化决策用于非重复性的、非结构性的、新奇的和没有明确定义的情况。而投资项目本身就是一种独特的、创造性的一次性活动，需要对投资机会进行识别、分析、选择、决断和构思运筹，其决策属于非程序化、非结构化决策，具有高度的创造性、智力化和综合性的特点。决策是实际的管理活动，其价值在于结果的准确性，即预想的和现实的一致性。这就要求决策者对决策的假设条件、现实标准和决策方法的适应性和局限性进行认真的分析，以求提高决策的价值和有效程度。

决策又有科学决策和非科学决策之分。科学决策是在科学的理论和知识的指导下，通过科学的方法，从达到同一目标的众多行动方案中，选择一个最优方案的过程。科学决策是经得起实践检验的正确、合理决策的统称。非科学决策一般是指那些盲目的、既没有足够科学依据又非切实可行的、顾此失彼的决策。非科学决策往往经不起实践和时间的检验，一旦付诸行动就会造成失误或损失。

决策的过程分为四个步骤：

1. 确定目标

决策就是要达到预定的目标，所以确定目标是决策的前提。如果目标确定的不合适或不明确，决策就不可能正确。

2. 拟定多个可行方案

根据确定的目标，收集各种需要的信息，对未来进行预测，拟定多个可行方案。只有提出的方案都是可行的，才能从中选出最优方案。

3. 评价多个可行方案

在拟定多个可行方案后，各方案经常要面对几种不同的自然状态（或称客观条件），如产品的销路好、一般、差等。客观条件迫使人们要针对各种不同的自然状态，在不同方案中选定一个最优方案加以实施，这就构成决策问题。为了正确评价多个可行方案，就要建立决策模型，通过科学的决策方法进行决策。

4. 选择最优方案

各种可行方案中哪一个为最优方案，这决定于前几步分析的结果，但决策者的素质、判断能力、工作魄力和经验等因素也不能忽视。

决策者在分析时可能遇到两种不同的情况，即肯定型（确定型）和非肯定型（不确定型）决策。其中非肯定型决策根据资料掌握的程度不同，又分为风险型决策和完全非肯定型决策。

4.5.2　肯定型决策

肯定型决策是研究环境条件为确定情况下的决策。这类问题具备如下条件：①存在决策者希望达到的一个明确目标；②只存在一个确定的自然状态；③存在着两个或两个以上的行动方案；④不同行动方案，在确定状态下的损益值可以计算出来。肯定型决策可以单纯应用数学方法进行计算，从而决定最佳方案。因此，在决策论中不研究这类问题，一般由运筹学研究。但是应当明确，肯定型决策看似简单，其实在实际工作中往往是很复杂的，如果决策模型变量很多，组合起来备选方案数更多，从中选择最优方案就不那么简单了。

4.5.3　非肯定型决策

非肯定型决策也称不确定情况下的决策。在需要决策的问题中，只能预测到可能出现的几种自然状态，但每种自然状态发生的概率由于缺乏经验或资料，全部未知，对这种情况进行决策，称为非肯定型决策。非肯定型决策问题具备如下四个条件：①存在着决策者希望达到的目标；②存在着两个或两个以上的行动方案；③存在着两个或两个以上的自然状态；④不同方案在不同自然状态下相应损益值可以计算出来。

常用的非肯定型决策有最大最小、最大最大、等概率和最小最大后悔值四种决策方法。

1. 最大最小决策方法

最大最小决策方法也称悲观法或小中取大法。在需要决策的问题中，只需要预测到可能出现的几种自然状态。由于各种自然状态的概率未知，唯恐由于决策失误可能造成较大的经济损失，因此在进行决策分析时，比较小心谨慎，总是从最坏的结果着想，从最坏的结果中选择最好的结果，这种决策的主要特点是对现实方案的选择坚持悲观原则，因而也叫悲观法。

其决策过程是：首先从每一个方案中选择一个最小的收益值，然后再从这些最小的收益值所代表的不同方案中选择一个收益值最大的方案作为备选方案，即小中取大。这是一种比较保守的决策方法。

2. 最大最大决策方法

最大最大决策方法也称乐观法或大中取大法。其主要特点是对现实方案的选择坚持乐观原则，对选择的方案不放弃任何一个获得最好结果的机会，争取好中求好，所以称为乐观法。

其决策过程是：首先从每一个方案中选择一个最大的收益值，然后再从这些最大的收益值中选择一个最大值作为备选方案，即大中取大。这是一种比较冒险的决策方法。

3. 等概率决策方法

决策者无法预知每种情况出现的概率，就假定各种情况出现的概率都相等，计算出每一方案收益值的平均值，选取平均收益值最大的方案。这是一种不存侥幸心理的中间型决策方法。

4. 最小最大后悔值决策方法

在决策过程中，决策者往往首先选择收益值最大的方案。如果决策者由于决策失误未选取这一方案，而是选了其他方案，因而会感到遗憾（后悔）。两个方案的收益值之差叫做遗憾值（后悔值）。遗憾决策方法，是以遗憾值为基础，从大中取小，确定备选方案。

其决策过程是：将每种自然状态下的最大收益值减去其他方案的收益值，找出每个方案的最大遗憾值，然后从中选择一个最小遗憾值的方案为备选方案。

上述四种决策方法的应用我们将在后面案例分析中介绍。

4.5.4 风险型决策

风险型决策也叫统计型决策或随机型决策。它除具备非肯定型决策的四个条件外，还应具备第五个条件，即在几种不同的自然状态中未来究竟将出现哪种自然状态，决策人不能肯定，但是各种自然状态出现的可能性（即概率）决策人可以预先估计或计算出来。这种决策具有一定的风险性，所以称为风险型决策。决策的正确程度与历史资料的占有数量有关，与决策者的经验、判断能力以及对风险的看法和态度有关。

风险型决策可用最大期望损益值法、最大可能法、决策树法以及敏感性分析法进行决策。由于敏感性分析法前面已做了介绍这里只介绍前三种方法。

1. 最大期望损益值法和最大可能法

最大期望损益值法，是通过计算各方案在各种自然状态下的损益值，选其中最大值对应的方案为最优方案。从统计学的角度，这个最大期望值是合理的，该问题重复出现多次，则方案优于其他方案。

自然状态的概率越大，其发生的可能性越大，最大可能法取概率最大的自然状态下最大损益值对应的方案为最优方案。

最大可能法与最大期望损益值法的决策结果正好相反，这是由于考虑问题的出发点不同，最大可能法以自然状态发生的可能性作为决策的唯一标准，作为一次性决策有其合理性的一面，尤其是在一组自然状态中，其中某一状态出现的概率比其他状态出现的概率特别大，而它们相应的损益值差别不很大时，这种方法的效果较好。如果在一组自然状态中，它们发生的概率都很小，而且相互很接近，再采用这种决策方法效果不好，有时甚至会引起严重错误。而对于多次反复的决策问题，采用最大期望损益值法则更为科学。

2. 决策树法

决策树又称决策图，它是以方块和圆圈作为结点，并由直线连接而形成的一种树枝状结构。决策树法在决策中被广泛应用，它是将决策过程中各种可供选择的方案，可能出现的自然状态及其概率和产生的结果，用一个树枝网状图形表达出来，把一个复杂多层次的决策问题形象化，以便于决策分析、对比和选择。其突出的特点是使决策者构建出问题的结构，然后再以一种连贯和客观的方式加以分析。

（1）决策树的绘制方法。

如图 4 - 5 所示，图中符号说明如下：

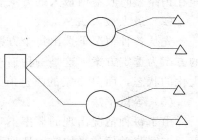

□——表示决策点，由它引出若干条树枝，每枝代表一个方案（方案枝）。

○——表示状态结点，由它引出若干条树枝，表示不同的自然状态（状态枝），在每条枝上写明自然状态及其概率值。

图 4 - 5　决策树示意图

△——表示每种自然状态相应的损益值。

一般决策问题具有多个方案，每个方案可能有多种状态。因此，图形从左至右，由简到繁组成为一个树枝状图。应用树枝状图进行决策的过程是：由右至左，逐步后退。根据右端的损益值和状态枝上的概率，计算出同一方案不同状态下的期望损益值，然后根据不同方案的期望损益值的大小进行选择。方案取舍称为修枝，舍弃的方案只需在枝上画"廾"形符号，即表示修枝的意思。最后决策结点只留下一条树枝，就是决策的最优方案。

（2）决策树法解题步骤。

①列出方案。通过资料的整理和分析，提出决策要解决的问题，针对具体问题列出方案，并绘制成表格。

②根据方案绘制决策树。画决策树的过程，实质上是拟订各种抉择方案的过程，是对未来可能发生的各种事情进行周密思考、预测和预计的过程，是对决策问题一步一步深入探索的过程。决策树按从左至右的顺序进行绘制。

③计算各方案的期望值。它是按事件出现的概率计算出来的可能得到的损益值，并不是肯定能够得到的损益值，所以叫做期望值。计算时从最右端的结点开始。

$$\text{期望值} = \sum(\text{各种自然状态的概率} \times \text{收益值或损益值}) \qquad (4-22)$$

④方案的选择，即抉择。在各决策点上比较各方案的损益期望值，以其中最大者为最佳方案，其余方案舍去。

4.5.5 风险决策案例分析

【例 4-7】 某建筑制品厂欲生产一种新产品，由于没有资料，只能设想出三种方案以及各种方案在市场销路好、一般、差三种情况下的损益值，如表 4-4 所示。每种情况出现的概率也不知道，试应用非肯定型决策方法进行方案决策。

表 4-4　　　损益矩阵表　　　单位：万元

方案＼状态	销路好	销路一般	销路差
A	36	23	－5
B	40	22	－8
C	21	17	9

解： 非肯定型决策可以用最大最小法、最大最大法、等概率法和遗憾法进行决策。下面我们分别用这四种方法来进行决策。

（1）最大最小法。

以各种情况下最小收益值最大的方案作为选定方案。这种决策方法对未来持悲观的估计，以免可能出现较大的损失。这时最悲观的估计是出现销路差的情况，而在销路差时收益值最大的方案是 C 方案，即 9 万元，所以选 C 方案。

（2）最大最大法。

先从各种情况下选出每个方案的最大收益值，然后对各方案进行比较，以收益值最大的方案为选定方案。这是一种追求利润最大化的决策方法，在三种状态中销路好是利润最大化的状态，而 B 方案的收益值为 40 万元最大，所以选 B 方案。

（3）等概率法。

由于每种情况出现的概率不知道，决策者就假定每种情况出现的概率都相等，计算出每一方案收益值的平均数，选取平均收益值最大的方案作为选定方案。A、B、C 三方案的收益期望值分别为：

$$E(A) = (36 + 23 - 5)/3 = 18（万元）$$
$$E(B) = (40 + 22 - 8)/3 = 18（万元）$$
$$E(C) = (21 + 17 + 9)/3 = 15.67（万元）$$

∴选择 A 或 B 方案。

（4）遗憾法。

遗憾值是指每种情况下方案中最大收益值与各方案之差。应用遗憾法进行决策时，先计算出各方案的最大遗憾值，进行比较，以最大遗憾值最小的方案为最佳方案（见表 4-5）。

三种状态最理想收益值为：销路好时 40 万元、销路一般时 23 万元、销路差时 9 万元。

表4-5　　　　　　　　　　　　　各方案遗憾值的计算表　　　　　　　　　　单位：万元

状态 方案	销路好	销路一般	销路差	最大遗憾值
A 遗憾值	40－36＝4	23－23＝0	9－（－5）＝14	14
B 遗憾值	40－40＝0	23－22＝1	9－（－8）＝17	17
C 遗憾值	40－21＝19	23－17＝6	9－9＝0	19
选取方案				A

【例4-8】　某项目有两个备选方案 A 和 B，两个方案的寿命期均为 10 年，生产的产品也完全相同，但投资额和年净收益均不相同。A 方案的投资额为 500 万元，其年净收益在产品销路好时为 150 万元，销路差时为－50 万元；B 方案的投资额为 300 万元，其年净收益在产品销路好时为 100 万元，销路差时为 10 万元，根据市场预测，在项目寿命期内，产品销路好的可能性为 70%，销路差的可能性为 30%，试根据以上资料对方案进行比选（不考虑资金时间价值）。

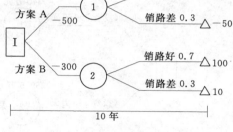

图4-6　某项目决策树

解：（1）首先画出决策树。此题中有一个决策点，两个备选方案，每个方案又面临着两种状态，因此可画出其决策树如图 4-6 所示。

（2）然后计算各个机会点的期望值：

机会点 1 的期望值 ＝（150×0.7－50×0.3）×10＝900（万元）

机会点 2 的期望值 ＝（100×0.7＋10×0.3）×10＝730（万元）

（3）最后计算各个备选方案的期望值：

$$E(A)＝900－500＝400（万元）$$
$$E(B)＝730－300＝430（万元）$$

∵
$$E(A)＜E(B)$$

∴应该优先选择 B 方案。

【例4-9】　以［例4-8］的资料为基础，已知标准折现率 $i_c＝10\%$，考虑资金的时间价值，试用决策树法判断项目的可行性。

解：（1）画出的决策树如图 4-6 所示。

（2）机会点 1 的期望值 ＝150(P/A,10%,10)×0.7＋(－50)(P/A,10%,10)×0.3＝553（万元）

机会点 2 的期望值 ＝100(P/A,10%,10)×0.7＋10(P/A,10%,10)×0.3＝448.50（万元）

（3）最后计算各个备选方案净现值的期望值：

方案 A 的净现值的期望值＝553－500＝53（万元）

方案 B 的净现值的期望值＝448.50－300＝148.50（万元）

因此选择 B 方案。

【例 4 - 10】 某建筑公司为满足预制构件的市场需求，拟规划建厂，在可行性研究中，提出了三个方案：

A. 新建大厂，需投资 300 万元，据初步估算，销路好时每年获利润 100 万元，销路不好时每年亏损 20 万元，服务期限 10 年。

B. 新建小厂，需投资 140 万元，销路好时每年获利润 40 万元，销路不好时仍可获利润 30 万元。

C. 先建小厂，3 年后若销路好再扩建，投资 200 万元，服务期限 7 年，每年可获利润 95 万元。

根据市场销售形势预测，产品销路好的概率为 0.7，销路不好概率为 0.3。根据上述情况，试用决策树选择最优方案。

解：（1）根据题意画出决策树，如图 4-7 所示。

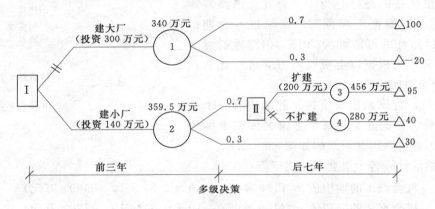

图 4-7 某建筑公司的决策树

（2）计算各结点的期望收益值：

结点①： $[0.7 \times 100 + 0.3 \times (-20)] \times 10 - 300 = 340$（万元）

结点③： $1.0 \times 95 \times 7 - 200 = 465$（万元）

结点④： $1.0 \times 40 \times 7 = 280$（万元）

决策点 Ⅱ：结点③与结点④比较，结点③期望收益值较大，因此新建小厂应采用 3 年后再扩建的方案，3 年后仍维持小厂的方案则应舍弃。

结点②有两个方案，即前 3 年建小厂，后 7 年扩建和小厂共同维持到 10 年。

$[(0.7 \times 40 \times 3 + 465 \times 0.7) + 0.3 \times 30 \times 10] - 140 = 359.5$（万元）

（3）选择最优方案：

从结点①与结点②比较，应选择先建小厂，3 年后销路好扩建，再经营 7 年，整个 10 年期间共计获得利润 359.5 万元。

？ 思考题

1. 什么是不确定性分析？它与风险分析的关系怎样？

2. 简述不确定性产生的原因。

3. 什么是盈亏平衡分析？盈亏平衡分析有何作用？

4. 线性盈亏平衡分析有哪些基本假设？

5. 盈亏平衡分析有哪些不足？

6. 简述单因素敏感性分析的步骤。

7. 简述风险分析的程序。

8. 什么是决策？决策的过程有哪些？

9. 肯定型、风险型和非肯定型决策具备的基本条件各是什么？

 习题

1. 某工厂的投资方案实现后，生产一种产品，单位产品变动成本 60 元，售价 150 元，年固定成本 120 万元，问该厂最低年产量应是多少？如果产品产量达到年设计能力 30000 件，那么每年获利又是多少？假如再扩建一条生产线，产量增加 10000 件，每年增加固定成本 40 万元，但可降低单位成本 30 元，市场产品售价将下降 10％，问此扩建方案是否可行？

2. 某项目方案预计在计算期内的支出、收入如表 4－6 所示，试以净现值指标对方案进行敏感性分析（基准收益率为 10％）。

表 4－6　　　　　　　　　　　项目的支出和收入　　　　　　　　　　单位：万元

指标 ＼ 年	0	1	2	3	4	5	6
投资	50	300	50				
经营成本				150	200	200	200
销售收入				300	400	400	400

3. 某地区投资建厂有 3 个方案可供选择，并有 3 种自然状态，其损益值如表 4－7 所示，试用最大最小法、最大最大法、等概率法和遗憾法进行决策。

表 4－7　　各方案损益表

方案 ＼ 状态	S1	S2	S3
A	50	40	－20
B	30	25	－10
C	20	15	－5

表 4－8　　　销售概率及年收益值表　　　单位：万元

状态　概率 ＼ 收益值　方案	建大厂	建小厂
销路好（0.5）	100	65
销路一般（0.3）	60	45
销路差（0.2）	－20	－10

4. 某地区因市场需要一种新产品，有建大厂或建小厂两种方案可以选择。该产品预计经济寿命 10 年，建大厂投资费用为 480 万元，建小厂投资费用为 240 万元，估计销售概率及年收益值如表 4－8 所示，试用决策树法进行决策。

5. 一个总承包单位面临三个项目的投标。一个项目是水库的堤坝建设，业主要求采用总价合同，预计会有两种情况出现，一种情况是盈利45万元，盈利概率为0.6；另一种情况是亏损20万元，亏损的概率为0.4。另一个项目业主要求采用设计——施工总承包，预计也会有两种情况出现，一种情况是盈利30万元，盈利概率为0.8；另一种情况是亏损12万元，亏损的概率为0.2。第三个项目预计同样会有两种情况出现，一种情况是盈利19万元，盈利概率为0.9；另一种情况是亏损5000元，亏损的概率为0.1。试用决策树法帮助承包单位进行投标决策。

第 5 章　设备更新的经济分析

本章要点

了解设备磨损的类型、规律和特点；了解各种磨损的区别及补偿方式；掌握设备经济寿命确定的计算方法；熟练掌握设备更新方案的经济分析方法。

现代化的大生产需要大量的设备作为生产工具，随着生产活动的不断进行，原有设备即会逐渐老化；随着社会生产力的不断发展或企业生产规模的扩大，原有设备可能会趋于落后。设备在使用过程中会发生磨损、效率降低或落后过时的现象，如果不能及时地进行升级、更新换代，就有可能严重影响生产效率。而经济的设备更新则能为优胜劣汰下竞争激烈的社会生产带来无限商机。

5.1　设　备　的　磨　损

设备更新源于设备的磨损。随着设备使用时间的增长，设备的技术状况会逐渐劣化，其价值和使用价值也会随时间逐渐降低。引起这些变化的原因统称为磨损。磨损分有形磨损和无形磨损两种形式。

5.1.1　设备的有形磨损

机械设备在使用（或闲置）过程中所发生的实体的磨损称为有形磨损，也称物质磨损。按其产生原因不同，设备有形磨损又可分为第Ⅰ类有形磨损和第Ⅱ类有形磨损。

1. 第Ⅰ类有形磨损

由于设备在运转中受外力作用而产生的实体磨损、变形或损坏叫做第Ⅰ类有形磨损。产生第Ⅰ类有形磨损的原因有摩擦磨损、机械磨损和热损伤。摩擦磨损是指机械设备在工作中，由于零件相对运动的摩擦和化学、电化学的作用，改变零件的几何形状与相对位置、配合关系等的磨损；机械磨损是指设备的零件在工作中受到冲击、超负荷或交变应力的作用，使材料疲劳而产生裂纹、变形、剥落或折断等损伤，以及由于温度急剧变化而造成零件本身或影响其他零件的胀裂；热损伤指设备零件在工作中，由于受热不均匀产生的热变形。

第Ⅰ类有形磨损可使设备精度降低，劳动生产率下降。当这种有形磨损达到一定程度时，整个机械设备的功能就会下降，发生故障，导致设备使用费用剧增，甚至难以继续正常工作，失去工作能力，丧失使用价值。

2. 第Ⅱ类有形磨损

设备在闲置或封存不用过程中因受自然力的作用（风吹、雨淋、日晒等）而产生的磨损，称为第Ⅱ类有形磨损。这种磨损与设备的使用无关，甚至在一定程度上还同使用程度成反比。如金属件生锈、腐蚀、橡胶件老化等。设备闲置时间长了，会自然丧失精度和工作能力，失去使用价值。

5.1.2　设备的无形磨损

机器设备除遭受有形磨损之外，还遭受无形磨损，也称精神磨损。所谓无形磨损，是指由于科学技术进步而不断出现性能更加完善、生产效率更高的设备，使原有设备的价值降低，或者是生产同样结构设备的价值不断降低而使原有设备贬值。无形磨损也称经济磨损。无形磨损不表现为设备实体的变化，而表现为设备原始价值的贬值。设备无形磨损也可分为第Ⅰ类无形磨损和第Ⅱ类无形磨损。

1. 第Ⅰ类无形磨损

第Ⅰ类无形磨损是由于设备制造工艺不断改进，成本不断降低，劳动生产率不断提高，生产同种机器设备所需的社会必要劳动减少了，因而机器设备的市场价格降低了，这样就使原来购买的设备价值相应贬值了。

这种无形磨损的后果只是现有设备原始价值部分贬值，设备本身的技术特性和功能即使用价值并未发生变化，故不会影响现有设备的使用。

2. 第Ⅱ类无形磨损

第Ⅱ类无形磨损是由于技术进步，社会上出现了结构更先进、技术更完善、生产效率更高、耗费原材料和能源更少的新型设备，而使原有机器设备在技术上显得陈旧落后造成的。它的后果不仅是使原有设备价值降低，而且会使原有设备局部或全部丧失其使用价值。这是因为，虽然原有设备的使用期还未达到其物理寿命，能够正常工作，但由于技术上更先进的新设备的发明和应用，使原有设备的生产效率大大低于社会平均生产效率，如果继续使用，就会使产品成本大大高于社会平均成本。在这种情况下，由于使用新设备比使用旧设备在经济上更合算，所以原有设备应该被淘汰。

第Ⅱ类无形磨损导致原有设备使用价值降低的程度与技术进步的具体形式有关。例如：当技术进步表现为不断出现性能更完善、效率更高的新设备，但加工方法没有原则变化时，将使原有设备的使用价值大幅度降低。如果这种技术进步的速度很快，则继续使用旧设备就可能是不经济的；当技术进步表现为采用新的加工对象如新材料时，则加工旧材料的设备必然要被淘汰；当技术进步表现为改变原有生产工艺，采用新的加工方法时，则为旧工艺服务的原有设备将失去使用价值。当技术进步表现为产品的换代时，不能适用于新产品生产的原有设备也将被淘汰。

5.1.3　设备磨损的补偿

机器设备在使用期内，既要遭受有形磨损，又要遭受无形磨损，所以机器设备所受的磨损是双重的、综合的。两种磨损都引起机器设备原始价值的贬值，这一点两者是相同的。不同的是，遭受有形磨损的设备，特别是有形磨损严重的设备，在修理之前，常常不能工作，而遭受无形磨损的设备，即使无形磨损很严重，仍然可以使用，只不过继续使用它在经济上是否合算，需要分析研究。

随着设备在生产中使用年限的延长，设备的有形磨损和无形磨损日益加剧，故障率增加，可靠性相对降低，导致使用费上升。其主要表现为，设备大修理间隔期逐渐缩短，使用费用不断增加，设备性能和生产率降低。当设备使用到一定时间以后，继续进行大修理已无法补偿其有形磨损和全部无形磨损；虽然经过修理仍能维持运行，但很不经济。解决这个问题的途径是进行设备的更新和改造——设备磨损的补偿。

从广义上讲，补偿因综合磨损而消耗掉的机械设备，就叫设备更新。它包括总体更新和局部更新，即包括：设备大修理、设备更新和设备现代化改造。从狭义上讲，是以结构更加先进、技术更加完善、生产效率更高的新设备去代替物理上不能继续使用，或经济上不宜继续使用的设备，同时旧设备又必须退出原生产领域。

根据目的不同，设备更新分为两种类型：一种是原型更新，即简单更新。也就是用结构相同的新设备来更换已有的严重性磨损而物理上不能继续使用的旧机器设备，主要解决设备损坏问题。另一种更新则是以结构更先进、技术更完善、效率更高、性能更好、耗费能源和原材料更少的新型设备，来代替那些技术陈旧，不宜继续使用的设备。如沈阳水泵厂研制生产出一批节电水泵，供大庆油田更新陈旧的 200 台注水泵，运行一年可节电 3.6 亿 kw·h；而更新这些水泵的费用只需 1300 万元。说明搞好设备更新，可以为国家增加更多的财政收入，促进经济的发展。

设备的现代化技术改造是指为了提高企业的经济效益，通过采用国内外先进的、适合我国情况的技术成果，改变现有设备的性能、结构、工作原理，以提高设备的技术性能或改善其安全、环保特性，使之达到或局部达到先进水平所采取的重大技术措施。对现有企业的技术改造，包括对工艺生产技术和装备改造两部分内容，而工艺生产技术改造的绝大部分内容还是设备，所以设备设计制造者要重视技术改造。技术改造包括设备革新和设备改造的全部内容，不过范围更广泛，可以是一台设备的技术改造，也可以是一个工序、一个车间，甚至一个生产系统。例如，某化工厂的心脏设备—电解槽，经过 6 次改造，现在 1 台电解槽，可抵原来的 150～200 台的生产能力。又如某化工厂将生产聚氯乙烯的聚合釜由原来的 9m³ 小釜改成 30m³ 大釜，这是属于一种设备的技术改造。又如某化肥厂通过革新、改造，化肥产量逐年增加，年全员劳动率增长数十倍，上缴利税为总投资的 10 多倍，这应该归功于一个企业的技术改造。

设备综合磨损形式及其补偿方式的相互关系如图 5-1 所示。

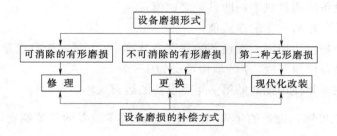

图 5-1　设备综合磨损形式及补偿方式的关系图

5.2 设备的经济寿命

5.2.1 设备的寿命

生产设备的寿命，一般有以下 3 种不同的概念：

（1）自然寿命，或称物理寿命。它是指设备从全新状态下开始使用，直到实体磨损至不堪再用而予以报废的全部时间过程。自然寿命主要取决于设备有形磨损的速度。

（2）技术寿命。它是指设备在开始使用后持续的能够满足使用者需要功能的时间。技术寿命的长短，主要取决于无形磨损的速度，技术进步速度越快，设备的技术寿命越短。例如一台 486 微型电子计算机，即使完全没有使用过，它的功能可能完全被性能更优越的586 计算机取代，这时它的技术寿命可认为等于 0。

（3）经济寿命，是从经济角度看设备最合理的使用期限，它是由有形磨损和无形磨损共同决定的。具体来说是指能使投入使用的设备等额年总成本（包括购置成本和运营成本）最低或等额年净收益最高的期限。例如一辆汽车，随着使用时间的延长，平均每年分摊的汽车购置费（设备原值）越来越小，仅就此点而论，似乎使用的时间越长越好；但在另一方面，随着使用年限的延长，旧汽车的维护费和燃料费等将不断递增。因此，前者那部分越来越低的成本，将被后者越来越高的那部分成本所抵消。在两种相互消长的变化过程中，必定有某一时点会使年度总成本最低，这一点就是该汽车的经济寿命。在设备更新分析中，经济寿命是确定设备最优更新期的主要依据。

设备更新分析中，往往是在已知新旧设备经济寿命的基础上进行经济评价，但由于经济评价结果对新旧设备的经济寿命十分敏感，因此仅凭假设或推测来确定设备的经济寿命就显得不够谨慎，必须通过科学合理的方法来计算设备的经济寿命。

在以下分析中我们假设设备产生的收益是相同的，只比较设备的成本。

5.2.2 经济寿命的静态计算方法

在利率为零的条件下，设备年等额总成本的计算公式如下：

$$AC_n = \frac{P - L_n}{n} + \frac{1}{n}\sum_{j=1}^{n} C_j \qquad (5-1)$$

式中　AC_n——n 年内设备的年等额总成本；

　　　P——设备的购置成本，即设备之原值；

　　　L_n——设备在第 n 年的净残值；

　　　n——设备使用期限，在设备经济寿命计算中，n 是一个自变量；

　　　j——设备使用年度，j 的取值范围为 1～n；

　　　C_j——在 n 年使用期间的第 j 年度设备的运营成本。

由式（5-1）可知，设备的年等额总成本 AC_n 等于设备的年等额资产恢复成本 $\dfrac{P - L_n}{n}$

与设备的年等额运营成本 $\dfrac{1}{n}\sum_{j=1}^{n} C_j$ 之和。

在所有的设备使用期限中，能使设备年等额总成本 AC_n 最低的那个使用期限就是设备的经济寿命。如果设备的经济寿命为 m 年，则 m 应满足如下不等式条件：

$$AC_{m-1} \geqslant AC_m, \quad AC_{m+1} \geqslant AC_m \quad (5-2)$$

式（5-2）的关系也可通过图 5-2 表示。

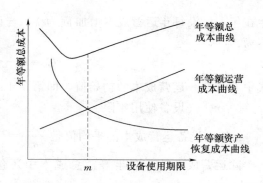

图 5-2　设备经济寿命

【例 5-1】　某设备购置费为 3 万元，在使用中有如表 5-1 的统计数据，试计算其经济寿命。

表 5-1　　　　　　　　　　某型号轿车使用过程统计数据表　　　　　　　　　　单位：元

使用年度 j	1	2	3	4	5	6	7
j 年运营成本	5000	6000	7000	9000	11500	14000	17000
n 年末残值	15000	7500	3750	1875	1000	1000	1000

解： 根据式（5-1）计算。该型轿车在不同使用期限的年等额总成本，见表 5-2。

表 5-2　　　　　　　　　　某型号轿车年等额总成本计算表　　　　　　　　　　单位：元

使用期限 n	资产恢复成本 $p-L_n$	年等额资产恢复成本 $\dfrac{p-L_n}{n}$	年度运营成本 C_j	使用期限内运营成本累计 $\sum\limits_{j=1}^{n} C_j$	年等额运营成本 $\dfrac{1}{n}\sum\limits_{j=1}^{n} C_j$	年等额总成本 (7)＝(3)＋(6)
(1)	(2)	(3)	(4)	(5)	(6)	(7)
1	15000	15000	5000	5000	5000	20000
2	22500	11250	6000	11000	5500	16750
3	26250	8750	7000	18000	6000	14750
4	28125	7031	9000	27000	6750	13781
5	29000	5800	11500	38500	7700	13500①
6	29000	4833	14000	25200	8750	13583
7	29000	4143	17000	69500	9929	14072

① 表示年等额成本最低。

由计算结果来看，该设备使用 5 年时，其年等额总成本最低（$AC_5 = 13500$ 元），使用期限大于或小于 5 年时，其年等额总成本均大于 13500 元，故该汽车的经济寿命为 5 年。

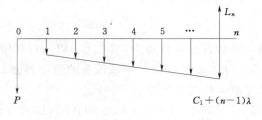

图 5-3　某设备运营现金流量图

设备的运营成本包括：能源费、保养费、修理费、停工损失、废次品损失等。一般而言，随着设备使用期限的增加，年运营成本每年以某种速度在递增，这种运营成本的逐年递增称为设备的劣化。现假定每年运营成本的增量是均等的，即经营成本呈线性增长。如图 5-3 的现金流量所示。假定运营成本均发生在年末，设每年运营成本增加额为 λ，若设备使用期限为 n 年，则第 n 年时的运营成本为：

$$C_n = C_1 + (n-1)\lambda \qquad (5-3)$$

式中　C_1——运营成本的初始值，即第 1 年的运营成本；

　　　n——设备使用年限。

n 年内设备运营成本的平均值是 $\dfrac{\sum C_n}{n} = C_1 + \dfrac{n-1}{2}\lambda$。

除运营成本外，在年等额总成本中还包括设备的年等额资产恢复成本，其金额为 $\dfrac{P-L_n}{n}$，则年等额总成本的计算公式为：

$$AC_n = \frac{P-L_n}{n} + C_1 + \frac{n-1}{2}\lambda \qquad (5-4)$$

通过求式（5-4）的极值，可找出设备的经济寿命计算公式。

设 L_n 为一常数，令 $\dfrac{\mathrm{d}(AC_n)}{\mathrm{d}n} = 0$，则经济寿命 m 为：

$$m = \sqrt{\frac{2(P-L_n)}{\lambda}} \qquad (5-5)$$

【例 5-2】　设有一台设备，购置费为 8000 元，预计残值 800 元，运营成本初始值为 600 元。年运营成本每年增长 300 元，求该设备的经济寿命。

解：由式（5-5）可得：$m = \sqrt{\dfrac{2(8000-800)}{300}} = 7$（年）

5.2.3　经济寿命的动态计算方法

当利率不为 0 时，计算经济寿命需考虑资金的时间价值。按照图 5-3 所示的现金流量图，设备在 n 年内的等额年总成本 AC_n 可按下式计算：

$AC_n = P(A/P, i, n) - L_n(A/F, i, n) + C_1 + \lambda(A/G, i, n)$

$\qquad = [(P-L_n)(A/P, i, n) + L_n \times i] + [C_1 + \lambda(A/G, i, n)] \qquad (5-6)$

式中符号意义同前，其中 $(P-L_n)(A/P, i, n) + L_n \times i$ 为等额年资产恢复成本；

$C_1 + \lambda(A/G, i, n)$ 为等额年运营成本。

则等额年总成本 $AC_n = TC_n(A/P, i, n)$

$$= \left[P - L_n(P/F, i, n) + \sum_{j=1}^{n} C_j(P/F, i, j)\right](A/P, i, n) \qquad (5-7)$$

式中　TC_n——设备在 n 年内的总成本现值。

【例 5-3】　某设备购置费为 24000 元，第一年的设备运营费为 8000 元，以后每年增加 5600 元，设备逐年减少的残值如表 5-3 所示。设利率为 12%，求该设备的经济寿命。

解：根据式（5-6），设备在使用年限内的等额年总成本计算如下：

$n = 1$：$AC_1 = (24000 - 12000)(A/P, 12\%, 1) + 12000 \times i + 800 + 5600(A/G, 12\%, 1)$

$\qquad\qquad = 12000(1.1200) + 12000 \times 0.12 + 8000 + 5600(0) = 22800$（元）

$$n=2: AC_2 = (2400-8000)(A/P,12\%,2)+8000\times i+8000+5600(A/G,12\%,2)$$
$$=16000\ (0.5917)\ +8000\times0.12+8000+5600\ (0.4717)\ =21068\ （元）$$

$$n=3: AC_3 = (2400-4000)(A/P,12\%,3)+4000\times i+8000+5600(A/G,12\%,3)$$
$$=20000\ (0.4163)\ +4000\times0.12+8000+5600\ (0.9246)\ =21985\ （元）$$

$$n=4: AC_4 = (2400-0)(A/P,12\%,4)+0\times i+8000+5600(A/G,12\%,4)$$
$$=24000\ (0.3292)\ +0\times0.12+8000+5600\ (1.3589)\ =23511\ （元）$$

表 5 - 3　　　　　　　　　　　　设备经济寿命动态计算表　　　　　　　　　　单位：元

第 j 年末	设备使用到第 n 年末的残值	年运营成本	等额年资产恢复成本	等额年运营成本	等额年总成本
1	12000	8000	14880	8000	22880
2	8000	13600	10427	10641	21068①
3	4000	19200	8806	13179	21985
4	0	24800	7901	15610	23511

① 等额年总成本最低的年份。

根据表 5 - 3 的计算结果，$AC_2 = 21068$ 元，为最小值，故设备的经济寿命为 2 年。

5.3　设备更新的经济分析

5.3.1　设备更新的概念

设备是企业生产的重要物质条件，企业为了进行生产，必须花费一定的投资，用以购置各种机器设备。设备在使用（或闲置）过程中将会发生有形磨损和无形磨损。有形磨损使得设备的运行费用和维修费用增加，效率低下，反映了设备使用价值的降低；而无形磨损是技术进步的结果，当相同结构设备再生产价值的降低或出现性能显著提高的新设备时，将引起原有设备的贬值或导致原始价值发生贬值。在设备因有形或无形磨损而造成的消耗下，是继续使用原有设备，还是用新设备替代老设备（即设备更新），这是需要认真考虑的问题。

设备更新是对在用设备的整体更换，也就是用原型新设备或结构更加合理、技术更加完善、性能和生产效率更高、比较经济的新设备，来更换已经陈旧、在技术上不能继续使用或在经济上不宜继续使用的旧设备。就实物形态而言，设备更新是用新的设备替换陈旧落后的设备；就价值形态而言，设备更新是设备在运动中消耗掉的价值的重新补偿。设备更新是消除设备有形磨损和无形磨损的重要手段，目的是为了提高企业生产的现代化水平，尽快地形成新的生产能力。

设备更新决策是企业生产发展和技术进步的客观需要，对企业的经济效益有着重要的影响。过早的设备更新，将造成资金的浪费，失去其他的收益机会；过迟的设备更新，将造成生产成本的迅速上升，失去竞争的优势。因此，设备是否更新、何时更新、选用何种设备更新，既要考虑技术发展的需要，又要考虑经济方面的效益。这就需要不失时机地做好设备更新决策工作。

5.3.2 设备更新方案比选的原则

设备更新方案比选的基本原理和评价方法与互斥性投资方案比选相同。但在设备更新方案比选时，应遵循以下 3 条原则。

(1) 不考虑沉没成本。沉没成本就是过去已支付的靠今后决策无法回收的金额。在进行方案比选时，原设备的价值应按目前实际价值计算，而不考虑其沉没成本。因为不论是将该费用考虑进去，还是不予考虑，其结论是相同的。沉没成本一般不会影响方案的新选择。例如，某设备 4 年前的原始成本是 8 万元，目前的账面价值是 3 万元，现在的净残值仅为 15000 元。在进行设备更新分析时，4 年前的原始成本 8 万元是过去发生的，与现在的决策无关，因此是沉没成本。目前该设备的价值等于净残值 1.5 万元。

(2) 不要简单地按照新、旧设备方案的直接现金流量进行比较。应该站在一个客观的立场上，同时对原设备目前的价值（或净残值）应考虑买卖双方及机会成本并使之实现均衡。只有这样，才能客观地、正确地描述新、旧设备的现金流量。

(3) 逐年滚动比较。该原则意指在确定最佳更新时机时，应首先计算现有设备的剩余经济寿命和新设备的经济寿命，然后利用逐年滚动计算方法进行比较。

5.3.3 设备更新分析方法

设备更新分析的结论取决于所采用的分析方法，而设备更新分析的假定条件和设备的研究期是选用设备更新分析方法时应考虑的重要因素。研究期是互斥方案进行现金流量计算时共同的计算期，它是为消除各方案计算周期的长短不一而建立的可比条件。

设备更新决策问题，就其本质来说，可分为原型更新和新型更新。

1. 原型设备更新分析

所谓原型设备更新分析，就是假定企业的生产经营期较长，并且设备一旦选定，今后均采用原型设备重复更新，这相当于研究期为各设备自然寿命的最小公倍数。

原型设备更新分析主要有以下 3 个步骤：

(1) 确定各方案共同的研究期。

(2) 用费用年值法确定各方案设备的经济寿命。

(3) 通过比较每个方案设备的经济寿命确定最佳方案，即旧设备是否更新以及新设备未来的更新周期。

【例 5-4】 某公司未来生产经营期能维持相当长的时间，公司现有一台设备 O，目前市场上另有两种与 O 同样功能的设备 A 和 B，这 3 台设备构成了互斥的方案组。现有设备 O 还有 5 年使用期，A 和 B 设备的自然寿命分别为 6 年和 7 年，设备各年的现金流量。见表 5-4。设基准收益率为 10%，试采用原型设备更新分析方法，比较 3 个设备方案的优劣。

解： 研究期为 5 年、6 年、7 年的最小公倍数 210 年。

采用费用年值法确定各台设备的经济寿命，O 设备有 5 个更新策略，A 和 B 分别有 6 个和 7 个更新策略，更新分析的互斥策略数为 5+6+7=18 个，各策略现金流量如图 5-4 所示。各设备等额年总成本最低的策略所对应的使用期限即为该设备的经济寿命。

3 个方案经济寿命计算结果，见表 5-4。

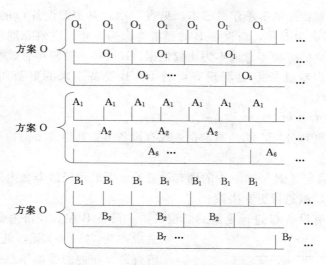

图 5-4 原型设备更新现金流量图

表 5-4　　　　　　　[例 5-4] 各方案设备经济寿命计算表　　　　　　　单位：元

	O 设 备			A 设 备			B 设 备		
n 年末	第 n 年残值	n 年期间的运营费	等额年总成本	第 n 年残值	n 年期间的运营费	等额年总成本	第 n 年残值	n 年期间的运营费	等额年总成本
0	14000			20000			27500		
1	9900	3300	8800.00	0	1200	23200.00	0	1650	31900.00
2	8800	5500	8223.80①	0	3400	13771.57	0	1650	17495.50
3	6600	6050	8497.17	0	5800	11362.63	0	1650	12707.75
4	5500	8800	8942.61	0	8000	10639.39	0	1650	10326.25
5	3300	9900	9549.26	0	10200	10566.62①	0	1650	8904.50
6				0	12600	10819.40	0	1650	7964.00
7							0	1650	7298.50①

① 表示设备经济寿命对应的设备等额年总成本。

等额年总成本计算示意如下：

$$AC_{O2} = (14000 - 8800) \times (A/P, 10\%, 2) + 8800 \times 10\% + [3300(P/F, 10\%, 1)$$
$$+ 5500(P/F, 10\%, 2)] \times (A/P, 10\%, 2)$$
$$= 8223.80 （元）$$

$$AC_{A5} = 2000 \times (A/P, 10\%, 5) + [1200 \times (P/F, 10\%, 1) + 3400 \times (P/F, 10\%, 2)$$
$$+ 5800 \times (P/F, 10\%, 3) + 8000 \times (P/F, 10\%, 4) + 10200 \times (P/F, 10\%, 5)]$$
$$(A/P, 10\%, 5)$$
$$= 200000 \times 0.2638 + (1200 \times 0.9091 + 3400 \times 0.8264 + 5800 \times 0.7513$$
$$+ 8000 \times 0.683 + 10200 \times 0.6209) \times 0.2638$$
$$= 10566.62 （元）$$

$$AC_{B7} = 27500 \times (A/P, 10\%, 7) + 1650 = 27500 \times 0.2054 + 1650 = 7298.50 （元）$$

各方案不同更新策略的等额年总成本，见表5-4；其中旧设备 O 的经济寿命为 2 年，新设备 A 的经济寿命为 5 年，新设备 B 的经济寿命为 7 年。在研究期 210 年内，以各方案设备经济寿命对应的等额年总成本为比较依据，B 设备的等额年总成本最小。

结论：立即采用新设备 B 更新现有设备 O，B 设备未来的更新周期为其经济寿命 7 年。

2. 新型设备更新分析

所谓新型设备更新分析，就是假定企业现有设备可被其经济寿命内等额年总成本最低的新设备取代。

【例 5-5】 假定［例 5-4］中的现有设备 O，可采用经济寿命内等额年总成本最低的新设备进行更新，试进行更新决策。

解： 在能对现有设备 O 进行更新的新设备中，设备 B 在其经济寿命 7 年内的等额年总成本为 7298.50 元，低于设备 A 在其经济寿命 5 年内的等额年总成本 10566.62 元，故将设备 B 作为现有设备 O 的潜在更新设备，这相当于在图 5-4 中 A、B 设备的 13 个互斥策略中选择了一个策略 B，这样图 5-4 中的策略数减至 6 个，其现金流量如图 5-5 所示。

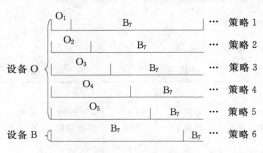

图 5-5　［例 5-5］中新型设备更新现金流量图

由于策略 7 后，各策略的现金流量相同，故选择新设备 B 的经济寿命 7 年为研究期，采用总成本现值法并根据表 5-4 中的数据比较设备方案。

$$PC_{O1} = 14000 + 9900 \times (P/F,10\%,1) + 3300 \times (P/F,10\%,1) + 7298.5 \times (P/A,10\%,6)$$
$$= 14000 + 9900 \times 0.9091 + 3300 \times 0.9091 + 7298.5 \times 4.3553$$
$$= 8800 \times (P/F,10\%,1) + 7298.5 \times (P/A,10\%,6)$$
$$= 8800 \times 0.9091 + 7298.5 \times 4.3553$$
$$= 39787 （元）$$

$$PC_{O2} = 8223.8 \times (P/A,10\%,2) + 7298.5 \times (P/A,10\%,5)$$
$$= 8223.8 \times 1.7355 + 7298.5 \times 3.7908$$
$$= 41957 （元）$$

$$PC_{O3} = 8497.17 \times (P/A,10\%,3) + 7298.5 \times (P/A,10\%,4)$$
$$= 8497.17 \times 2.4869 + 7298.5 \times 3.1699$$
$$= 44267 （元）$$

$$PC_{O4} = 8942.61 \times (P/A,10\%,4) + 7298.5 \times (P/A,10\%,3)$$
$$= 8942.61 \times 3.1699 + 7298.5 \times 2.4869$$
$$= 46498 （元）$$

$$PC_{O5} = 9549.26 \times (P/A,10\%,5) + 7298.5 \times (P/A,10\%,2)$$
$$= 9549.26 \times 3.7908 + 7298.5 \times 1.7355$$
$$= 48866 （元）$$

$$PC_{B7} = 7298.5 \times (P/A, 10\%, 7)$$
$$= 7298.5 \times 4.8687$$
$$= 35532 \text{（元）}$$

策略 B_7 的总成本现值最低。故应采用新设备 B 立即更新现有设备 O。

从表 5-4 可知，设备 O 各策略的等额年总成本均高于设备 B 在其经济寿命内的等额年总成本，因此，根据现金流量图 5-4 也可直观的得出，立即用设备 B 更新现行设备 O 的结论。

【例 5-6】 假定［例 5-4］中经济寿命内等额年总成本最低的新设备 B 缺货，难以采购，只能采用设备 A 对现有设备 O 进行更新，试进行更新决策。

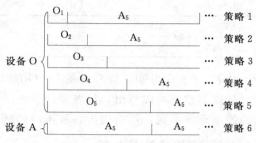

图 5-6 ［例 5-6］中新型设备更新现金流量图

解： 采用设备 A 的经济寿命 5 年作为研究期，各策略现金流量，如图 5-6 所示。

采用总成本现值并根据表 5-4 中的数据比较设备方案：

$$PC_{O1} = 8800 \times (P/A, 10\%, 1) + 10566.62 \times (P/A, 10\%, 4)$$
$$= 8800 \times 0.9091 + 10566.62 \times 3.1699$$
$$= 41495 \text{（元）}$$

$$PC_{O2} = 8223.8 \times (P/A, 10\%, 2) + 10566.62 \times (P/A, 10\%, 3)$$
$$= 8223.8 \times 1.7355 + 10566.62 \times 2.4869$$
$$= 40551 \text{（元）}$$

其他策略的总成本现值见表 5-5。从表 5-5 中可知，现有设备 O 应保留 5 年。

表 5-5 　　　　　　　　　　［例 5-6］中各策略现值总成本表 　　　　　　　　　　单位：元

方案	策略 1	策略 2	策略 3	策略 4	策略 5	策略 6
现值总成本	41495	40551	39470	37953	36199	40056

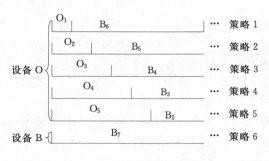

图 5-7 ［例 5-7］中新型设备更新现金流量图

【例 5-7】 假定［例 5-4］中的现有设备 O，可采用经济寿命内等额年总成本最低的新设备进行更新，但由于市场的原因，公司的生产经营期只能维持 7 年，试进行更新决策。

解： 将研究期定为生产经营期 7 年，则备选互斥方案的现金流量，如图 5-6 所示。

采用现值总成本并根据表 5-4 中的数据比较策略：

$$PC_1 = 14000 + 9900 \times (P/F, 10\%, 1) + 3300 \times (P/F, 10\%, 1) + 27500 + 1650$$
$$\times (P/A, 10\%, 6)$$

$$= 8800 \times (P/A,10\%,1) + 27500 + 1650 \times (P/A,10\%,6)$$
$$= 8800 \times 0.9091 + 27500 + 1650 \times 4.3553$$
$$= 42686 （元）$$
$$PC_6 = 27500 + 1650 \times (P/A,10\%,7) = 27500 + 1650 \times 4.8648$$
$$= 35533 （元）$$

其他策略的现值总成本，见表5-6。

表 5-6 　　　　　　　　　[例5-6]中各策略现值总成本表 　　　　　　　单位：元

方案	策略1	策略2	策略3	策略4	策略5	策略6
现值总成本	42686	48027	49154	59951	66563	35533

从表5-6中可知，现有设备O应用新设备B立即更新。

从以上举例可以看出，设备更新分析结论与研究期紧密相关，同样的新旧设备，研究期的假定条件不同，可能得出各种不同的结论。

5.3.4　现有设备处置决策

在市场经济条件下，受需求量的影响，许多企业在现有设备的自然寿命期内，必须考虑是否停产并变卖现有设备，这类问题称为现有设备的处置决策。一般而言，现有设备的处置决策仅与旧设备有关，且假设旧设备自然寿命期内每年残值都能估算出来。

【例5-8】　试决策表5-4中设备O是否应立即进行处置，如果现在不处置，何时处置妥当？假定设备O给企业每年带来的收益是8500万元，基准收益率为10%。

解： 站在设备所有人的立场上，将研究期定为5年，现有设备处置决策应考虑的备选互斥方案有以下6个：

　　　　方案一：立即变卖设备O；

　　　　方案二：继续使用旧设备1年；

　　　　方案三：继续使用旧设备2年；

　　　　方案四：继续使用旧设备3年；

　　　　方案五：继续使用旧设备4年；

　　　　方案六：继续使用旧设备5年。

采用现值法计算各方案在第1年初的净现值如下：

$NPV_1 = 14000 （元）$

$NPV_2 = (-3300 + 9900 + 8500)(P/F,10\%,1) = 13727 （元）$

$NPV_3 = -3300 \times (P/F,10\%,1) + (-5500 + 8800)(P/F,10\%,2) + 8500(P/A,10\%,2)$
$\quad = -3300 \times 0.9091 + (-5500 + 8800) \times 0.8264 + 8500 \times 1.7355$
$\quad = 14479 （元）$

$NPV_4 = -3300 \times 0.9091 - 5500 \times 0.8264 + (-6050 + 6600)$
$\quad\quad \times 0.7513 + 8500 \times 2.4869 = 14007 （元）$

$NPV_5 = 12600 （元）$

$NPV_6 = 10023 （元）$

根据以上计算结果，NPV_3 最大，故旧设备 O 最好继续使用 2 年时变卖。

5.3.5　设备更新分析方法应用

1. 技术创新引起的设备更新

通过技术创新不断改善设备的生产效率，提高设备的使用功能，会造成旧设备产生无形磨损，从而有时能导致企业对旧设备进行更新。

【例 5-9】　某公司用旧设备 O 加工某产品的关键零件，设备 O 是 8 年前买的，当时的购置及安装费为 8 万元，设备 O 目前市场价为 18000 元，估计设备 O 可再使用 2 年，退役时残值为 2750 元。目前市场上出现一种新的设备 A，设备 A 的购置及安装费为 120000 元，使用寿命为 10 年，残值为原值的 10%。旧设备 O 和新设备 A 加工 100 个零件所需时间分别为 5.24h 和 4.22h，该公司预计今后每年平均能销售 44000 件该产品。该公司人工费为 18.07 元/h。旧设备动力费为 4.7 元/h，新设备动力费为 4.9 元/h。基准收益率为 10%，试分析是否应采用新设备 A 更新旧设备 O。

解：选择旧设备 O 的剩余使用寿命 2 年为研究期，采用年值法计算新旧设备的等额年总成本：

$$AC_O = (18000 - 2750)(A/P, 10\%, 2) + 2750 \times 10\% + 5.24/100 \times 44000 \times (18.7 + 4.7)$$
$$= 63013.09 \text{（元）}$$

$$AC_A = (120000 - 12000)(A/P, 10\%, 10) + 12000 \times 10\% + 4.22/100 \times 44000 \times (18.7 + 4.9)$$
$$= 62592.08 \text{（元）}$$

从以上计算结果可以看出，使用新设备 A 比使用旧设备 O 每年节约 421 元，故应立即用设备 A 更新设备 O。

2. 市场需求变化引起的设备更新

有时旧设备的更新是由于市场需求增加，超过了设备现有的生产能力，这种设备更新分析可通过下面的例子来说明。

【例 5-10】　由于市场需求量增加，某钢铁集团公司高速线材生产线面临两种选择，第一方案是在保留现有生产线 A 的基础上，3 年后再上一条生产线 B，使生产能力增加一倍；第二方案是放弃现在的生产线 A，直接上一条新的生产线 C，使生产能力增加一倍。

生产线 A 是 10 年前建造的，其剩余寿命估计为 10 年，到期残值为 100 万元，目前市场上有厂家愿以 700 万的价格收购 A 生产线；生产线今后第一年的经营成本为 20 万元，以后每年等额增加 5 万元。

B 生产线 3 年后建设，总投资 6000 万元，寿命期为 20 年，到期残值为 1000 万元，每年经营成本为 10 万元。

C 生产线目前建设，总投资 8000 万元，寿命期为 30 年，到期残值为 1200 万元，年运营成本为 8 万元。

基准收益率为 10%，试比较方案一和方案二的优劣，设研究期为 10 年。

解：方案 1 和方案 2 的现金流量如图 5-8 所示。设定研究期为 10 年，各方案的等额年总成本计算如下：

方案 1：

$$AC_A = 700(A/P,10\%,10) - 100(A/F,10\%,10) + 20 + 5(A/G,10\%,10)$$
$$= 700 \times 0.1627 - 100 \times 0.0627 + 20 + 5 \times 3.725$$
$$= 146.25 \text{（万元）}$$

$$AC_B = [6000(A/P,10\%,20) - 1000(A/F,10\%,20) + 10](F/A,10\%,7)(A/F,10\%,10)$$
$$= [6000 \times 0.1175 - 1000 \times 0.0175 + 10] \times 9.4872 \times 0.0627$$
$$= 414.91 \text{（万元）}$$

$$AC_1 = 146.25 + 414.91 = 561.16 \text{（万元）}$$

方案 2：

$$AC_C = 8000(A/P,10\%,30) - 1200(A/F,10\%,30) + 8$$
$$= 849.48 \text{（万元）}$$

$$AC_2 = 849.48 \text{（万元）}$$

从以上比较结果来看，应采用方案 1。

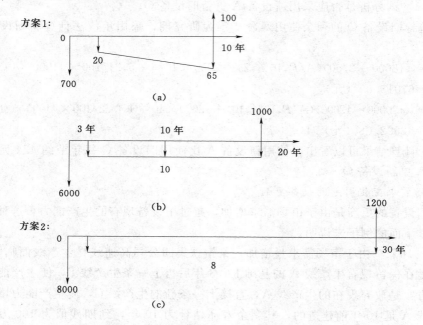

图 5-8   ［例 5-10］各方案现金流量图

(a) 线路 A；(b) 线路 B；(c) 线路 C

5.4　设备的现代化改造经济分析

5.4.1　设备现代化技术改造的概念和意义

　　设备超过最佳期限之后，就存在更换问题。但是如果市场上没有足够的新设备来满足更换的需要，怎么办？再者，陈旧设备一律更换是否必要或是否为最佳的选择？这是我们需要进一步研究的问题。

　　一种设备从构思、设计、研制到成批生产，一般要经历较长的时间。随着技术进步的加快，这个周期在不断地缩短。例如，在发达的工业国家，一种新设备从构思、设计、试制到商业性生产，第二次世界大战前需 40 年左右，20 世纪 60 年代中期缩短到 20 年，20世纪 70 年代缩短到 10 年，最快的仅 5 年，对我国来说，要按这个周期更换掉所有的陈旧设备那是不可能的。

怎样才能既节约资源又能跟上技术现代化的步伐呢？行之有效的途径是对现有设备进行现代化技术改造。所谓设备的现代化技术改造，是指应用现代的技术成就和先进经验，适应生产的具体需要，改变现有设备的结构，改善现有设备的技术性能，使之全部达到或局部达到新设备的水平。设备现代化技术改造是克服现有设备的技术陈旧状态，消除第Ⅱ类无形磨损，促进技术进步的方法之一，是改善设备的技术性能的重要途径，设备技术改造也是现有企业进行挖潜、革新、提高经济效益的有效措施。

5.4.2　设备现代化技术改造的经济分析

设备现代化技术改造在经济上是否合理，需要与设备更新的其他方式进行比较。在一般情况下，与设备现代化技术改造并存的可行方案有：旧设备原封不动地继续使用；对旧设备进行大修理；用相同结构新设备更换旧设备；用效率更高、结构更好的新设备更换旧设备。下面介绍对以上若干种方案进行比较的最低总费用法。

最低总费用法是通过计算各种方案在不同服务年限内总费用，根据所需要的服务年限，按照总费用最低的原则，进行方案选择的一种方法。

设 TC_1、TC_2、TC_3、TC_4、TC_5 分别为继续使用旧设备、用原型设备更新、用新型高效设备更新、进行现代化改造和进行大修理等方案 n 年内的总费用；

设 P_1、P_2、P_3、P_4、P_5；分别为用旧设备、用原型设备更新、用新型高效设备更新、进行现代化改造、进行大修理等各种方案所需的投资；

设 C_{1j}、C_{2j}、C_{3j}、C_{4j}、C_{5j} 分别为继续使用旧设备、用原型设备更新、用新型高效设备更新、进行现代化改造和大修理等各种方案在第 j 年的经营成本；

设 L_{1n}、L_{2n}、L_{3n}、L_{4n}、L_{5n} 分别为旧设备、原型新设备、新型高效设备、现代化改造后的设备及大修理后的设备在第 n 年的残值；

设 α_1、α_2、α_3、α_4、α_5 分别为继续使用旧设备、用原型设备更新、用新型高效设备更新、进行现代化技术改造和进行大修理等各种方案的生产效率系数，可将 α_2 作为基准值取 $\alpha_2 = 1$。

各种方案总费用的计算公式如下：

$$
\left.
\begin{aligned}
TC_1 &= (1/\alpha_1)\left[P_1 + \sum C_{1j}\,(P/F,\,i_i,\,j) - L_{1N}\,(P/F,\,i_c,\,n)\right] \\
TC_2 &= (1/\alpha_2)\left[P_2 + \sum C_{2j}\,(P/F,\,i_i,\,j) - L_{2N}\,(P/F,\,i_c,\,n)\right] \\
TC_1 &= (1/\alpha_3)\left[P_1 + \sum C3_{1j}\,(P/F,\,i_i,\,j) - L_{3N}\,(P/F,\,i_c,\,n)\right] \\
TC_2 &= (1/\alpha_4)\left[P_2 + \sum C_{4j}\,(P/F,\,i_i,\,j) - L_{4N}\,(P/F,\,i_c,\,n)\right] \\
TC_2 &= (1/\alpha_5)\left[P_2 + \sum C_{5j}\,(P/F,\,i_i,\,j) - L_{5N}\,(P/F,\,i_c,\,n)\right]
\end{aligned}
\right\} \quad (5-8)
$$

式中　i_c——基准折现率。

【例 5-11】　某旧设备各种更新方案各项费用的原始资料如表 5-7 所示，$i_c = 10\%$，试选择最佳更新方案。根据式（5-8），计算出不同服务年限各方案的总费用如表 5-8

所示。

表 5 – 7　　　　　　　　　　　　　各更新方案的原始资料表　　　　　　　　　　　单位：元

项目　方案	投资	生产效率系数	C、L值	1	2	3	4	5	6	7	8	9	10
1. 继续使用旧设备	$P_1=3000$	$\alpha_1=0.7$	C	1400	1800	2200							
			L	1200	600	300							
2. 用原型设备更换	$P_2=16000$	$\alpha_2=1$	C	450	550	650	750	850	950	1050	1150	1250	1350
			L	9360	8320	7280	6240	5200	4160	3120	2080	1300	1300
3. 用高效设备更换	$P_3=20000$	$\alpha_3=1.3$	C	350	420	490	560	630	700	770	840	910	980
			L	11520	10240	8600	7250	5700	4700	4000	3000	2000	2000
4. 进行现代化技术改造	$P_4=11000$	$\alpha_4=1.2$	C	550	680	810	940	1070	1200	1330	1460	1590	1720
			L	9000	8000	6700	5700	4700	3700	2700	1700	1000	1000
5. 旧设备大修理	$P_5=7000$	$\alpha_5=0.98$	C	700	950	1200	1450	1700	1950	2200	2450	2700	2950
			L	6400	5800	5200	4700	3800	3000	2200	1400	700	700

注　表中 C 为各年经营成本；L 为各年末残值。

表 5 – 8　　　　　　　　　　　　不同服务年限各方案总费用表　　　　　　　　　　单位：元

年限　方案	1	2	3	4	5	6	7	8	9	10
旧设备继续使用 TC_1	4545.4①	7520.6	10268.3							
用原型设备更换 TC_2	7900.0	9987.6	11882.4	13602.2	15163.2	6580.1	17866.0	19033.2	19982.4	20553.0
用高效设备更换 TC_3	6871.3	8442.7	10022.8	11284.1	12486.7	133408.0	14004.2①	14701.3①	15326.0①	15629.3①
现代化技术改造 TC_4	5265.1	7042.0	8853.9	10349.5	1715.5①	12971.5①	14126.1	15187.4	16056.8	16641.5
旧设备大修理 TC_5	4916.5	6863.3①	8687.9①	10409.4①	12354.6	14157.4	15885.4	17537.2	19069.2	20257.3

① 该年份各方案中总费用最低者。

从计算结果可以看出，如果设备只使用 1 年，以使用旧设备的方案为最佳。如果只打算使用 2～4 年，最佳方案是对原设备进行一次大修理。如果估计设备将使用 5～6 年，最佳方案是对原设备进行现代化技术改造。如果使用期限在 7 年以上，则用高效率新型设备替换旧设备的方案最佳。

❓ 思考题

1. 举例说明设备磨损的种类，各有哪些特点？设备磨损的补偿有哪些形式？
2. 什么是设备更新？有哪些方法？
3. 设备的技术寿命、自然寿命和经济寿命有什么区别与联系？

习题

1. 某机器购价为 25000 元，第一年末残值为 15000 元，而后每年以 1500 元定额递减；

第一年的经营成本为 8000 元，以后每年递增 4000 元，若年利率为 20%，试求其经济寿命。

2. 某公司 4 年前出 2200 元购置了设备 A，目前设备 A 的剩余寿命为 6 年，寿命终了时的残值为 200 元，设备 A 每年的运营费为 700 元。目前，有一个设备制造厂出售与设备 A 具有相同功效的设备 B，设备 B 售价 2400 元，寿命为 10 年，残值为 300 元，每年运营费为 400 元。如果企业购置设备 B，设备制造厂愿出价 600 元购买设备 A。设基准收益率为 15%，研究期为 6 年，试决策保留设备 A，还是用设备 B 更新。

3. 某单位 3 年前用 40 万元买了一台磨床，它一直运行正常。但现在又有了一种改进的新型号，售价 35 万元，并且其运营费低于现有磨床。现有磨床和新型磨床各年的残值及运营费见表 5-9。磨床还需使用 4 年，新磨床的经济寿命为 6 年。设 $i_c = 15\%$，分析是否需要更新。

表 5-9 现有磨床和新型磨床各年的残值及运营费表 单位：万元

年	现有磨床		新型磨床		年	现有磨床		新型磨床	
	运营费	残值	运营费	残值		运营费	残值	运营费	残值
0				350000	4	46000	25000	15000	200000
1		120000	2000	300000	5	56000	10000	20000	170000
2	34000	70000	10000	270000	6			26000	150000
3	39000	40000	12000	240000					

4. 某厂 6 年前花费 8400 元购置了设备 A，当时估计它有 12 年的寿命，残值为 1200 元，年使用费 2100 元。现由于机器 A 加工的零件所在的产品的市场需求量增加，对机器 A 所加工的零件的需求量成倍增加，现有设备 A 的生产能力已不能满足需求。为解决这个问题，有两个方案：

(1) 购进与设备 A 完全相同的 A 型机器，现购买价为 9600 元，寿命期和年使用费与 A 相同，残值为 1600 元；

(2) 现在设备 A 可折价 3000 元转让，再购进生产同样零件的 B 型机器，生产能力是 A 的两倍。购置费为 17000 元，寿命期为 10 年，年使用费为 3100 元，残值估计为 4000 元。

设 $i_c = 10\%$，比较选择两个方案。

第6章 建设项目的财务评价

本章要点

了解财务评价中投资、收益估算方法；掌握建设项目财务评价报表的编制方法；掌握建设项目的盈利和偿债能力的指标计算；了解改扩建项目和并购项目经济评价的特点。

6.1 财务评价的内容与步骤

建设项目财务评价是根据国家现行的财税制度和价格体系，从建设项目角度出发，分析、计算项目直接发生的财务效益和费用，编制有关报表，计算有关指标，评价项目的盈利和偿债能力、财务生存能力等财务状况，据此判断项目的财务可接受性，明确项目财务主体及投资者的价值贡献，为项目决策提供依据。财务评价是建筑工程经济的核心内容，它既是建筑工程经济原理的应用，又是其理论的深化。同时也为国民经济评价提供调整计算的基础。

6.1.1 财务评价的主要内容

1. 财务评价的目的

建设项目财务评价的目的是：

（1）衡量项目的盈利能力和偿债能力。

（2）权衡非盈利项目或微利项目的经济优惠措施。

（3）作为合营项目谈判签约的重要依据。

（4）作为项目资金规划的重要依据。

2. 财务评价的内容

建设项目财务评价的内容包括：

（1）盈利能力分析。主要是考察项目投资的盈利水平，它直接关系到项目投产后能否生存和发展，是评价项目的财务上可行性程度的基本标志。盈利能力的大小是企业进行投资活动的原动力，也是企业进行投资决策时考虑的首要因素。在财务评价中，应当考察拟建项目建成投产后是否有盈利，盈利能力有多大，盈利能力是否足以使项目可行。

（2）偿债能力分析。拟建项目的清偿能力主要是指项目偿还建设项目投资借款和清偿其他债务的能力。它直接关系到企业面临的财务风险和企业财务信用程度。而且偿债能力的大小是企业进行筹资决策的重要依据。

（3）不确定性分析。项目的盈利能力分析和偿债能力分析时所用的工程经济要素数据一般是预测和估计的，具有一定的不确定性，因此分析这些不确定因素对经济评价指标的影响，估计项目可能存在的风险，考察项目财务评价的可靠性，这就是项目的不确定分析，将在本书的其他章节中讨论。

6.1.2 财务评价的步骤

1. 基础数据与参数的确定、估算与分析

根据项目市场研究和技术分析的结果、国家的现行财税制度，进行一系列财务数据的估算和分析。

2. 编制财务评价的辅助报表

辅助报表包括：建设投资估算表、建设期利息估算表、流动资金估算表、项目总投资使用计划与资金筹措表、营业收入、营业税金及附加和增值税估算表、总成本费用估算表等。

3. 编制财务评价的基本报表

将分析和估算所有的数据进行汇总编制财务评价的基本报表。包括：项目投资现金流量表、项目资本金现金流量表、投资各方现金流量表、利润与利润分配表、财务计划现金流量表、资产负债表和借款还本付息计划表。

4. 计算财务评价的各项指标，进行财务分析

包括盈利能力的指标计算分析、偿债能力指标计算分析、不确定性分析，将计算出的指标与国家有关部门公布的基础值，或与经验标准、历史标准、目标标准等加以比较，判别项目的财务可行性，并从项目的角度提出项目可行与否的结论。

6.2 财务基础数据估算与报表编制

6.2.1 建设项目投资估算

投资估算是在对项目的建设规模、产品方案、工艺技术及设备方案、工程方案及项目实施进度等进行研究并基本确定的基础上，估算项目所需资金总额并测算建设期分年资金使用计划。按照现行项目投资管理规定，工程建设项目投资的估算包括固定资产投资估算和流动资金的估算。

1. 固定资产投资概略估算的方法

对于项目建议书阶段固定资产投资，可采用一些简便方法估算。主要有：

（1）设备系数法。

以拟建项目的设备费为基数，根据已建成的同类项目或装置的建筑安装费和其他工程费用等占设备价值的百分比，求出相应的建筑安装及其他有关费用，其总和即为项目或装置的投资。公式如下

$$C = E(1 + f_1P_1 + f_2P_2 + f_3P_3 + \cdots + f_nP_n) + I \qquad (6-1)$$

式中　　　C——拟建项目或装置的投资额；

　　　　　E——根据拟建项目或装置的设备清单按当时当地价格计算的设备费（包

括运杂费）的总和；

P_1、P_2、$P_3 \cdots P_n$——已建项目中建筑安装及其他工程费用占设备费百分比；

f_1、f_2、$f_3 \cdots f_n$——由于时间因素引起的定额、价格、费用标准等变化的综合调整系数；

I——拟建项目的其他费用。

（2）主体专业系数法。

以拟建项目中的最主要、投资比重较大并与生产能力直接相关的工艺设备的投资（包括运杂费及安装费）为基数，根据同类型的已建项目的有关统计资料，计算出拟建项目的各专业工程（总图、土建、暖通、给排水、管道、电气及电信、自控及其他工程费用等）占工艺设备投资的百分比，据以求出各专业的投资，然后把各部分投资费用（包括工艺设备费）相加求和，即为项目的总费用。其计算公式为

$$C = E\ (1 + f_1 P_1' + f_2 P_2' + f_3 P_3' + \cdots + f_n P_n')\ + I \tag{6-2}$$

式中　P_1'、P_2'、$P_3' \cdots P_n'$——已建项目中各专业工程费用占工艺设备费用的百分比；

其余符号含义同上式。

（3）朗格系数法。

该法以设备费为基础，乘以适当系数来推算项目的建设费用。其计算公式为

$$D = C\ (1 + \sum K_i)\ K_c \tag{6-3}$$

式中　D——总建设费用；

　　C——主要设备费用；

　　K_i——管线、仪表、建筑物等项费用的估算系数；

　　K_c——管理费、合同费、应急费等项费用的总估算系数。

总建设费与设备费用之比为朗格系数 KL，即：

$$KL = (1 + \sum K_i)\ K_c \tag{6-4}$$

这种方法比较简单，但没有考虑设备规格、材质的差异，所以精确度不高。

（4）生产能力指数法。

这种方法根据已建成的、性质类似的建设项目或生产装置的投资额和生产能力及拟建项目或生产装置的生产能力估算项目的投资额。计算公式为

$$C_2 = C_1 \left(\frac{A_2}{A_1}\right)^n f \tag{6-5}$$

式中　C_2、C_1——拟建项目或装置和已建项目的投资额；

　　A_1、A_2——已建类似项目或装置和拟建项目的生产能力；

　　　f——不同时期、不同地点的定额、单价、费用变更等的综合调整系数；

　　n——生产能力指数，$0 \leqslant n \leqslant 1$。

若已建类似项目或装置的规模和拟建项目或装置的规模相差不大，生产规模比值在 0.5～2 之间，则指数 n 的取值近似为 1。

若已建类似项目或装置与拟建项目或装置的规模相差不大于 50 倍，且拟建项目的扩大仅靠增大设备规模来达到时，则 n 取值约为 0.6～0.7 之间；若是靠增加相同规格设备的数量达到时，n 的取值在 0.8～0.9 之间。

采用这种方法，计算简单、速度快，但要求类似工程的资料可靠，条件基本相同，否则误差就会增大。

（5）指标估算法。

对于房屋、建筑物等投资的估算，经常采用指标估算法。即根据各种具体的投资估算指标，进行单位工程投资的估算。投资估算指标的形式较多，根据这些投资估算指标，乘以所需的面积、体积、容量等，就可以求出相应的土建工程、给排水工程、照明工程、采暖工程、变配电工程等各单位工程的投资。在此基础上，可汇总成每一单项的投资。另外再估算工程建设其他费用及预备费，即求得建设项目总投资。

采用这种方法时，一方面要注意，若套用的指标与具体工程之间的标准或条件有差异时，应加以必要的局部换算或调整；另一方面要注意，使用的指标单位应密切结合每个单位工程的特点，能正确反映其设计参数，切勿盲目地单纯套用一种单位指标。

2. 建设投资详细估算方法

建设投资估算应在给定的建设规模、产品方案和工程技术方案的基础上，估算项目建设所需要的费用。按概算法分类，一般建设项目固定资产投资估算由工程费用、工程其他建设费用、预备费组成。

（1）工程费用。工程费用是指直接构成固定资产的费用。包括主要生产工程项目、辅助生产工程项目、公共工程项目、服务性工程项目、生活福利设施及厂外工程等项目的费用。工程费用又可分为建筑工程费用、设备购置费用（由设备购置费和工器具、生产家具购置费组成的）和安装工程费用。

（2）工程其他建设费用。其他基本建设费用是指根据有关规定应列入固定资产投资的除建筑工程费用和设备、工器具购置费以外的一些费用，并列入工程项目总造价或单项工程造价的费用。

其他基本建设费用包括土地征用费、居民迁移费、旧有工程拆除和补偿费、生产职工培训费、办公和生活家具购置费、生产工器具及生产家具购置费、建设单位临时设施费、工程监理费、工程保险费、工程承包费、引进技术和进口设备其他费用、联合试运转费、研究实验费、勘察设计费、施工安全技术措施费等。这些费用将随行业和项目的不同而有所不同。

（3）预备费。预备费用是指在项目可行性研究中难以预料的工程和费用。包括基本预备费和涨价预备费。基本预备费是指在初步设计和概算中难以预料的费用。涨价预备费是指从估算年到项目建成期间内预留的因物价上涨而引起的投资费增加数额。

投资项目实际完成投资额包括：建筑工程费、设备及工器具购置费、安装工程费、其他费用及预备费。

3. 流动资金的估算

流动资金的估算方法有两种：①扩大指标估算法，扩大指标估算法是按照流动资金占某种费用基数的比率来估算流动资金。一般常用的费用基数有营业收入、经营成本、总成本费用和固定资产投资等，究竟采用何种基数依行业习惯而定。所采用的比率根据经验确定，或依行业或部门给定的参考值确定。也有的行业习惯按单位产量占用流动资金额估算流动资金。扩大指标估算法简便易行，适用于项目初选阶段。②分项详细估算法，这是通常采用的流动资金估算方法。详见"8.3.1 建设项目的投资估算中"的流动资金的估算方法。

4. 投资估算表及其他相关财务报表的编制

(1) 建设投资估算表的编制。

1) 概算法编制时包括工程费用、工程建设其他费用、预备费，分别对上述内容估算或计算后即可编制此表。

2) 形成资产法编制时包括固定资产费用、固定资产其他费用、无形资产费用、其他资产费用、预备费。

(2) 建设期利息估算表的编制包括借款、债券的利息估算。

(3) 流动资金估算表的编制。流动资金估算表包括流动资产、流动负债、流动资金及流动资金本年增加额四项内容。该表是在对生产期各年流动资金估算的基础上编制的。

(4) 项目总投资使用计划与资金筹措表的编制。包括总投资的构成、资金筹措及各年度的资金使用安排。该表可依据固定资产投资估算表和流动资金估算表编制。

(5) 营业收入、营业税金及附加和增值税估算表的编制。包括营业收入、营业税金及附加和增值税估算。

(6) 总成本费用估算表的编制。在外购原材料费估算、燃料和动力费估算、固定资产折旧费估算、无形资产及其他资产摊销费估算、工资及福利费估算的基础上编制总成本费用估算表。

1) 固定资产折旧费估算表的编制。该表包括各项固定资产的原值、分年度折旧额与净值以及期末余值等内容。编制该表首先要依据固定资产投资估算表确定各项固定资产原值，再依据项目的生产期和有关规定确定折旧方法、折旧年限与折旧率，进而计算各年的折旧费和净值，最后汇总得到项目总固定资产的年折旧费和净值。期末净值即可为项目的期末余值。

2) 无形资产及其他资产摊销费估算表的编制。该表的内容和编制与固定资产折旧费估算表类似。编制时，首先确定无形及其他资产的原值，再按摊销年限等额摊销。

6.2.2 投资项目中营业收入及其税金的估算

1. 营业收入的估算

营业收入是指项目投产后在一定时期内销售产品或提供劳务而取得的收入。营业收入的主要内容包括：

(1) 生产经营期各年生产负荷的估算。

项目生产经营期各年生产负荷是计算营业收入的基础。经济评估人员应配合技术评估人员鉴定各年生产负荷的确定是否有充分依据，是否与产品市场需求量预测相符合，是否考虑了项目的建设进度，以及原材料、燃料、动力供应和工艺技术等因素对生产负荷的制约和影响作用。

(2) 产品销售价格的估算。

营业收入的重点是对产品价格进行估算。要鉴定选用的产品销售（服务）价格是否合理，价格水平是否反映市场供求状况，判别项目是否高估或低估了产出物价格，为防止人为夸大或缩小项目的效益，属于国家控制价格的物资，要按国家规定的价格政策执行；价格已经放开的产品，应根据市场情况合理选用价格，一般不宜超过同类产品的进口价格（含各种税费）。产品销售价格一般采用出厂价格，参考当前国内市场价格和国际市场价格，通过预测分析而合理选定。出口产品应根据离岸价格扣除国内各种税费计算出厂价格。同时还应注意与投入物价格选用的同期性，并注意价格中不应含有增值税。

（3）营业收入的计算方法。

在项目评估中，产品营业收入的计算，一般假设当年生产产品全部销售。计算公式为

$$营业收入 = \sum_{i=1}^{n} Q_i P_i \qquad (6-6)$$

式中　　Q_i——第 i 种产品年产量；

　　　　P_i——第 i 种产品销售单价。

当项目产品外销时，还应计算外汇营业收入，并按评估时现行汇率折算成人民币，再计入营业收入总额。

2. 营业税金及附加的估算

营业税金及附加是指新建项目生产经营期（包括建设与生产同步进行情况下的生产经营期）内因销售产品或提供劳务而发生的消费税、营业税、资源税、城市维护建设税及教育费附加，是利润与利润分配表和财务现金流量表中的一个独立项目。

营业税金及附加，应随项目具体情况而定，分别按生产经营期各年不同生产负荷进行计算。各种税金及附加的计算要符合国家规定。应按项目适用的税种、税目、规定的税率和计征办法计算有关税费。

在计算过程中，如果发现所适用的税种、税目和税率不易确定，可征询税务主管部门的意见确定，或按照就高不就低的原则计算。除销售出口产品的项目外，项目的营业税金及附加一般不得减免，如国家有特殊规定的，按国家主管部门的有关规定执行。

3. 有关增值税的估算

按照现行税法规定，增值税作为价外税不包括在营业税金及附加中。在经济项目评价中应遵循价外税的计税原则，在项目损益分析及财务现金流量分析的计算中均不应包含增值税的内容。因此，在评价中应注意：

（1）在项目财务效益分析中，产品营业税金及附加不包括增值税，产出物的价格不含有增值税中的销项税，投入物的价格中也不含有增值税中的进项税。

（2）城市维护建设税是一种地方附加税，教育费附加是地方收取的专项费用，它们都以企业实际缴纳的流转税为计税依据，项目评价中应注意有关部门的规定。

（3）增值税的税率、计征依据、计算方法和减免办法，均应按国家有关规定执行。产品出口退税比例，按照现行有关规定计算。

6.2.3　投资项目中成本费用估算

1. 总成本费用的估算

成本费用是反映产品生产中资源消耗的一个主要基础数据，是形成产品价格的重要组成部分，是影响经济效益的重要因素。建设项目产出品成本费用的构成与计算，既要符合

现行财务制度的有关规定又要满足经济评估的要求。

按照财政部新颁布的财务制度，参照国际惯例将成本核算办法，由原来的完全成本改成制造成本法。所谓制造成本法是在核算产品成本时，只分配与生产经营最直接和关系密切的费用，而将与生产经营没有直接关系和关系不密切的费用计入当期损益。即直接材料、直接工资、其他直接支出和制造费用计入产品制造成本，管理费用、财务费用和销售费用直接计入当期损益。

为了估算简捷，财务评价中通常按成本要素进行归结分类估算。归结后，总成本费用的估算有以下两种方法。

（1）生产成本加期间费用估算法。

$$总成本费用＝生产成本＋期间成本 \qquad (6-7)$$

式中　生产成本＝直接材料费＋直接燃料和动力费＋直接工资＋其他直接支出＋制造费用

$$(6-8)$$

$$期间费用＝管理费用＋营业费用＋财务费用 \qquad (6-9)$$

（2）生产要素估算法。

$$总成本费用＝外购原材料费、燃料和动力费＋工资及福利费＋修理费$$
$$＋折旧费＋摊销费＋财务费（利息支出）＋其他费用 \qquad (6-10)$$

具体分项成本估算如下：

1）外购原材料费。外购原材料费包括企业生产经营过程中实际消耗的原材料、辅助材料、备品配件、外购半成品、包装物以及其他直接材料费。

$$外购原材料费 ＝消耗量×单价 \qquad (6-11)$$

2）外购燃料、动力费。指企业生产经营过程中实际消耗的燃料、动力费。

$$外购燃料和动力费 ＝燃料和动力消耗量×单价 \qquad (6-12)$$

3）人工工资及福利费。人工工资及福利费包括直接工资及其他直接支出（指福利费）、制造费、管理费及销售费用中管理人员和销售人员的工资及福利费。

直接工资包括企业以各种形式支付给职工的基本工资、浮动工资、各类补贴、津贴及奖金等。

$$工资及福利费＝职工总人数×人均年工资指标（含福利费） \qquad (6-13)$$

职工总人数是指按拟订方案提出的生产人员、生产管理人员、工厂总部管理人员及销售人员总人数。人均年工资指标（含福利费）有时也可考虑一定比率的年增长率。

职工福利费上要用于职工的医药费（包括企业参加职工医疗保险交纳的医疗保险费）、医护人员的工资、医务经费、职工因公伤赴外地就医路费、职工生活困难补助、职工浴室、理发室、幼儿园、托儿所人员的工资，以及按照国家规定开支的其他职工福利支出。现行规定一般为工资的14％。

4）折旧费。固定资产折旧应当根据固定资产原值、预计净残值、预计使用年限或预计工作量估算，一般采用年限平均法或者工作量（或产量）法计算，也可采用加速折旧法计算。

我国允许的固定资产折旧方法有：

①年限平均法。固定资产折旧方法一般采用年限平均法（也称直线折旧法）。年限平

均法的固定资产折旧率和年折旧额计算公式如下：

$$年折旧率＝［（1－预计净残值率）/折旧年限］×100\% \qquad (6-14)$$
$$年折旧额＝固定资产原值×年折旧率 \qquad (6-15)$$

②工作量法。工作量法又称作业量法，是以固定资产的使用状况为依据计算折旧的方法。企业专业车队的客货运汽车，某些大型设备可采用工作量法。

工作量法的固定资产折旧额的基本计算公式为

$$工作量折旧额＝［固定资产－原值×（1－预计净残值率）］/规定的总工作量$$
$$(6-16)$$

按照行驶里程计算折旧的公式为

$$单位里程折旧额＝原值×（1－预计净残值率）/总行驶里程 \qquad (6-17)$$
$$年折旧额＝单位里程折旧额×年行驶里程 \qquad (6-18)$$

按照工作小时计算折旧的公式为

$$每工作小时折旧额＝原值×（1－预计净残值率）/总工作小时 \qquad (6-19)$$
$$年折旧额＝每工作小时折旧额×年工作小时 \qquad (6-20)$$

以上各式中的净残值均按照固定资产原值的3%～5%确定的，由企业自主确定，并报主管财政部门备案。

③双倍余额递减法。又称加速折旧法、递减费用法。即固定资产每期计提的折旧数额不同，在使用初期计提的多，而在后期计提的少，是一种相对加快折旧速度的方法。快速折旧方法很多，新财务制度规定，在国民经济中具有重要地位、技术进步快的电子生产企业、船舶工业企业、生产"母机"的机械企业、飞机制造企业、汽车制造企业、化工生产企业和医药生产企业以及其财政部批准的特殊行业的企业，其机器设备可以采用双倍余额递减法或者年数总和法。

该方法是以平均年限法折旧率两倍的折旧率计算每年的折旧额，其计算公式为：

$$年折旧率＝（2/折旧年限）×100\% \qquad (6-21)$$
$$年折旧额＝固定资产净值×年折旧率 \qquad (6-22)$$

在采用该方法时，应注意两点：一是计提折旧固定资产价值包含残值，亦即每年计提的折旧额是用平均年限法两倍的折旧率去乘该资产的年初账面净值；二是采用该法时，只要仍使用该资产，则其账面净值就不可能完全冲销。因此，在资产使用的后期，如果发现某一年用该法计算的折旧额少于平均年限法计算的折旧额时，就可以改用平均年限法计提折旧。为了操作简便起见，新财务制度规定实行双倍余额递减法的固定资产，应在固定资产折旧到期前两年内，将固定资产账面净值扣除预计净残值后的净额平均摊销。

④年数总和法。是根据固定资产原值减去净残值后的余额，按照逐年递减的分数（即年折旧率，亦称折旧递减系数）计算折旧的方法。每年的折旧率为一变化的分数。分子为每年尚可使用的年限，分母为固定资产折旧年限逐年相加的总和（即折折旧年限的阶乘）。

其计算公式为

$$年折旧率＝\frac{折旧年限－已使用年限}{折旧年限×（1＋折旧年限）/2}×100\% \qquad (6-23)$$
$$年折旧额＝（固定资产原值－预计净残值）×年折旧率 \qquad (6-24)$$

5) 修理费。修理费是指为恢复固定资产原有生产能力，保持原有使用效能，对固定资产进行修理或更换零部件而发生的费用，它包括制造费用、管理费用和销售费用中的修理费。固定资产修理费一般按固定资产原值的一定百分比计提，计提比例可根据经验数据、行业规定或参考各类企业的实际数据加以确定。其计算公式为

$$修理费＝固定资产原值×计提比率 \qquad (6-25)$$

6) 摊销费。无形资产与其他资产的摊销是将这些资产在使用中损耗的价值转入成本费用中去。一般不计残值，从受益之日起，在一定期间分期平均摊销。

无形资产的摊销期限，凡法律和合同或企业申请书分别规定有效期限和受益年限的，摊销年限从其规定，否则摊销年限应注意符合税法的要求。

其他资产的摊销可以采用平均年限法，不计残值，摊销年限应注意符合税法的要求。

7) 其他费用。其他费用包括其他制造费、其他管理费和其他营业费用这三项，系指由制造费用、管理费用和营业费用中分别扣除工资及福利费、折旧费、摊销费及修理费以后的其余部分。产品出口退税和减免税项目按规定能抵扣的进项税额也可包括在内。

8) 利息支出的计算。利息支出是指在生产经营期间发生的利息支出、汇兑损失以及相关的金融机构手续费。

在项目评估时，生产经营期的财务费用需计算长期负债利息净支出和短期负债利息；在未取得可靠计算依据的情况下，可不考虑汇兑损失及相关的金融机构手续费。

在财务评价中，对国内外借款，无论实际按年、季、月计息，均可简化为按年计息，即将名义年利率按计息时间折算成有效年利率。其计算公式为

$$i=\left(1+\frac{r}{m}\right)^{m}-1 \qquad (6-26)$$

式中　　i——实际利率；

r——名义年利率；

m——每年计息次数。

①长期负债利息的计算。由于借款方式不同，其利息计算方法也不同，详见货币时间价值计算内容。

②短期贷款是指贷款期限在一年以内的借款。在项目评价中如果发生短贷时，可假设当年末借款，第二年年末偿还，按全年计算利息，并计入第二年财务费用中。其计算公式为

$$短期贷款利息＝短期贷款额×年利率 \qquad (6-27)$$

2. 经营成本费用估算

经营成本费用是项目经济评价中的一个专门术语，是为项目评价的实际需要而设置的。作为项目运营期的主要现金流出，其计算公式为

经营成本＝外购原材料费、燃料和动力费＋工资及福利费＋修理费＋其他费用

$$(6-28)$$

式中，其他费用是指从制造费用、管理费用和营业费用中扣除了折旧费、摊销费、修理费、工资及福利费以后的其余部分。

项目评价采用"经营成本费用"概念的原因在于：

（1）项目评价动态分析的基本报表是现金流量表，它根据项目在计算期内各年发生的现金流入和流出，进行现金流量分析。各项现金收支在何时发生，就在何时计入。由于投资已在其发生的时间作为一次性支出被计作现金流出，所以不能将折旧费和摊销费在生产经营期再作为现金流出，否则会发生重复计算。因此，在现金流量表中不能将含有折旧费和摊销费的总成本费用作为生产经营期经常性支出，而规定以不包括折旧费和摊销费的经营成本作为生产经营期的经常性支出。

（2）《建设项目经济评价方法与参数》（第3版）规定，财务评价要编制的现金流量表有项目投资现金流量表和项目资本金现金流量表和投资各方现金流量表。项目投资现金流量表是在不考虑资金来源的前提下，以全部投资（固定资产投资和流动资金，不含建设期利息）作为计算基础，因此生产经营期的利息支出不应包括在现金流出中。项目资本金现金流量表中已将利息支出单列，因此要采用剔除了利息支出的经营成本。

经营成本估算的行业性很强，不同行业在成本构成科目和名称上都有可能有较大的不同。估算应该按行业规定，没有规定的也要注意反映行业特点。

3. 财务报表的编制

（1）主要产出物和投入物价格依据表的编制。财务评价用的价格是以现行价格体系为基础，根据有关规定、物价变化趋势及项目实际情况而确定的预测价格。

（2）单位产品生产成本估算表的编制。估算单位产品生产成本，首先要列出单位产品生产的构成项目（如原材料、燃料和动力、工资与福利费、制造费用及副产品回收等），根据单位产品的消耗定额和单价估算单位产品生产成本。

（3）总成本费用估算表的编制。编制该表，按总成本费用的构成项目的各年预测值和各年的生产负荷，计算年总成本费用和经营成本。为了便于计算，在该表中将工资及福利费、修理费、折旧费、维简费、摊销费、利息支出进行归并后填列。表中"其他费用"是指在制造费用、管理费用、财务费用和营业费用中扣除了工资及福利费、修理费、折旧费、维简费、摊销费和利息支出后的费用。

（4）借款还本付息计算表的编制。编制该表，首先要依据投资计划与资金筹措表填列固定资产投资借款（包括外汇借款）的各具体项目，然后根据固定资产折旧费估算表、无形及其他资产摊销费估算表和利润及利润分配表填列偿还借款本金的资金来源项目。

（5）营业收入和营业税金及附加估算表的编制。表中营业收入以估计产销量与预测销售单价的乘积填列；年营业税金及附加按国家规定的税种和税率计取。

6.2.4　基本报表编制

财务盈利能力分析主要包括：现金流量的分析、利润与利润分配表的分析以及财务盈利能力指标计算与分析。盈利能力指标的计算主要是依据现金流量表、利润表与利润分配表和投资使用计划与资金筹措表来进行。

1. 现金流量表的编制

（1）项目投资现金流量表的编制。投资现金流量表不分资金来源，以全部投资（包括自有资金和借贷资金等）作为计算基础，不考虑资金的借贷及其偿还等财务条件，即将投入项目的不同来源资金均视为"自有资金"。这就为各种不同投资方案进行比较建立了共同基础。通过此表，可以计算所得税前及所得税后的财务内部收益率、财务净现值和投资回收期等评价指标，以考察项目全部投资的盈利能力，判断方案的可行性。表中有：现金流入、现金流出、净现金流量（税后）、累计净现金流量（税后）、所得税前净现金流量和累计所得税前净现金流量、所得税后净现金流量和累计所得税后净现金流量等内容。

现金流量表的编制步骤为：

1）依据营业收入和营业税金及附加估算表、总投资使用计划与资金筹措表填列现金流入项目。

2）依据投资使用计划与资金筹措表、总成本费用估算表、利润表与利润分配表填列现金流出各项目。

3）根据下列关系填列净现金流量和所得税前净现金流量：

$$现金流入-现金流出=所得税前净现金流量 \qquad (6-29)$$

$$所得税前净现金流量-调整所得税=所得税后净现金流量 \qquad (6-30)$$

4）根据所得税前累计净现金流量、所得税后累计净现金流量计算各项指标。

（2）项目资本金现金流量表的编制。项目资本金现金流量表是从投资者的角度出发，以投资者的出资额作为计算基础，把借款的本金偿还和利息支付作为现金流出，用以计算资本金财务内部收益率等评价指标，以考察项目资本金的盈利能力。该表包括现金流入、现金流出和净现金流量等三项内容。

编制该表时，各年现金流入和现金流出等项目的数字资料可分别从产品营业收入和营业税金及附加估算表、投资计划与资金筹措表、借款还本付息计算表、总成本费用估算表、利润与利润分配表等报表中直接获取，或经简单计算后获得。在项目投资现金流量表编制完成后，也可依据项目投资现金流量表及其他报表来编制。

2. 利润与利润分配表的编制

利润与利润分配表反映项目计算期内各年的利润总额、所得税及税后利润的分配情况，用以计算投资利润率、投资利税率和资本金利润率等指标。

该表的编制需依据总成本费用估算表、产品营业收入和营业税金及附加和增值税估算表及表中各项目之间的关系来进行。表中各项目之间的关系为

$$利润总额=营业收入-营业税金及附加-总成本费用+补贴收入 \qquad (6-31)$$

$$税后利润=利润总额-所得税 \qquad (6-32)$$

$$可供分配的利润=税后利润+期初未分配利润 \qquad (6-33)$$

（1）利润总额的计算。利润总额（又称实现利润）是项目在一定时期内实现盈亏总额，即营业收入扣除总成本费用和营业税金及附加加补贴收入后的数额。

（2）项目亏损及亏损弥补的处理。项目在上一年度发生的亏损，可以用当年获得的所得税前利润弥补；当年所得税前利润不足弥补的，可以在五年内用所得税前利润延续弥补；延续五年未弥补的亏损，用缴纳所得税后的净利润弥补。

（3）所得税的计算。利润总额按照现行财务制度规定进行调整（如弥补上年的亏损）后，作为评估计算项目应缴纳所得税额的计税基数。所得税税率统一为 25%。国家对特殊项目有减免所得税规定的，按国家主管部门的有关规定执行。

（4）所得税后利润额的分配。缴纳所得税后的利润净额按照下列顺序分配：

1）提取法定盈余公积金。法定盈余公积金按当年净利润的 10％提取，其累计额达到项目法人注册资本的 50％以上时可不再提取。法定盈余公积金可用于弥补亏损或按照国家规定转增资本金等。

2）提取任意盈余公积金。企业自己决定按比例计提。

3）向投资者分配利润。项目当年无盈利，不得向投资者分配利润；企业上年度未分配的利润，可以并入当年向投资者分配。

4）利润用于上述分配后剩余部分为未分配利润。

3. 财务计划现金流量表

财务计划现金流量表反映项目计算期内各年的资金盈余或短缺情况，用于选择资金筹措方案，制订适宜的借款及偿还计划，并为编制资产负债表提供依据。

该表需依据利润及利润分配表、固定资产折旧费估算表、无形及其他资产摊销费估算表、总成本费用估算表、投资计划与资金筹措表、借款还本付息计算表等财务基本报表和辅助报表的有关数据编制。表中有经营活动净现金流量、投资活动净现金流量、筹资活动净现金流量、净现金流量和累计盈余资金等项目。

编制中应注意：各年累计盈余资金不宜出现负值，如果出现负值，应通过增加短期借款解决。表中"回收固定资产余值"和"回收流动资金"应计入"当年余值"栏。

4. 资产负债表的编制

资产负债表综合反映项目计算期内各年末资产、负债和所有者权益的增减变动及对应关系。用以考察项目资产、负债、所有者权益三者的结构是否合理，计算资产负债率、流动比率及速动比率，进行清偿能力分析。

（1）资产负债表依据流动资金估算表、固定资产投资估算表、投资计划与资金筹措表、资金来源与运用表，损益表等财务报表的有关数据编制。表中有资产、负债与所有者权益三个项目。编制该表时应特别注意是否遵循会计恒等式，即：资产＝负债＋所有者权益。

（2）资产负债表是根据"资产＝负债＋所有者权益"的会计平衡原理编制，它为企业经营者、投资者和债权人等不同的报表使用者提供了各自需要的资料。分析中应注意根据资本保全原则，投资者投入的资本金在生产经营期内，除依法转让外，不得以任何方式抽回，计提固定资产折旧不能冲减资本金。

5. 借款还本付息表的编制

可与"建设期利息估算表"合二为一，如有多种借款或债券，必要时应分别列出。

6.3 建筑工程项目的财务评价指标

6.3.1 盈利能力分析指标

财务评价的盈利能力分析是通过一系列财务评价指标反映的。这些指标可以根据财务报表计算，并将其与财务评价参数比较，以判断项目的财务可行性。要计算的指标有财务内部收益率、财务净现值、投资回收期、总投资收益率、项目资本金利润率等。

财务盈利能力分析主要是考察项目投资的盈利水平。一般说来，财务内部收益率、财务净现值和投资回收期是评估的主要指标。根据项目实际需要，也可对其他动态和静态评价指标进行分析。

1. 财务净现值（FNPV）

全部投资（或自有资金）财务净现值（FNPV）是指按设定的折现率（一般采用基准收益率 i_c），计算项目计算期内净现金流量的现值之和。计算公式为

$$FNPV = \sum_{t=0}^{n}(CI-CO)_t \times (1+i_c)^{-t} \qquad (6-34)$$

式中　　　　CI——现金流入量；

　　　　　　CO——现金流出量；

　　$(CI-CO)_t$——第 t 年的净现金流量；

　　　　　　　t——计算期；

　　　　　　i_c——设定的折现率（同基准收益率）。

一般情况下可根据需要选择计算所得税前现值或所得税前净现值。

若按照设定的折现率计算的项目在计算期内财务净现值不小于 0，表明项目在计算期内可获得不小于基准收益水平的收益额。因此，财务净现值 $FNPV \geqslant 0$ 时，项目在财务上可以考虑被接受。

2. 财务内部收益率（FIRR）

财务内部收益率（FIRR）是反映项目在计算期内投资盈利能力的动态评估指标，系指计算期内各年净现金流量现值累计等于零时的折现率，表达式为

$$\sum (CI-CO) \times (1+FIRR)^{-t} = 0 \qquad (6-35)$$

式中　　　　CI——现金流入量；

　　　　　　CO——现金流出量；

　　$(CI-CO)$——第 t 年的净现金流量；

　　　　　　　t——计算期。

$FIRR$ 用试差法求得。

项目投资财务内部收益率、项目资本金财务内部收益率和投资各方财务内部收益率都依据上式计算。当财务内部收益率大于或等于行业基准收益率或设定的判别基准收益率时，项目在财务上可以考虑接受。

项目投资财务内部收益率、项目资本金财务内部收益率和投资各方财务内部收益率可以有不同的判别基准。如项目资本金财务内部收益率则表示项目自有资金的盈利能力。当项目资本金财务内部收益（所得税后）大于或等于投资者期望的最低可接受收益率时，项目在财务上可以考虑接受。

在利用 $FIRR$ 指标进行盈利能力判断时，应注意计算口径的可比性。对于在计算期内分期建设以及在经营期内某几年的净现金流量多次出现正负值交替现象的非常规项目，财务内部收益率可能出现无解或不合理的情况，此时，可只以财务净现值作为评估指标。

3. 投资回收期（T_p）

投资回收期（T_p）是以项目的净收益回收投资所需要的时间，一般以年为单位。投

资回收期一般从建设开始年起计算，同时还应说明投入运营开始年或发挥效益年算起的投资回收期。静态投资回收期（T_p）的表达式为

$$\sum_{t=0}^{T_p}(CI_t - CO_t) = 0 \qquad (6-36)$$

式中　T_p——投资回收期；

　　　CI_t——现金流入量；

　　　CO_t——现金流出量；

　　　t——计算期。

动态投资回收期可根据项目投资现金流量表计算，项目投资现金流量表累计净现金流量由负值变为 0 的时间点，即为项目的投资回收期，计算公式为

$$T_p = （累计净现金流量开始出现正值年份 - 1）+ \frac{上年累计净现金流量的绝对值}{当年净现金流量}$$

$$(6-37)$$

投资回收期短，表明项目投资回收快，抗风险能力强。分析时将求出的投资回收期与基准投资回收期 T_0 相比较，当 $T_p \leqslant T_0$ 时，项目在财务上可以考虑被接受。

4. 总投资收益率（ROI）

总投资收益率（ROI）表示总投资的盈利水平，系指项目达到设计能力后正常年份的年息税前利润或运营期内年平均息税前利润（EBIT）与项目总投资（TI）的比率，计算式为

$$ROI = \frac{EBIT}{TI} \times 100\% \qquad (6-38)$$

式中　$EBIT$——项目正常年份的年息税前利润或运营期内年平均息税前利润；

　　　TI——项目总投资。

当总投资收益率高于同行业的收益率的参考值时，表明项目用总投资收益率表示的盈利能力满足要求，项目在财务上可以考虑被接受。

5. 项目资本金利润率（ROE）

项目资本金利润率是指项目达到设计能力后正常年份的年净利润或运营期内年平均净利润（NP）与项目资本金（EC）的比率。它是反映项目资本金盈利能力的指标，计算公式为

$$ROE = \frac{NP}{EC} \times 100\% \qquad (6-39)$$

式中　NP——项目正常年份的年净利润或运营期内年平均净利润；

　　　EC——项目资本金。

当项目资本金利润率高于同行业的净利润率的参考值时，表明项目用项目资本金利润率表示的盈利能力满足要求，项目在财务上可以考虑被接受。

6.3.2　偿债能力指标分析

对使用债务性资金的项目应进行偿债能力分析，以考察法人能否按期偿还借款。要计算的指标有：利息备付率、偿债备付率、资产负债率、流动比率和速动比率。这些指标的

计算是依据资产负债表、借款还本付息计算表、资金来源与运用表进行计算的。

1. 利息备付率（ICR）

利息备付率（ICR）是指在借款偿还期内的息税前利润（EBIT）与应付利息（PI）的比值，它从付息资金来源的充裕性上反映项目偿付债务利息的保障程度。其计算公式为

$$ICR = \frac{EBIT}{PI} \qquad (6-40)$$

式中　EBIT——息税前利润；

　　　PI——计入总成本费用的应付利息。

利息备付率高表明利息偿付的保障程度高；利息备付率应分年计算而且应当大于1，并结合债权人的要求确定。

2. 偿债备付率（DSCR）

偿债备付率（DSCR）是指在借款偿还期内，用于计算还本付息的资金（EBITAD－TAX）与应还本付息金额（PD）的比值，它表示可以用于计算还本付息的资金偿还借款本息的保障程度。其计算公式为

$$DSCR = \frac{EBITAD - TAX}{PD} \qquad (6-41)$$

式中　EBITAD——息税前利润加折旧和摊销；

　　　TAX——企业所得税；

　　　PD——应还本付息金额，包括还本金额和计入总成本费用的全部利息。

融资租赁费用可视同借款偿还。运营期内的短期借款本息也应纳入计算。

如果项目在运行期内有维持运营的投资，可用于还本付息的资金应扣除维持运营的投资。

偿债备付率高表明可用于还本付息的资金保障程度高；偿债备付率应分年计算而且应当大于1，并结合债权人的要求确定。

参考国际经验和国内行业的具体情况，根据我国企业历史数据统计分析，一般情况下，利息备付率不宜低于2，偿债备付率不宜低于1.3。

3. 资产负债率（LOAR）

资产负债率反映企业的长期偿债能力。分析一个企业的长期偿债能力，主要是为了确定该企业债务本息偿还能力。资产负债率是企业各期末负债总额（TL）同资产总额（TA）的百分比。该比率表明在总资产中有多少是通过借款来筹集的，以及企业资产对债权人权益的保障程度。适度的资产负债率，表明企业经营安全、稳健，具有强的筹资能力，也表明企业和债权人的风险较小。其计算公式为

$$LOAR = \frac{TL}{TA} \times 100\% \qquad (6-42)$$

式中　TL——期末负债总额；

　　　TA——资产总额。

对该指标的分析，应结合国家宏观经济状况、行业发展趋势和企业所处竞争环境等具体条件判定。项目财务分析中，在长期债务还清后，可不再计算资产负债率。

4. 流动比率

流动比率是反映企业的短期偿债能力的重要指标。流动比率是流动资产与流动负债的比值。它表明企业每一元流动负债有多少资产作为偿付担保。因此，这个比率越高，表示短期偿债能力越强，流动负债获得清偿的机会越大，债权人的安全性也越大。但是，过高的流动比率也并非是好现象。因为过高的流动比率可能是由于企业滞留在流动资产上的资金过多所致，这恰恰反映了企业未能有效地利用资金，从而会影响企业的获利能力。流动比率的计算公式为

$$流动比率 = \frac{流动资产}{流动负债} \times 100\% \qquad (6-43)$$

至于最佳流动比率，究竟是多少为宜，应视不同行业、不同企业的具体情况而定。一般认为 2∶1 较好。

5. 速动比率

速动比率是速动资产与流动负债的比值。按照财务通则或财务制度规定，速动资产是流动资产减去变现能力较差且不稳定的存货、待摊费用、待处理流动资产损失后的余额。由于剔除了存货等变现能力较弱且不稳定的资产，因此，速动比率比流动比率能更加准确、可靠地评价企业资产的流动性及其偿还短期负债的能力。速动比率的计算公式为

$$速动比率 = \frac{速动资产}{流动负债} \times 100\% \qquad (6-44)$$

其中 $$速动资产 = 流动资产总额 - 存货等 \qquad (6-45)$$

建设项目的财务效果是通过上述一系列财务评价指标反映的。这些指标可根据财务评价基本报表和辅助报表计算，并将其与财务评价参数进行比较，以判断项目的财务可行性。

6.4 改扩建项目和并购项目经济评价的特点

6.4.1 改扩建项目经济评价

改扩建和技术改造项目是指现有企业为了生存与发展所进行的改建、扩建、恢复、迁建和技术改造项目。这类项目一般是在企业现有设施的基础上进行的。有以项目为依托设立子公司，新设立的子公司为项目法人；有仅设立分公司的，原有企业为项目法人。项目法人财务独立，并对项目的策划、资金筹措、建设实施、生产经营、债务偿还和资产的保值增值实行全过程负责。

1. 改扩建项目的概念

改扩建项目是企业为适应市场需求，提高经济效益和社会效益而进行的投资活动。它是在企业原有的基础条件上进行的，充分利用企业原有的资产和资源，投资形成新的生产（服务）设施，扩大或者完善原有生产（服务）系统的活动，包括改建、扩建、迁建和停产复建等，目的在于增加产品供给，开发新型产品，调整产品结构，提高技术水平，降低资源消耗，节省运行费用等。改扩建项目在不抛弃原有企业的基础上充分利用这些基础条件，最大限度地实现项目本身与企业原有资产与资源的优化组合，在新形成的设施上

促进总量效益的增加，实现企业经营目标。

2. 改扩建项目的特点

（1）项目总是在不同程度上利用企业原有资产和资源，力求以增量调动存量，以较小的新增投入取得较大的新增效益。所以，项目是既有企业的有机组成部分，同时项目的活动与企业的活动在一定程度上是有区别的。

（2）改扩建项目建设期内建设与生产可同步进行，一般不需停产建设。

（3）改扩建项目的费用与效益既涉及新增投资部分，又涉及原有基础部分，使项目费用与效益的识别和计算比较复杂，从而给项目评价带来新的问题。

（4）改扩建项目的融资主体是既有企业，项目的还款主体是既有企业。

3. 改扩建项目效益和费用数据的确定

改扩建项目的目标不同，实施方法各异，其效益与费用表现形式呈多样性。效益主要表现在提高产量、增加品种、提高质量、降低能耗、合理利用资源、提高技术装备水平、改善劳动条件或减轻劳动强度、保护环境和综合利用等。其费用不仅包括新增投资、新增经营费用，还包括由项目建设可能带来的停产或减产损失，以及某些原有固定资产拆除费用等。具体识别如下：

（1）"现状"数据。是指项目实施前企业的资产、效益和费用状况的数据。

（2）"无项目"数据。是指在不实施项目的情况下，计算期内各年企业的资产、资源、效益与费用可能的变化趋势，经过预测得到的资产、资源、效益和费用的有关数据。

（3）"有项目"数据。是指在实施项目的情况下，计算期内各年企业的资产、资源、效益与费用可能的变化趋势，经过预测得到的资产、资源、效益和费用的有关数据。

（4）新增数据。是指"有项目"数据减去现状数据得到的差额。在估算中，也可根据项目的具体情况，只直接计算部分新增数据。

（5）增量数据。是指"有项目"数据减去"无项目"数据的差额，即通过"有无对比"得到的数据。

识别中需注意"有项目"与"无项目"的口径与范围应当保持一致，避免费用和效益误算、漏算或重复计算。对于难以定量计算的效益与费用应作定性描述。

4. 改扩建项目的财务分析

改扩建项目在完成了财务效益与费用的识别和估算以后，要进行融资分析、盈利能力分析、偿债能力以及生存能力分析。

（1）融资分析。改扩建项目的资金筹措是比较复杂的，项目的权益资金全部来自企业，债务资金包括既有企业运行和发展需要的贷款，也包括为实施项目的贷款。银行在做分析时，既要考虑项目未来的现金流量，还要考虑企业的信誉和还款能力。

（2）盈利能力分析。盈利能力分析是利用资金时间价值的原理，通过比较"有项目"与"无项目"的净现金流量，求出增量净现金流量，并计算项目内部收益率。用于分析项目的增量盈利能力，作为项目决策的主要依据之一。

（3）偿债能力分析。改扩建项目一般进行下列两个层次的分析：

1）项目层次。遵循"有无对比"的原则，利用"有项目"与"无项目"的效益与费用计算增量效益与增量费用，用于分析项目的增量盈利能力，作为项目决策的主要依据之一；

分析"有项目"的偿债能力，若"有项目"还款资金不足，应分析"有项目"还款资金缺口，即既有企业应为项目额外提供的还款资金数量；分析"有项目"的财务生存能力。

2）企业层次。分析既有企业以往的财务状况与今后可能的状况，深入了解企业生产经营情况、资产负债结构、资源利用优化情况、企业发展战略、企业信用等，分析中特别关注企业为项目的融资能力、自身的资金成本或同项目有关的资金机会成本。

（4）生存能力分析。根据财务计划现金流量表，计算净现金流量和累计盈余资金，分析项目是否有足够的净现金流量维持正常运营。改扩建项目只进行"有项目"状态的生存能力分析，分析的内容和方法同一般新建项目。

改扩建项目经济评价所用的表格可以参照财务分析表格和经济费用效益分析表格，评价指标与一般建设项目相同。一般情况下，财务（经济）效益费用宜分别单列"有项目"与"无项目"的流入和流出表格。

6.4.2 并购项目经济评价

并购项目包括兼并和收购。兼并指一个企业采取各种形式有偿接收其他企业的产权，使被兼并方丧失法人资格或者改变法人实体的经济行为。收购指通过购买公司股份而使公司经营决策权易手的行为，包括企业收购和股权收购。

1. 并购项目的评价内容

并购项目经济评价的主要内容有：测算并购成本，预测并购效益，判断并购企业价值，提出并购决策建议。

（1）并购成本测算。并购成本包括收购价格、咨询费、律师费、佣金等以及收购后对企业的改造、改组、人员安置与遣散费用等。

（2）并购企业价值评估。企业的价值主要有：基础价值、内在价值和战略价值。

基础价值即企业的净资产，是目标企业转让的价格下限；内在价值是目标企业的动态价值，指目标企业在持续经营的情况下可能创造出的预期的现金流量价值；战略价值是并购后，经过重组与协同、使生产要素重新组合、市场份额进一步扩大、提高竞争力、拓展新的利润增长点，从而取得规模经济效益。

可以用收益现值法、账面价值调整法和市场比较法估算目标企业的价值。

1）收益现值法计算公式如下

$$MAP = \sum_{t=1}^{n} \frac{CF_t}{(1+K)^t} + \frac{CF_{n+1}/(k-g)}{(1+k)^n} - L \qquad (6-46)$$

式中　MAP——应付兼并方的最高购买价格；

k——被兼并企业的加权平均资金成本；

n——被兼并企业预期成长的计算时间；

CF_t——被兼并企业在兼并后第 t 期所有资本产生的税后净现金流量；

CF_t＝经营利润×（1－所得税）＋折旧和其他非现金支出

－（增量营运资金和固定资产等支出）

g——被兼并企业第 t 年后的 CF_t 成长率；

L——被兼并企业负债的市场价值。

2）账面价值调整法。又称为重置成本法，它是从资产成本的角度，以目标企业的资

产净值为基础估算确定收购价格。计算公式为

$$企业价值＝调整后的总资产－调整后的总负债 \qquad (6-47)$$

账面价值调整法通常只应用在企业破产或者资产出售时的价值评估。

3）市场比较法。是通过把被评估企业与类似的上市公司或已交易的非上市公司的市盈率（或市净率）作为倍数，乘以被评估企业的当期收益（或净资产），从而计算出企业的市场价值。

上述方法中，理想的方法是收益现值法，最简便的是市场比较法，但是，在我国企业并购、股份制改制的估值中，广泛采用的是账面价值调整法。

2. 并购项目效益评价

并购项目效益包括企业自身效益以及并购带来的企业整体协同效益。主要有：

（1）资本经营效益，评价指标包括投资回报率、总资产收益率等，反映企业并购后的当期效益。

（2）市场增加值的计算公式为

$$市场增加值＝收购后目标企业市场价值－收购前目标企业市场价值 \qquad (6-48)$$

（3）经济增加值（EVA）的计算公式为

$$EVA ＝（ROC－K）\times 现有资产的账面价值$$
$$＝EBIT（1－税率）－K \times 现有资产的账面价值 \qquad (6-49)$$

式中　ROC——资本收益率；

　　$EBIT$——息税前利润；

　　K——加权平均的资金成本。

（4）协同效应。包括财务协同和经营协调效应。

财务协同效应包括通过业务多样化降低风险，或是收购一家资金短缺但有投资机会的公司获得商业机会，或是收购一家享受税收优惠企业带来的税收节余等。

经营协调效应指处于同一业务领域的两家企业发生水平并购后，带来的生产规模提高、成本降低和边际利润的提高。可以利用有无对比和现金流量分析方法评估经营协调效应。

6.5 财务评价案例

6.5.1 项目概述

某色素萃取项目是新建项目。该项目财务评价是在可行性研究完成市场需求预测、生产规模、工艺技术方案、原材料、燃料及动力的供应、建厂和厂址方案、公用工程和辅助设施、环境保护、工厂组织和劳动定员以及项目实施规划诸方面进行研究和多方案比较后，确定了最佳方案的基础上进行的。

生产天然色素 V 产品，是食品、医药、烟草等行业不可缺少的无任何副作用的天然类原料。国际市场一直是供不应求，主要销往发达国家，项目投产后可以实现出口创汇。

厂址位于城市近郊，占用建设用地 156.655 亩，靠近公路、铁路，交通便利，靠近辅料及燃料产地，有稳定的原料供应基地，水、电供应可靠。

该项目主要设施包括生产车间、与生产工艺相适应的辅助生产设施、公用工程以及有

关的生产管理、生活福利等设施。

6.5.2　基础数据

1. 生产规模和产品方案

项目设计正常年份生产天然色素 V 产品 1000t。

2. 实施进度

项目拟 1 年建成，第 2 年投产，当年生产负荷达到设计能力的 80%，第 3 年达到 100%。生产期按 14 年计算，计算期为 15 年。

3. 总投资估算及资金筹措

（1）建设投资估算。依据国家计划委员会、中华人民共和国建设部发布的《建设项目经济评价方法与参数》（第 3 版）进行编制，建设投资估算额为 4414.09 万元，见表 B2。

表 B2　　　　　　　　　　建设投资估算表（形成资产法）　　　　　　　　单位：万元

序号	工程或费用名称	建筑工程费用	设备购置费	安装工程费	其他费用	合计	其中：外币	比例（%）
1	固定资产费用	682.92	1778.80	152.08	0.00	2613.80	0.00	59.21
1.1	工程费用	682.92	1778.80	152.08	0.00	2613.8	0.00	59.21
1.1.1	×××							
1.1.2	×××							
1.1.3	×××							
	…							
1.2	固定资产其他费用				1473.32	1473.32	0.00	33.38
	土地费用				1358	1358	0.00	30.77
	…							
2	无形资产费用							
2.1	×××							
	…							
3	其他资产费用							
3.1	×××							
	…							
4	预备费				326.97	326.97	0.00	7.41
4.1	基本预备费				326.97	326.97	0.00	7.41
4.2	涨价预备费				0.00	0.00	0.00	
5	建设投资合计	682.92	1778.80	152.08	1800.29	4414.09		
	比例（%）	15.47	40.30	3.45	40.79			100

注　1. "比例"分别指各主要科目的费用（包括横向和纵向）占建设投资的比例。

2. 本表适用于新设法人项目与既有法人项目的新增建设投资的估算。

3. "工程或费用名称"可依不同行业的要求调整。

建设期利息估算为 106.02 万元，见表 B3；项目总投资使用计划与资金筹措表详见表 B5。

表 B3

建 设 期 利 息 估 算 表

单位：万元

序号	项目	合计	1	2	3	4	5	6	7	8	9	10	11	12	13	14	15
									建设期（年）								
1	借款 1																
1.1	建设期利息	106.02	106.02														
1.1.1	期初借款余额	0.00	0.00														
1.1.2	当期借款	3800.00	3800.00														
1.1.3	当期应付利息	106.02	106.02														
1.1.4	期末借款余额	3800.00	3800.00														
1.2	其他融资费用																
1.3	小计（1.1+1.2）	106.02	106.02														
2	借款 2																
2.1	建设期利息																
2.1.1	期初债务余额																
2.1.2	当期债务余额																
2.1.3	当期应付利息																
2.1.4	期末债务余额																
2.2	其他融资费用																
2.3	小计（2.1+2.2）																
3	小计（1.3+2.3）	106.02	106.02														
3.1	建设期利息合计	106.02	106.02														
3.2	其他融资费用合计																

注 1. 本表适用于新设法人项目与既有法人项目的新增建设期利息的估算。
 2. 原则上应分别估算外汇和人民币债务。
 3. 如有多种借款或债务，必要时应分别列出。
 4. 本表与财务分析表 B15 "借款与还本付息计划表" 可二表合一。

表 B5

项目总投资使用计划与资金筹措表

单位：万元

序号	项 目	合计			1			2			3			4			5			6			7		
		人民币	外币	小计	人民币	外币	小计	人民币	外币	小计	人民币	外币	小计	人民币	外币	小计	人民币	外币	小计	人民币	外币	小计	人民币	外币	小计
1	总投资	5532.05			4520.11			1011.94																	
1.1	建设投资	4414.09			4414.09																				
1.2	建设期利息	106.02			106.02																				
1.3	流动资金	1011.94						1011.94																	
2	资金筹措	5532.05			4520.11			1011.94																	
2.1	项目资本金	1732.05			721.11			1011.94																	
2.1.1	用于建设投资																								
	××方																								
	…																								
2.1.2	用于流动资金	1011.94						1011.94																	
	××方																								
	…																								
2.1.3	用于建设期利息																								
	××方																								
	…																								
2.2	债务资金	3800			3800																				
2.2.1	用于建设投资																								
	××借款																								
	××债券																								
	…																								
2.2.2	用于建设期利息																								
	××借款																								

· 113 ·

序号	项 目	合计 人民币	合计 外币	合计 小计	1 人民币	1 外币	1 小计	2 人民币	2 外币	2 小计	3 人民币	3 外币	3 小计	4 人民币	4 外币	4 小计	5 人民币	5 外币	5 小计	6 人民币	6 外币	6 小计	7 人民币	7 外币	7 小计
	××债券																								
	…																								
2.2.3	用于流动资金																								
	××借款																								
	××债券																								
	…																								
2.3	其他资金																								
	×××																								
	…																								

序号	项 目	8 人民币	8 外币	8 小计	9 人民币	9 外币	9 小计	10 人民币	10 外币	10 小计	11 人民币	11 外币	11 小计	12 人民币	12 外币	12 小计	13 人民币	13 外币	13 小计	14 人民币	14 外币	14 小计	15 人民币	15 外币	15 小计
1	总投资																								
1.1	建设投资																								
1.2	建设期利息																								
1.3	流动资金																								
2	资金筹措																								
2.1	项目资本金																								
2.1.1	用于建设投资																								
	××方																								
	…																								
2.1.2	用于流动资金																								
	××方																								

序号	项 目	8 人民币	8 外币	8 小计	9 人民币	9 外币	9 小计	10 人民币	10 外币	10 小计	11 人民币	11 外币	11 小计	12 人民币	12 外币	12 小计	13 人民币	13 外币	13 小计	14 人民币	14 外币	14 小计	15 人民币	15 外币	15 小计
	…																								
2.1.3	用于建设期利息																								
	××方																								
	…																								
2.2	债务资金																								
2.2.1	用于建设期投资																								
	××借款																								
	××债券																								
	…																								
2.2.2	用于建设期利息																								
	××借款																								
	××债券																								
	…																								
2.2.3	用于流动资金																								
	××借款																								
	××债券																								
	…																								
2.3	其他资金																								
	×××																								

注 1. 本表按新增投资范畴编制。
2. 本表建设期利息一般可包括其他融资费用。
3. 对既有法人项目，项目资本金中可包括新增资本金和既有法人货币资金与资本变现或资产经营权变现的资金，可分别列出或加以文字说明。

$$项目总投资＝建设投资＋建设期利息＋流动资金$$
$$＝4414.09＋106.02＋1011.94$$
$$＝5532.05（万元）$$

流动资金估算。该项目流动资金采用详细估算法估算，估算项目达到设计生产能力的正常年份需流动资金 3373.14 万元。流动资金估算见表 B4。

（2）资金筹措。项目资本金为 1732.05 万元，其余为借款，固定资产投资由中国农业银行贷款，利息按 3～5 年期借款年利率 5.58％计；流动资金的 70％由中国农业银行贷款，利息按 1 年期借款年利率 5.31％计。

项目建设投资建设当年投入，流动资金投产年投入。

项目借款用于建设投资 3800 万元，项目总投资使用计划与资金筹措详见表 B5。

4. 产品和成本费用估算依据（以 100％生产负荷计）

（1）外购原辅料 8655.32 万元。

（2）外购包装材料 213.70 万元。

（3）外购燃料动力 505.12 万元（水 3.28 万元、电 84.24 万元、柴油 417.60 万元）。

（4）全厂定员 131 人，工资按每人每年 9600 元估算，福利费按工资的 14％计，养老保险按工资的 23％计。

（5）固定资产均采用平均年限法分类折旧，房屋建筑物折旧年限 30 年，设备折旧年限 14 年。

（6）维修费：建筑、设备维修费分别按原值的 2％、3％计。

（7）无形资产和其他资产按 10 年平均摊销。

（8）其他制造费用 156 万元。

产品销售价格（含税）为 13 万元/t，产品缴纳增值税率为 17％，城乡维护建设税税率为 7％，教育费附加税率为 3％。

企业所得税税率为 33％（2008 年 1 月 1 日起施行的《中华人民共和国企业所得税法》规定一般企业所得税的税率为 25％），法定盈余公积金按税后利润的 15％计取。

基准折现率为 $i_0＝12％$。

6.5.3 财务报表编制

1. 产品营业收入和营业税金及附加估算

天然色素 V 产品年产 1000t，属国内外市场较紧俏产品，在一段时间内仍呈供不应求状态，经分析论证确定产品销售价格，每吨出厂价（含税）按 13 万元计算。年营业收入估算值在正常年份为 13000 万元。

年营业税金及附加按有关规定计取，产品缴纳增值税，增值税率为 17％，城乡维护建设税按增值税的 7％计取，教育费附加按增值税的 3％计取，该项目正常年营业税金及附加估算为 593.53 万元。营业收入和营业税金及附加估算见表 B6。

2. 产品成本估算

根据需要，该项目作了总成本费用估算表。总成本费用估算正常年为 10165.65 万元，其中，经营成本正常年为 9712.26 万元，总成本费用估算见表 B7、表 B8。

成本估算说明如下：

表 B4

流 动 资 金 估 算 表

单位：万元

序号	项目	最低周转天数(天)	周转次数(次)	1	2	3	4	5	6	7	8	9	10	11	12	13	14	15
1	流动资产				4803.77	5977.07	5977.07	5977.07	5977.07	5977.07	5977.07	5977.07	5977.07	5977.07	5977.07	5977.07	5977.07	5977.07
1.1	应收账款	30	6.00		1306.32	1326.99	1326.99	1326.99	1326.99	1326.99	1326.99	1326.99	1326.99	1326.99	1326.99	1326.99	1326.99	1326.99
1.2	存货	30	6.00		3470.63	4323.14	4323.14	4323.14	4323.14	4323.14	4323.14	4323.14	4323.14	4323.14	4323.14	4323.14	4323.14	4323.14
1.2.1	原材料	30			1182.54	1478.17	1478.17	1478.17	1478.17	1478.17	1478.17	1478.17	1478.17	1478.17	1478.17	1478.17	1478.17	1478.17
1.2.2	×××	…																
1.2.3	燃料	30	6.00		67.35	84.19	84.19	84.19	84.19	84.19	84.19	84.19	84.19	84.19	84.19	84.19	84.19	84.19
	×××	…																
1.2.4	在产品	1	180		43.54	54.13	54.13	54.13	54.13	54.13	54.13	54.13	54.13	54.13	54.13	54.13	54.13	54.13
1.2.5	产成品	50	3.6		2177.2	2706.65	2706.65	2706.65	2706.65	2706.65	2706.65	2706.65	2706.65	2706.65	2706.65	2706.65	2706.65	2706.65
1.3	现金	30	10		26.82	29.94	29.94	29.94	29.94	29.94	29.94	29.94	29.94	29.94	29.94	29.94	29.94	29.94
1.4	预付账款																	
2	流动负债				2083.14	2603.93	2603.93	2603.93	2603.93	2603.93	2603.93	2603.93	2603.93	2603.93	2603.93	2603.93	2603.93	2603.93
2.1	应付账款	50	3.6		2083.14	2603.93	2603.93	2603.93	2603.93	2603.93	2603.93	2603.93	2603.93	2603.93	2603.93	2603.93	2603.93	2603.93
2.2	预收账款																	
3	流动资金(1-2)				2720.62	3373.14	3373.14	3373.14	3373.14	3373.14	3373.14	3373.14	3373.14	3373.14	3373.14	3373.14	3373.14	3373.14
4	流动资金当期增加额				2720.62	6525.52	0.00	0.00	0.00	0.00	0.00	0.00	0.00	0.00	0.00	0.00	0.00	0.00

注 1. 本表适用于新设法人项目与既有法人项目的"有项目"、"无项目"和增量流动资金的估算。
2. 表中科目可视行业变动。
3. 如发生外币流动资金，应另行估算后予以说明，其数额应包含在本表数额内。
4. 不发生预付账款和预收账款的项目可不列此两项。

表 B6

营业收入、营业税金及附加和增值税估算表

单位：万元

序号	项目	合计	计算期（年）														
			1	2	3	4	5	6	7	8	9	10	11	12	13	14	15
1	营业收入	179400		10400	13000	13000	13000	13000	13000	13000	13000	13000	13000	13000	13000	13000	13000
1.1	产品A营业收入	179400		10400	13000	13000	13000	13000	13000	13000	13000	13000	13000	13000	13000	13000	13000
	单价（万元/t）	13		13	13	13	13	13	13	13	13	13	13	13	13	13	13
	数量（t）	13800		800	1000	1000	1000	1000	1000	1000	1000	1000	1000	1000	1000	1000	1000
	销项税额			1511.11	1888.89	1888.89	1888.89	1888.89	1888.89	1888.89	1888.89	1888.89	1888.89	1888.89	1888.89	1888.89	1888.89
1.2	产品B营业收入																
	单价																
	数量																
	销项税额																
	…																
2	营业税金及附加	8190.71		478.82	579.53	579.53	579.53	579.53	579.53	579.53	579.53	579.53	579.53	579.53	579.53	579.53	579.53
2.1	营业税																
2.2	消费税																
2.3	城市维护建设税	521.23		30.22	37.77	37.77	37.77	37.77	37.77	37.77	37.77	37.77	37.77	37.77	37.77	37.77	37.77
2.4	教育费附加	223.42		12.95	16.19	16.19	16.19	16.19	16.19	16.19	16.19	16.19	16.19	16.19	16.19	16.19	16.19
3	增值税	7446.06		431.65	539.57	539.57	539.57	539.57	539.57	539.57	539.57	539.57	539.57	539.57	539.57	539.57	539.57
	销项税额	26066.68		1511.11	1888.89	1888.89	1888.89	1888.89	1888.89	1888.89	1888.89	1888.89	1888.89	1888.89	1888.89	1888.89	1888.89
	进项税额	18620.62		1079.46	1349.32	1349.32	1349.32	1349.32	1349.32	1349.32	1349.32	1349.32	1349.32	1349.32	1349.32	1349.32	1349.32

注：1. 本表适用于新设法人项目与既有法人项目"有项目"、"无项目"和增量的营业收入、营业税金与附加的增值税估算。

2. 根据行业或产品的不同可增减相应的税收科目。

表 B7

总成本费用估算表（生产要素法）

单位：万元

序号	项 目	合计	1	2	3	4	5	6	7	8	9	10	11	12	13	14	15
									计 算 期（年）								
1	外购原材料费	122392.5		7095.2	8869.02	8869.02	8869.02	8869.02	8869.02	8869.02	8869.02	8869.02	8869.02	8869.02	8869.02	8869.02	8869.02
2	外购燃料及动力费	6970.50		404.09	505.12	505.12	505.12	505.12	505.12	505.12	505.12	505.12	505.12	505.12	505.12	505.12
3	工资及福利费	2007.18		143.37	143.37	143.37	143.37	143.37	143.37	143.37	143.37	143.37	143.37	143.37	143.37	143.37
4	修理费	542.60		38.75	38.75	38.75	38.75	38.75	38.75	38.75	38.75	38.75	38.75	38.75	38.75	38.75
5	其他费用	2152.80		124.80	156.00	156.00	156.00	156.00	156.00	156.00	156.00	156.00	156.00	156.00	156.00	156.00
6	经营成本 (1+2+3+4+5)	134065.61		7806.23	9712.26	9712.26	9712.26	9712.26	9712.26	9712.26	9712.26	9712.26	9712.26	9712.26	9712.26	9712.26
7	折旧费	2310.98		165.07	165.07	165.07	165.07	165.07	165.07	165.07	165.07	165.07	165.07	165.07	165.07	165.07
8	摊销费	1629.40		162.94	162.94	162.94	162.94	162.94	162.94	162.94	162.94	162.94	162.94	162.94	162.94	0.00
9	利息支出	2150.21		302.77	274.92	193.34	125.38	125.38	125.38	125.38	125.38	125.38	125.38	125.38	125.38	125.38
10	总成本费用合计 (6+7+8+9)	140126.2		8437.01	10315.19	10203.61	10165.65	10165.65	10165.65	10165.65	10165.65	10165.65	10165.65	10165.65	10002.71	10002.71
	其中：可变成本	129363.13		7499.31	9374.14	9374.14	9374.14	9374.14	9374.14	9374.14	9374.14	9374.14	9374.14	9374.14	9374.14	9374.14
	固定成本	10763.07		937.70	941.05	829.47	791.51	791.52	791.53	791.54	791.55	791.56	791.57	628.57	628.57	628.57	628.57

注 本表适用于新设法人项目与既有法人项目的"有项目"、"无项目"和增量成本费用的估算。

· 119 ·

表 B8 单位：万元

总成本费用估算表（生产成本加期间费用）

序号	项目	合计	1	2	3	4	5	6	7	8	9	10	11	12	13	14	15
									计算期（年）								
1	生产成本	136376.61		7971.3	9877.33	9877.33	9877.33	9877.33	9877.33	9877.33	9877.33	9877.33	9877.33	9877.33	9877.33	9877.33	9877.33
1.1	直接材料费	122392.5		7095.22	8869.02	8869.02	8869.02	8869.02	8869.02	8869.02	8869.02	8869.02	8869.02	8869.02	8869.02	8869.02	8869.02
1.2	直接燃料及动力费	6970.65		404.09	505.12	505.12	505.12	505.12	505.12	505.12	505.12	505.12	505.12	505.12	505.12	505.12	505.12
1.3	直接工资及福利费	2007.18		143.37	143.37	143.37	143.37	143.37	143.37	143.37	143.37	143.37	143.37	143.37	143.37	143.37	143.37
1.4	制造费用	5006.28		328.62	359.82	359.82	359.82	359.82	359.82	359.82	359.82	359.82	359.82	359.82	359.82	359.82	359.82
1.4.1	折旧费	2310.98		165.07	165.07	165.07	165.07	165.07	165.07	165.07	165.07	165.07	165.07	165.07	165.07	165.07	165.07
1.4.2	修理费	542.5		38.75	38.75	38.75	38.75	38.75	38.75	38.75	38.75	38.75	38.75	38.75	38.75	38.75	38.75
1.4.3	其他制造费	2152.8		124.8	156.00	156.00	156.00	156.00	156.00	156.00	156.00	156.00	156.00	156.00	156.00	156.00	156.00
2	管理费用	1629.4		162.94	162.94	162.94	162.94	162.94	162.94	162.94	162.94	162.94	162.94	0.00	0.00	0.00	0.00
2.1	无形资产摊销	1501.9		150.19	150.19	150.19	150.19	150.19	150.19	150.19	150.19	150.19	150.19	0.00	0.00	0.00	0.00
2.2	其他资产摊销	127.5		12.75	12.75	12.75	12.75	12.75	12.75	12.75	12.75	12.75	12.75	0.00	0.00	0.00	0.00
2.3	其他管理费用																
3	财务费用	2150.21		302.77	274.92	193.34	125.38	125.38	125.38	125.38	125.38	125.38	125.38	125.38	125.38	125.38	125.38
3.1	利息支出	2150.21		302.77	274.92	193.34	125.38	125.38	125.38	125.38	125.38	125.38	125.38	125.38	125.38	125.38	125.38
3.1.1	长期借款利息			212.04	149.54	67.96											
3.1.2	流动资金借款利息			90.73	125.38	125.38	125.38	125.38	125.38	125.38	125.38	125.38	125.38	125.38	125.38	125.38	125.38
3.1.3	短期借款利息																
4	营业费用																
5	总成本费用合计（1+2+3+4）	140126.2		8437.01	10315.19	10203.61	10165.65	10165.65	10165.65	10165.65	10165.65	10165.65	10165.65	10002.71	10002.71	10002.71	10002.71
5.1	其中：可变成本	129363.13		7499.31	9374.14	9374.14	9374.14	9374.14	9374.14	9374.14	9374.14	9374.14	9374.14	9374.14	9374.14	9374.14	9374.14
5.2	固定成本	10763.07		937.7	941.05	829.47	791.51	791.51	791.51	791.51	791.51	791.51	791.51	628.57	628.57	628.57	628.57
6	经营成本（5-1.4.1-2.1-2.2-3.1）	134065.61		7806.23	9712.26	9712.26	9712.26	9712.26	9712.26	9712.26	9712.26	9712.26	9712.26	9712.26	9712.26	9712.26	9712.26

注：1. 本表适用于新设法人项目与既有法人项目的"有项目"，"无项目"和增量总成本费用的估算。

2. 生产成本中的折旧费、修理费指生产性固定设施的固定资产折旧费和修理费。

3. 生产成本中的工资和福利费指生产性人员工资的工资和福利费。车间或分厂管理人员的工资福利费可在制造费用中单独列或含在其他制造费中。

4. 本表其他管理费用中含管理设施的折旧费、修理费以及管理人员的工资和福利费。

（1）主要投入物的定价原则。为了与产品销售价格相对应，所有的原辅材料、包装材料及燃料动力价格均以近几年市场已实现的价格为基础，预测到投产期及生产期的价格。

（2）固定资产折旧费、无形和其他资产摊销费估算。固定资产均采用平均年限法分类折旧，残值率均取 5%，固定资产折旧费估算见表 B7（基 3）；无形资产和其他资产按 10 年平均摊销，无形资产和其他资产摊销费估算见表 B7（基 4）。

（3）维修费。建筑、设备维修费分别按原值的 2%、3% 计。建筑维修费为 7.55 万元，设备维修费为 31.20 万元，维修费共计 38.75 万元。

（4）其他制造费用计算。其他费用是在制造费用、销售费用、管理费用中扣除工资及福利费用、养老保险费、折旧费、摊销费、修理费后的费用。为简化计算，该费用按年营业收入的 1.2% 计算。其他费用每年为 156 万元。

（5）财务费用。财务费用主要为长期借款和流动资金借款利息，以第 3 年为例，财务费用计算如下：

长期借款利息 $= 2679.89 \times 5.58\% = 149.54$（万元）

流动资金借款利息 $= 2361.20 \times 5.31\% = 125.38$（万元）

第 3 年财务费用为 274.92 万元。

3. 利润与利润分配表

利润与利润分配见表 B12。利润总额正常年为 2198.49 万元，所得税按利润总额的 33% 提，年纳所得税额 739.47 万元，年税后利润 1501.35 万元，年提法定盈余公积金 225.20 万元，年末分配利润 1276.15 万元。

4. 其他财务报表的编制

根据上述各表编制其他财务报表，项目投资现金流量表见表 B9；项目资本金现金流量表见表 B10；财务计划现金流量表见表 B13；资产负债表见表 B14。

6.5.4 财务评价

1. 财务盈利能力分析

（1）根据项目投资现金流量表 B9，计算各财务评价指标。

项目投资财务内部收益率（所得税前）37.65%，项目投资财务净现值（所得税前）（$i = 12\%$）9623.44 万元，项目投资财务内部收益率（所得税后）26.40%，项目投资财务净现值（所得税后）（$i = 12\%$）5441.32 万元；项目投资回收期（所得税前）4.1 年，项目投资回收期（所得税后）5.1 年。财务内部收益率均大于行业基准收益率 12%，说明盈利能力满足了行业最低要求；财务净现值均大于 0，该项目在财务上是可以考虑接受的；投资回收期均小于行业基准投资回收期，这表明项目投资能及时收回。

（2）根据项目资本金现金流量表 B10，计算的资本金财务内部收益率为 52.64%，该值大于行业基准收益率 13%，说明盈利能力满足了行业最低要求。

（3）根据利润与利润分配表 B12 和项目总投资使用计划与资金筹措表 B5 计算以下指标：

$$总投资收益率 = 年利润总额/总投资 \times 100\%$$
$$= 2240.82/5532.05 \times 100\%$$
$$= 40.51\%$$

表 B7（基 3）

固定资产折旧费估算表

单位：万元

序号	项目	折旧年限	合计	计算期（年）														
				1	2	3	4	5	6	7	8	9	10	11	12	13	14	15
1	房屋建筑物 原值	30	755.27															
	折旧费			0.00	23.92	23.92	23.92	23.92	23.92	23.92	23.92	23.92	23.92	23.92	23.92	23.92	23.92	23.92
	净值				731.35	707.43	683.52	659.60	635.68	611.77	587.85	563.93	540.02	516.10	492.18	468.27	444.35	420.43
2	机器设备 原值	14	2080.14															
	折旧费			0.00	141.15	141.15	141.15	141.15	141.15	141.15	141.15	141.15	141.15	141.15	141.15	141.15	141.15	141.15
	净值				1938.99	1797.84	1656.69	1515.54	1374.39	1233.24	1092.09	950.94	809.79	668.64	527.49	386.34	245.19	104.04
3	合计 原值		2835.41															
	当期折旧费			0.00	165.07	165.07	165.07	165.07	165.07	165.07	165.07	165.07	165.07	165.07	165.07	165.07	165.07	165.07
	净值				2670.34	2505.27	2340.21	2175.14	2010.07	1845.01	1679.94	1514.87	1349.81	1184.74	1019.67	854.61	689.54	524.47

表 B7（基 4）

无形资产和其他资产摊销估算表

单位：万元

序号	项目	合计	计算期（年）											
			1	2	3	4	5	6	7	8	9	10	11	12
1	无形资产 原值	1501.98												
	当期摊销费			150.19	150.19	150.19	150.19	150.19	150.19	150.19	150.19	150.19	150.19	0.0
	净值			1351.71	1201.52	1051.33	901.14	750.95	600.76	450.57	300.38	150.19	0.0	0.0
2	其他资产 原值	127.54												
	当期摊销费			12.75	12.75	12.75	12.75	12.75	12.75	12.75	12.75	12.75	12.75	0.0
	净值			114.75	102	89.25	76.5	63.75	51	38.25	25.5	12.75	0.0	0.0
	……													
	合计 原值	1629.41												
	当期摊销费			162.94	162.94	162.94	162.94	162.94	162.94	162.94	162.94	162.94	162.94	0.0
	净值			1466.46	1303.52	1140.58	977.64	814.7	651.76	488.82	325.88	162.94	0.0	0.0

注　本表适用于新设法人项目摊销费的估算，以及既有法人的"有项目"和增量摊销费的估算。当估算既有法人项目的"有项目"摊销费时，应将新增和利用原有部分的资产分别列出，并分别计算摊销费。

表B12

利润与利润分配表

单位：万元

序号	项　目	合计	1	2	3	4	5	6	7	8	9	10	11	12	13	14	15
										计　算　期　（年）							
1	营业收入	179400		10400.00	13000.00	13000.00	13000.00	13000.00	13000.00	13000.00	13000.00	13000.00	13000.00	13000.00	13000.00	13000.00	13000.00
2	营业税金及附加	8190.71		474.82	593.53	593.53	593.53	593.53	593.53	593.53	593.53	593.53	593.53	593.53	593.53	593.53	593.53
3	总成本费用	140126.20		8437.01	10315.19	10203.61	10165.65	10165.65	10165.65	10165.65	10165.65	10165.65	10165.65	10002.71	10002.71	10002.71	10002.71
4	补贴收入																
5	利润总额（1－2－3＋4）	31083.09		1488.17	2091.28	2202.86	2240.82	2240.82	2240.82	2240.82	2240.82	2240.82	2403.76	2403.76	2403.76	2403.76
6	弥补以前年度亏损																
7	应纳税所得额（5－6）	31083.09		1488.17	2091.28	2202.86	2240.82	2240.82	2240.82	2240.82	2240.82	2240.82	2403.76	2403.76	2403.76	2403.76
8	所得税	10257.41		491.10	690.12	726.94	739.47	739.47	739.47	739.47	739.47	739.47	793.24	793.24	793.24	793.24
9	净利润（5－8）			997.07	1401.16	1475.92	1501.35	1501.35	1501.35	1501.35	1501.35	1501.35	1610.52	1610.52	1610.52	1610.52
10	期初未分配利润																
11	可供分配的利润（9＋10）	20825.68		997.07	1401.16	1475.92	1501.35	1501.35	1501.35	1501.35	1501.35	1501.35	1610.52	1610.52	1610.52	1610.52
12	提取法定盈余公积金（15%）	3123.85		149.56	210.17	221.39	225.20	225.20	225.20	225.20	225.20	225.20	241.58	241.58	241.58	241.58
13	可供投资者分配的利润（11－12）	17701.83		847.51	1190.99	1254.33	1276.15	1276.15	1276.15	1276.15	1276.15	1276.15	1368.94	1368.94	1368.94	1368.94
14	应付优先股股利																
15	提取任意盈余公积金																
16	应付普通股股利																
17	各投资方利润分配 其中：××方 　　　××方	420.00		30.00	30.00	30.00	30.00	30.00	30.00	30.00	30.00	30.00	30.00	30.00	30.00	30.00
18	未分配利润（13－15－17）	17281.83		817.51	1160.99	1224.53	1246.15	1246.15	1246.15	1246.15	1246.15	1246.15	1338.94	1338.94	1338.94	1338.94
19	息税前利润（利润总额＋利息支出）	33233.30		1790.94	2366.20	2396.20	2366.20	2366.20	2366.20	2366.20	2366.20	2366.20	2529.14	2529.14	2529.14	2529.14
20	息税折旧摊销前利润（息税前利润＋折旧＋摊销）	37173.68		2118.95	2694.21	2724.21	2694.21	2694.21	2694.21	2694.21	2694.21	2694.21	2694.21	2694.21	2694.21	2694.21

注　1. 对于外商投资项目由第11项减去储备基金、职工奖励与福利基金和企业发展基金（外商独资项目可不列入企业发展基金）后，得出可供投资者分配的利润。

　　2. 法定盈余公积金按净利润计提。

表B9

项目投资现金流量表

单位：万元

序号	项目	合计	1	2	3	4	5	6	7	8	9	10	11	12	13	14	15
											计 算 期 （年）						
1	现金流入	183297.61	0.00	10400.00	13000.00	13000.00	13000.00	13000.00	13000.00	13000.00	13000.00	13000.00	13000.00	13000.00	13000.00	13000.00	16897.61
1.1	营业收入	179400.00		10400.00	13000.00	13000.00	13000.00	13000.00	13000.00	13000.00	13000.00	13000.00	13000.00	13000.00	13000.00	13000.00	13000.00
1.2	补贴收入																
1.3	回收固定资产余值	524.47															524.47
1.4	回收流动资金	3373.14															3373.14
2	现金流出	150043.55	4414.09	11001.67	10958.31	10305.79	10305.79	10305.79	10305.79	10305.79	10305.79	10305.79	10305.79	10305.79	10305.79	10305.79	10305.79
2.1	建设投资	4414.09	4414.09	0.00	0.00	0.00	0.00	0.00	0.00	0.00	0.00	0.00	0.00	0.00	0.00	0.00	0.00
2.2	流动资金	3373.14		2720.62	652.52												
2.3	经营成本	134065.61		7806.23	9712.26	9712.26	9712.26	9712.26	9712.26	9712.26	9712.26	9712.26	9712.26	9712.26	9712.26	9712.26	9712.26
2.4	营业税金及附加	8190.71		474.82	593.53	593.53	593.53	593.53	593.53	593.53	593.53	593.53	593.53	593.53	593.53	593.53	593.53
2.5	维持运营投资																
3	所得税前净现金流量（1-2）	33254.06	-4414.09	-601.67	2041.69	2694.21	2694.21	2694.21	2694.21	2694.21	2694.21	2694.21	2694.21	2694.21	2694.21	2694.21	6591.82
4	累计所得税前净现金流量	165953.23	-4414.09	-5015.76	-2974.07	-279.86	2414.35	5108.56	7802.77	10496.98	13191.19	15885.4	18579.61	21273.82	23968.03	26662.24	33254.06
5	调整所得税	10257.41		491.1	690.12	726.94	739.47	739.47	739.47	739.47	739.47	739.47	739.47	793.24	793.24	793.24	793.24
6	所得税后净现金流量（3-5）	22996.65	-4414.09	-1092.77	1351.57	1967.27	1954.74	1954.74	1954.74	1954.74	1954.74	1954.74	1954.74	1900.97	1900.97	1900.97	5798.58
7	累计所得税后净现金流量	9240.27	-4414.09	-5506.86	-4155.29	-2188.02	-233.28	1721.46	3676.20	5630.94	7585.68	9540.42	11495.16	13396.13	15279.1	17198.07	22996.65

计算指标：

项目投资财务内部收益率（%）（所得税前）37.65% 项目投资财务净现值（i=12%）（所得税前）9623.44

项目投资财务内部收益率（%）（所得税后）26.40% 项目投资财务净现值（i=12%）（所得税后）5441.32

项目投资回收期（年）（所得税前）4.1 项目投资回收期（年）（所得税后）5.1

单位：万元

表B10　　项目资本金现金流量表

序号	项 目	合计	\multicolumn{15}{c}{计 算 期 （年）}

序号	项 目	合计	1	2	3	4	5	6	7	8	9	10	11	12	13	14	15
1	现金流入	183297.61	0.00	10400.00	13000.00	13000.00	13000.00	13000.00	13000.00	13000.00	13000.00	13000.00	13000.00	13000.00	13000.00	13000.00	16897.61
1.1	营业收入	179400.00		10400.00	13000.00	13000.00	13000.00	13000.00	13000.00	13000.00	13000.00	13000.00	13000.00	13000.00	13000.00	13000.00	13000.00
1.2	补贴收入																
1.3	回收固定资产余值	524.47															
1.4	回收流动资金	3373.14															
2	现金流出	106196	720.11	11206.97	12732.88	12443.92	11170.64	11170.64	11170.64	11170.64	11170.64	11170.64	11170.64	11170.64	11170.64	11170.64	11224.41
2.1	项目资本金	1732.06	720.11	1011.94													
2.2	借款本金偿还	3800		1120.11	1462.05	1217.85											
2.3	借款利息支付	2150.21		302.77	274.92	193.34	125.38	125.38	125.38	125.38	125.38	125.38	125.38	125.38	125.38	125.38	125.38
2.4	经营成本	134065.61		7806.23	9712.26	9712.26	9712.26	9712.26	9712.26	9712.26	9712.26	9712.26	9712.26	9712.26	9712.26	9712.26	9712.26
2.5	营业税金及附加	8190.71		474.82	593.53	593.53	593.53	593.53	593.53	593.53	593.53	593.53	593.53	593.53	593.53	593.53	593.53
2.6	所得税	10257.41		491.1	690.12	726.94	739.47	739.47	739.47	739.47	739.47	739.47	739.47	739.47	739.47	739.47	739.47
2.7	维持运营投资																
3	净现金流量（1－2）	23101.61	−720.11	−806.97	267.12	556.08	1829.36	1829.36	1829.36	1829.36	1829.36	1829.36	1829.36	1829.36	1829.36	1829.36	1775.59

计算指标：

资本金财务内部收益率（%）52.64%

注： 1. 项目资本金包括用于建设投资、建设期利息和流动资金的资金。

2. 对外商投资项目，现金流出中应增加职工奖励及福利基金科目。

3. 本表适用于新设法人项目与既有法人项目"有项目"的现金流量分析。

表 B13

财务计划现金流量表

单位：万元

序号	项 目	合 计	1	2	3	4	5	6	7	8	9	10	11	12	13	14	15
									计 算 期（年）								
1	经营活动净现金流量(1.1－1.2)	30783.88		1627.85	2004.09	1967.27	1954.74	1954.74	1954.74	1954.74	1954.74	1954.74	1954.74	1900.97	1900.97	1900.97	5798.58
1.1	现金流入	209364.29		11911.11	14888.89	14888.89	14888.89	14888.89	14888.89	14888.89	14888.89	14888.89	14888.89	14888.89	14888.89	14888.89	18786.5
1.1.1	营业收入	179400		10400.00	13000.00	13000.00	13000.00	13000.00	13000.00	13000.00	13000.00	13000.00	13000.00	13000.00	13000.00	13000.00	13000.00
1.1.2	增值税销项税额	26066.68		1511.11	1888.89	1888.89	1888.89	1888.89	1888.89	1888.89	1888.89	1888.89	1888.89	1888.89	1888.89	1888.89	1888.89
1.1.3	补贴收入																	
1.1.4	回收流动资金	3897.61																
1.2	现金流出	178580.41		10283.26	12884.8	12921.62	12934.15	12934.15	12934.15	12934.15	12934.15	12934.15	12934.15	12987.92	12987.92	12987.92	12987.92
1.2.1	经营成本	134065.61		7806.23	9712.26	9712.26	9712.26	9712.26	9712.26	9712.26	9712.26	9712.26	9712.26	9712.26	9712.26	9712.26	9712.26
1.2.2	增值税进项税额	18620.62		1079.46	1349.32	1349.32	1349.32	1349.32	1349.32	1349.32	1349.32	1349.32	1349.32	1349.32	1349.32	1349.32	1349.32
1.2.3	营业税金及附加	8190.71		478.82	593.53	593.53	593.53	593.53	593.53	593.53	593.53	593.53	593.53	593.53	593.53	593.53	593.53
1.2.4	增值税	7446.06		431.65	539.57	539.57	539.57	539.57	539.57	539.57	539.57	539.57	539.57	539.57	539.57	539.57	539.57
1.2.5	所得税	10257.41		491.50	690.12	726.94	739.47	739.47	739.47	739.47	739.47	739.47	739.47	793.24	793.24	793.24	793.24
1.2.6	其他流出																	
2	投资活动净现金流量(2.1－2.2)	－7787.23	－4414.09	－2720.62	－652.52												
2.1	现金流入																	
2.2	现金流出	4414.09	4414.09															
2.2.1	建设投资	4414.09	4414.09															
2.2.2	维持运营投资																	

序号	项目	合计	\multicolumn{15}{c}{计算期（年）}
			1	2	3	4	5	6	7	8	9	10	11	12	13	14	15
2.2.3	流动资金	3373.14		2720.62	652.52													
2.2.4	其他流出																	
3	筹资活动净现金流量（3.1－3.2）	－944.17	4414.09	1267.74	－1114.45	－1441.19	－155.38	－155.38	－155.38	－155.38	－155.38	－155.38	－155.38	－155.38	－155.38	－155.38	－155.38
3.1	现金流入	7893.26	4520.11	2720.62	652.52												
3.1.1	项目资本金投入	1732.06	720.11	1011.94													
3.1.2	建设投资借款	3800.00	3800.00														
3.1.3	流动资金借款	2361.20		1768.68	652.52												
3.1.4	债券																
3.1.5	短期借款																
3.1.6	其他流入																
3.2	现金流出	8837.43	106.02	1452.88	1766.97	1441.19	155.38	155.38	155.38	155.38	155.38	155.38	155.38	155.38	155.38	155.38	2516.58
3.2.1	各种利息支出	2256.23	106.02	302.77	274.92	193.34	125.38	125.38	125.38	125.38	125.38	125.38	125.38	125.38	125.38	125.38	125.38
3.2.2	偿还债务本金	6161.20		1120.11	1462.05	1217.85	0.00	0.00	0.00	0.00	0.00	0.00	0.00	0.00	0.00	0.00	2361.2
3.2.3	应付利润（股利分配）	420.00		30.00	30.00	30.00	30.00	30.00	30.00	30.00	30.00	30.00	30.00	30.00	30.00	30.00	30.00
3.2.4	其他流出																
4	净现金流量（1＋2＋3）	22052.48	106.02	174.97	237.12	526.08	1799.36	1799.36	1799.36	1799.36	1799.36	1799.36	1799.36	1745.59	1745.59	1745.59	3282.00
5	累计盈余资金	22052.48		174.97	412.09	938.17	2737.53	4536.89	6336.25	8135.61	9934.97	11734.33	13533.69	15279.28	17024.87	18770.46	22052.46

注 1. 对于新设法人项目，本表投资活动的现金流入为零。
2. 对于既有法人项目，可适当增加科目。
3. 必要时，现金流出中可增加应付职工奖励与福利基金作为经营活动现金流出。
4. 对于外商投资项目应将福利基金作为经营活动现金流出。

表 B14

资 产 负 债 表

单位：万元

序号	项 目	计算期（年）														
		1	2	3	4	5	6	7	8	9	10	11	12	13	14	15
1	资产	4520.11	9170.84	10253.27	10481.34	11943.69	11424.04	14895.39	16366.74	17838.09	19309.44	20780.79	22361.31	23941.83	25522.35	27102.87
1.1	流动资产总额		5034.03	6444.47	7000.54	8790.90	10599.27	12398.62	14197.98	15997.34	17796.69	19596.05	21341.64	23087.22	24832.81	26578.4
1.1.1	货币资金		26.82	29.94	29.94	29.94	29.94	29.94	29.94	29.94	29.94	29.94	29.94	29.94	29.94	29.94
1.1.2	应收账款															
1.1.3	预付账款		1306.32	1623.99	1623.99	1623.99	1623.99	1623.99	1623.99	1623.99	1623.99	1623.99	1623.99	1623.99	1623.99	1623.99
1.1.4	存货		3470.63	4323.14	4323.14	4323.14	4323.14	4323.14	4323.14	4323.14	4323.14	4323.14	4323.14	4323.14	4323.14	4323.14
1.1.5	其他		230.26	467.4	1023.47	2813.83	4622.20	6421.55	8220.91	10020.27	11819.62	13618.98	15364.57	17110.15	18855.74	20601.33
1.2	在建工程	4520.11														
1.3	固定资产净值		2670.34	2505.27	2340.21	2175.14	2010.07	1845.01	1679.94	1514.87	1349.81	1184.74	1019.67	854.61	689.54	524.47
1.4	无形及其他资产净值		1466.47	1303.53	1140.59	977.65	814.70	651.76	488.82	325.88	162.94	0.00	0.00	0.00	0.00	0.00
2	负债及所有者权益 (2.4+2.5)	4520.11	9170.84	10253.27	10481.34	11943.34	13424.04	10895.39	16366.74	17838.09	19309.44	20780.79	22361.31	23941.83	25522.35	27102.87
2.1	流动负债总额		2083.14	2603.93	2603.93	2603.93	2603.93	2603.93	2603.93	2603.93	2603.93	2603.93	2603.93	2603.93	2603.93	2603.93
2.1.1	短期借款															
2.1.2	应付账款		2083.14	2603.93	2603.93	2603.93	2603.93	2603.93	2603.93	2603.93	2603.93	2603.93	2603.93	2603.93	2603.93	2603.93
2.1.3	预收账款															
2.1.4	其他															
2.2	建设投资借款	3800.00	2679.89	1217.85												
2.3	流动资金借款		1708.68	2361.20	2361.20	2361.20	2361.20	2361.20	2361.20	2361.20	2361.20	2361.20	2361.20	2361.20	2361.20	2361.20
2.4	负债小计 (2.1+2.2+2.3)	3800.00	6471.71	6182.98	4965.13	4965.13	4965.13	4965.13	4965.13	4965.13	4965.13	4965.13	4965.13	4965.13	4965.13	4965.13
2.5	所有者权益	720.11	2699.13	4070.29	5516.21	6987.56	8458.91	9930.26	11401.61	12872.96	14344.31	15815.66	17396.18	18976.7	20557.22	22137.74
2.5.1	资本金	720.11	1732.06	1732.06	1732.06	1732.06	1732.06	1732.06	1732.06	1732.06	1732.06	1732.06	1732.06	1732.06	1732.06	1732.06
2.5.2	资本公积															
2.5.3	累计盈余公积金		149.56	359.73	581.12	806.32	1031.52	1256.72	1481.92	1707.12	1932.32	2157.52	2399.10	2640.68	2882.26	3123.84
2.5.4	累计未分配利润		817.51	1978.50	3203.03	4449.18	5695.33	6941.48	8187.63	9433.78	10679.93	11926.08	13265.02	14603.96	15942.9	17218.84
	计算指标：资产负债率（%）	84.07	70.57	60.3	47.37	41.57	36.99	33.33	30.34	27.83	25.71	23.89	22.20	20.74	19.45	18.32

注：1. 对外商投资项目，第 2.5.3 项改为累计储备基金和企业发展基金。
2. 对既有法人项目，一般只针对法人编制，此时表中资本金是指企业全部实收资本，包括原有和新增的实收资本。必要时也可针对"有项目"范围编制。此时此表中资本金仅指"有项目"范围的对应数值。
3. 货币资金包括现金和累计盈余资金。

表 B15

借款还本付息计划表

单位：万元

序号	项目	合计	计算期（年）														
			1	2	3	4	5	6	7	8	9	10	11	12	13	14	15
1	借款 1																
1.1	期初借款余额	11497.74	3800.00	3800.00	2679.89	1217.85	0.0	0.0	0.0	0.0	0.0	0.0	0.0	0.0	0.0	0.0	0.0
	当期还本付息	4335.57	106.02	1332.15	1611.59	1285.81	0.0	0.0	0.0								
1.2	其中：还本	3800.01	1120.11	1462.05	1217.85	0.0	0.0	0.0	0.0								
	付息	535.56	106.02	212.04	149.54	67.96	0.0	0.0	0.0								
1.3	期末借款余额	7697.69	3800.00	2679.89	1217.8												
2	借款 2																
2.1	期初借款余额																
2.2	当期还本付息																
	其中：还本																
	付息																
2.3	期末借款余额																
3	债券																
3.1	期初债务余额																
3.2	当期还本付息																
	其中：还本																
	付息																
3.3	期末债券余额																
4	借款和债券余额																
4.1	期初余额																
4.2	当期还本付息																
	其中：还本																
	付息																
4.3	期末余额																
计算指标	利息备付率			5.92	8.61	12.39	18.72	18.72	18.72	18.72	18.72	18.72	18.72	20.10	20.10	20.10	20.10
	偿债备付率			0.397	0.687	1.415	15.59	15.59	15.59	15.59	15.59	15.59	15.59	15.16	15.16	15.16	15.16

注　1. 本表与财务报表分析辅助表 B3 "建设期利息估算表"可合二为一。

2. 本表直接适用于新设法人项目，如有多种借款和债券，必要时应分别列出。

3. 对于既有法人项目，在按有项目范围进行计算时，可根据需要增加新增项目范围内原有借款的还本付息计算；在计算企业层次的还本付息时，可根据需要增加项目范围内原有借款还本付息计算；当简化直接进行项目层次的还本付息计算时，可直接按新增数据进行计算。

4. 本表可另加流动资金借款的还本付息计算。

$$资本金净利润率＝年净利润 ／ 项目资本金×100\%$$
$$＝1510.35/1732.05×100\%$$
$$＝87.20\%$$

该项目总投资收益率和资本金净利润率均大于行业标准水平，说明单位投资对国家积累的贡献水平达到了本行业的平均水平。

2. 清偿能力分析

清偿能力分析是通过对借款还本付息估算表 B15、项目总投资使用计划与资金筹措表 B5、资产负债表 B14 的计算，考察项目计算期内各年的财务状况及偿债能力，并计算资产负债率、利息备付率、偿债备付率等指标，详见各表。各种指标均在行业标准的范围内，说明项目的偿债能力强。

偿还借款的资金来源，本案例为简化计算，在还款期间将未分配利润、折旧费、摊销费全部用来还款，但在进行实际项目的还款计算时，可根据项目的实际情况确定。

项目长期借款偿还期（从借款开始算起）为 3.81 年（借款还本付息计划表 B15），能满足贷款机构要求的期限，项目具有偿债能力。

6.5.5 不确定性分析

（1）盈亏平衡分析。以生产能力利用率表示的盈亏平衡点（BEP），其计算公式为：

$$BEP ＝ 年固定总成本 /（年产品营业收入 － 年可变总成本$$
$$－ 年销售税金及附加）×100\%$$
$$＝ 791.51/(13000—9374.14—593.53)×100\%$$
$$＝26.10\%$$

计算结果表明，该项目只要达到设计能力的 26.10\%，也就是年产量达到 261t，企业就可以保本。由此可见，该项目风险较小。

（2）敏感性分析（略）

？ 思考题

1. 财务评价的主要目标是什么？
2. 建设项目财务评价的内容与步骤有哪些？
3. 财务评价有哪些报表？各有什么作用？

 习题

1. 某新建工程项目现金流量如表 6-1 所示。根据表中数据：

（1）作出累计现金流量图；

（2）求静态投资回收期；

（3）求财务内部收益率；

（4）求财务净现值并判别项目是否可行（$i_c＝10\%$）。

表 6 - 1　　　　　　　　　　　　**某新建工程项目现金流量表**　　　　　　　　　　单位：万元

序号	项　　目	合计	计　算　期　（年）						
			1	2	3	4	5	6～14	15
	生产负荷（%）								
1	现金流入				8190	10530	11700	11700×9	11700
1.1	产品销售收入								85.8
1.2	回收固定资产余值								2000
1.3	回收流动资金								
2	现金流出								
2.1	建设投资		1300	860					
2.2	流动资金				1400	400	200	200×9	200
2.3	经营成本				6193.6	7691.2	8440	8440×9	8440
2.4	销售税金及附加				47.1	60.6	67.3	67.3×9	67.3
2.5	增值税				428.4	550.8	612	612×9	612
3	净现金流量								
4	累计净现金流量								

2. 某项目建设期固定资产借款本息之和为 6500 万元，借款偿还期为 5 年，年利率为 10%，用等额偿还本金和利息的方法，列表计算各年偿还本金和利息。

3. 现拟建一个工程项目，第一年末用去投资 1000 万元，第 2 年末又投资 2000 万元，第 3 年末再投资 1300 万元。从第 4 年起，连续 8 年每年年末获利 1100 万元。假定项目残值不计，折现率为 12%，试画出该项目的资金流量图，并求出项目的净现值和内部收益率，判断该项目是否可行。

第 7 章　工程项目的国民经济评价

本章要点

了解财务评价与国民经济评价的区别；正确识别国民经济评价中的效益与费用；熟练运用影子价格、影子汇率和社会折现率进行国民经济评价。

7.1　费用与效益的识别

投资项目的国民经济评价，是把投资项目放到整个国民经济体系中来研究考察，从国民经济的角度来分析、计算和比较国民经济为项目所要付出的全部成本和国民经济从项目中可能获得的全部效益，并据此评价项目的经济合理性，从而选择对国民经济最有利的方案。国民经济评价的主要目的是实现国家资源的优化配置和有效利用，以保证国民经济能够可持续地稳定发展。

7.1.1　国民经济评价的作用及与财务评价的区别

1. 国民经济评价的作用

投资项目经济评价的作用主要体现在以下三方面：

（1）从宏观上实现优化配置国家的有限资源。对于一个国家来说，其用于发展的资源（如人才、资金、土地、自然资源等）总是有限的，资源的稀缺与社会需求的增长之间存在着较大的矛盾，只有通过优化资源配置，使资源得到最佳利用，才能有效地促进国民经济的稳定发展。由于企业的利益并不总是与国家和社会的利益完全一致，所以通过财务评价，是无法确切反映资源是否得到了有效利用，只有通过国民经济评价，才能实现从宏观上引导国家有限经济资源的合理配置，鼓励和促进那些对国民经济有正面影响的项目的发展，抑制和淘汰那些对国民经济有负面影响的项目。

（2）真实地反映工程项目对国民经济的净贡献。在很多发展中国家，由于产业结构不合理、市场体系不健全以及过度保护民族工业等原因，导致国内的价格体系产生较严重的扭曲和失真，不少物品的价格既不能反映价值，也不能反映供求关系。在此情形下，按现行价格计算工程项目的投入与产出，不能正确反映出项目对国民经济的影响的。只有运用能反映物品真实价值的影子价格来计算项目的费用与效益，才能真实反映工程项目对国民经济的净贡献，从而判断项目的建设对国民经济总目标的实现是否有利。

（3）使政府投资决策科学化。通过国民经济评价，合理运用影子价格、影子汇率、社会折现率等参数以及经济净现值、经济内部收益率等指标，有效地引导投资方向，控制投资规模，提高投资质量。对于国家决策部门和经济计划部门来说，应高度重视国民经济评价的结论，把工程项目的国民经济评价作为主要的决策手段，使投资决策科学化。

2. 国民经济评价与财务评价的区别

国民经济评价与财务评价都是通过现金流量表来计算净现值、内部收益率等经济指标，二者都是从项目的成本与收益着手来评价项目的经济合理性以及项目建设的可行性。财务评价和国民经济评价是建设项目经济评价的两个层次，它们相互联系，有共同点又有区别。二者的主要区别是：

（1）评价的角度和基本出发点不同。财务评价是站在项目的层次上，从项目的经营者、投资者、未来的债权人角度，分析项目在财务上能够生存的可能性，分析各方的实际收益或损失，分析投资或贷款的风险及收益；国民经济评价则是站在整个国家和地区的角度，分析投资项目需要国家付出的代价和对国家的贡献，以考察投资行为的经济合理性。

（2）采用的价格不同。财务评价使用的是以现行市场价格体系为基础的市场价格（预测值），国民经济评价使用的是反映资源的真实经济价值，反映机会成本、供求关系以及社会资源稀缺程度的影子价格。

（3）费用和效益的划分不同。财务评价根据项目的实际收支确定项目的效益与费用；国民经济评价则着眼于项目实际耗费的全社会有用资源以及项目向社会贡献的有用产品来计算项目的效益与费用。

（4）采用的主要参数不同。财务评价采用的是官方汇率和行业基准收益率；国民经济评价采用的是由国家统一测定和颁布的影子汇率和社会折现率。

7.1.2 费用效益识别

正确地识别费用与效益，是保证国民经济评价正确的前提。费用效益分析是指从国家和社会的宏观利益出发，通过对投资项目的费用和经济效益进行系统地识别和分析，求得投资项目的经济净收益，并以此来评价投资项目可行性的一种方法。费用效益分析的核心是通过比较各种备选方案的全部预期效益和全部预计费用的现值来评价这些方案，并以此作为决策的参考依据。项目的效益是对项目的正贡献，而费用则是对项目的反贡献，或者说是对项目的损失。

费用与效益的识别原则为：凡是工程项目使国民经济发生的实际资源消耗，或者国民经济为工程项目付出的代价即为费用；凡是工程项目对国民经济发生的实际资源产出与节约，或者对国民经济作出的贡献即为效益。

1. 直接效益和直接费用

直接效益是指项目产出物的直接经济价值。一般表现为增加该种产出物数量满足国内需求的效益；替代其他相同或类似企业的产出物，致使原有企业减停产导致国家有用资源耗费减少的效益；增加出口（或减少了总进口）所增收（或节支）的外汇效益。

直接费用是指项目投入物的直接经济价值，一般表现为其他项目为供应本项目投入物而扩大生产规模所耗用的资源费用；减少对其他项目（或最终消费者）投入物的供应而放弃的效益；增加进口（或减少出口）所耗用（或减收）的外汇效益。

2. 间接效益和间接费用

间接效益是指工程项目对国民经济作出了贡献，但在直接效益中未得以反映的部分，例如技术扩散效果、项目对自然环境造成的损害、项目对上下游企业带来的相邻效果等。工程项目的间接效益和间接费用统称为外部效果。对于显著的外部效果应做定量分析，计入项目的总收益和总费用中，不能定量的，应尽可能作定性描述。

3. 转移支付

项目与各种社会实体之间的货币转移，如国内借款利息、缴纳的税金以及财政补贴等一般并不发生资源的实际耗用和增加，而仅仅是资源的使用权在不同的社会实体之间的一种转移称为转移支付，不列为项目的费用或效益。

（1）税金。税金是政府调节分配和供求关系的重要手段，在财务评价中，税金显然是工程项目的一种费用。但从国民经济整体来看，它仅仅表示项目对国民经济的贡献从纳税人那里转移到了政府手中，由政府再分配。所以税金只是一种转移支付，不能计为国民经济评价中的费用或效益。如所得税、增值税、土地税等。

（2）利息。利息是利润的一种转化形式，在财务评价现金流量表中是费用，从国民经济整体来看，项目向国内银行等金融机构支付的贷款利息和获得的存款利息，并不会导致资源的增减，因此也不能计为国民经济评价中的费用或效益。但国外借款的利息除外。

（3）补贴。补贴是一种货币流动方向与税收相反的转移支付。补贴虽然使工程项目的财务收益增加，但同时也使国家财政收入减少，实质上仍然是国民经济中不同实体之间的货币转移，整个国民经济并没有因此发生变化。因此，补贴也不是国民经济评价中的费用或效益。

7.1.3 国民经济评价步骤与内容

1. 国民经济评价的步骤

对于一般工程项目，国民经济评价是在财务评价的基础上进行的，其主要步骤为：识别国民经济的效益和费用、测算和选取影子价格、编制国民经济评价报表、计算国民经济评价指标并进行方案比选。

2. 国民经济评价的内容

综上所述，国民经济评价的内容包括国民经济盈利能力分析以及对难以量化的外部效果和无形效果的定性分析，对于外资项目还要求进行外汇效果分析。

7.2 国民经济评价中的有关参数

1. 影子价格

在我国和大多数发展中国家，由于经济机制、经济政策、社会和历史的原因，都或多或少地存在着产品市场价格与实际价值严重脱节甚至背离。而在计算工程项目的费用和效益时，都需要使用各类产品的价格，若价格失真，则必将影响到项目国民经济评价的可靠性和科学性，导致决策失误。

影子价格是一种能够反映社会效益和费用的合理价格，它是在社会经济处于某种最优状态时，供应与需求达到均衡时的产品和资源的价格。从理论上说可以通过数学规划的方法求得，即影子价格是一种用数学方法计算出来的最优价格。根据国家发展和改革委员会和中华人民共和国建设部颁布的《建设项目经济评价方法与参数》（第3版）规定，通常将项目的投入物和产出物区分为外贸货物、非外贸货物和特殊投入物等三种类型，采用不同的思路确定其影子价格。

（1）对于外贸货物，其投入物或产出物影子价格的计算公式为：

$$出口产出的影子价格（出厂价）＝离岸价×影子汇率－出口费用 \qquad (7-1)$$

$$进口投入的影子价格（到厂价）＝到岸价×影子汇率＋进口费用 \qquad (7-2)$$

【例 7-1】 某货物 A 进口到岸价为 100 美元/t，某货物 B 出口离岸价也为 100 美元/t，用影子价格估算的进口费用和出口费用分别为 50 元/t 和 40 元/t，影子汇率 1 美元＝7.9 元（人民币），试计算货物 A 的影子价格（到厂价）以及货物 B 的影子价格（出厂价）。

根据规定计算结果如下：

$$货物 A 的影子价格＝100×7.9＋50＝840 （元/t）$$

$$货物 B 的影子价格＝100×7.9－40＝750 （元/t）$$

（2）对于非外贸货物，其投入或产出的影子价格应根据下列要求计算：

1）如果项目处于竞争性市场环境中，应采取市场价格作为计算项目投入或产出的影子价格的依据。

2）如果项目的投入或产出的规模很大，项目的实施将足以影响其市场价格，导致"有项目"和"无项目"两种情况下市场价格不一致，在项目评价中，取二者的平均值作为测算影子价格的依据。

3）投入与产出的影子价格中流转税按下列原则处理：

①对于产出物，增加供给满足国内市场供应的，影子价格按意愿确定，含流转税；顶替原有市场供应的，影子价格按机会成本确定，不含流转税。

②对于投入物，用新增供应来满足项目的，影子价格按机会成本确定，不含流转税；挤占原有市场需求来满足项目的，影子价格按支付意愿确定，含流转税。

③再不能判别产出或投入是增加供给还是挤占（替代）原有供给的情况下，可简化处理为产出物的影子价格一般包含流转税，投入物的影子价格一般不含实际流转税。

（3）如果项目的产出效果不具有市场价格，应遵循消费者支付意愿和（或）接受补偿意愿的原则，测算其影子价格。

（4）特殊投入物的影子价格应按以下方法估算：

1）劳动力的影子价格——影子工资。劳动力作为一种资源，项目使用了劳动力，社会要为此付出代价，国民经济评价中用"影子工资"来表示这种代价。影子工资是指项目使用了劳动，社会为此付出的代价，包括劳动力的机会成本和劳动力转移而引起的新增资源消耗。

2）土地影子价格。土地是一种重要的资源，项目占用的土地无论是否支付费用，均应根据土地的机会成本或消费者支付意愿计算其影子价格。

【例 7-2】 某项目拟占用农业用地 1000 亩，该地现行用途为种植水稻。经调查，该地的各种可行的替代用途最大净效益为 6000 元（采用影子价格计算的 2006 年每亩土地年净效益）。在项目计算期 20 年内，估计该最佳可行替代用途的年净效益按平均 2% 递增的速度上升。项目预计 2007 年开始建设，社会折现率为 8%。

根据规定计算结果如下：首先计算每亩土地的机会成本＝6000× （1＋2%）²× ［1－(1＋2%)²⁰ (1＋8%)⁻²⁰］ / （8%－2%）＝70871 （元）

然后计算占用 1000 亩的土地的机会成本为：70870×1000＝7087（万元）

3）自然资源影子价格。项目投入的自然资源，无论在财务上是否付费，在国民经济评价中都必须测算其经济费用。不可再生自然资源的影子价格应按资源的机会成本计算；可再生自然资源的影子价格应按资源再生费用计算。

2. 影子汇率

影子汇率指单位外汇的经济价值，区分于外汇的财务价格和市场价格。是指项目在国民经济评价中，将外汇换算为本国货币的系数。它能够正确反映外汇对于国家的真实价值。影子汇率代表着外汇的影子价格。影子汇率是一个重要的国民经济评价参数，由国家统一测定发布，并且定期调整。目前我国发布的是影子汇率换算系数。《建设项目经济评价方法与参数》（第 3 版）中影子汇率换算系数取值为 1.08。在项目经济评价中，将外汇牌价乘以影子汇率换算系数即得影子汇率。

3. 社会折现率

经济评价社会折现率代表着社会投资所应达到的最低收益水平，它反映了对于社会费用效益价值的时间偏好，即对资金机会成本和资金时间价值的估量。在实际中，国家根据宏观调控意图和现实经济状况，制定发布统一的社会折现率，以利于统一评价标准。《建设项目经济评价方法与参数》（第 3 版）中推荐社会折现率为 8％。

社会折现率作为国民经济评价中的一项重要参数，是国家评价和调控投资活动的重要经济杠杆之一。在项目评价中作为计算经济净现值的折现率，并作为经济内部收益率的判据，只有经济内部收益率大于社会折现率的项目才可行。

7.3　国民经济评价报表编制

7.3.1　国民经济评价的主要报表

1. 工程项目投资经济费用效益流量表

项目投资经济费用效益流量表（见表 7－1）以全部投资作为计算的基础，用以综合反映项目计算期内各年的按项目投资口径计算的各项经济效益与费用及净效益流量，并可用来计算项目投资经济净现值和经济内部投资收益率指标，考察项目的可行性。

表 7－1　　　　　　　　　　项目投资经济费用效益流量表　　　　　　　　单位：万元

序号	项　　目	合　计	计　算　期				
			1	2	3	…	n
1	效益流量						
1.1	项目直接效益						
1.2	资产余值回收						
1.3	项目间接效益						
2	费用流量						
2.1	建设投资（不含建设期利息）						
2.2	维持运营投资						

序号	项 目	合 计	计 算 期				
			1	2	3	⋯	n
2.3	流动资金						
2.3	经营费用						
2.4	项目间接费用						
3	净效益流量（1－2）						

计算指标：经济净现值（$i_s=8\%$）；经济内部收益率（%）

2. 国内投资经济费用效益流量表

如果项目有国外投资或国外借款，需要编制国内投资经济费用效益流量表（见表7-2），用以综合反映项目计算期内各年按国内投资口径计算的各项经济效益与费用流量及净效益流量。

表7-2　　　　　　　　　　**项目国内投资经济费用效益流量表**　　　　　　　单位：万元

序号	项 目	合 计	计 算 期				
			1	2	3	⋯	n
1	效益流量						
1.1	项目直接效益						
1.2	资产余值回收						
1.3	项目间接效益						
2	费用流量						
2.1	建设投资中国内资金（不含建设期利息）						
2.2	流动资金中国内资金						
2.3	经营费用						
2.4	流至国外的资金						
2.4.1	国外借款本金偿还						
2.4.2	国外借款利息偿还						
2.4.3	其他						
2.5	项目间接费用						
3	净效益流量（1－2）						

计算指标：国内投资经济净现值（$i_s=8\%$）；经济内部收益率（%）

3. 经济费用效益分析投资费用估算调整表

在财务分析基础进行经济费用效益流量的识别和计算时，经济费用效益分析投资费用估算调整表（见表7-3）用影子价格和影子汇率调整财务分析表中的建设投资各项，并剔除其费用中的转移支付项目。

表 7-3 　　　　　　　　经济费用效益分析投资费用估算调整表　　　　　　　　单位：万元

序号	项　目	财务分析			经济费用效益分析			经济费用效益分析比财务评价增减
		外币	人民币	合计	外币	人民币	合计	
1	建设投资							
1.1	建筑工程费							
1.2	设备工器具购置费							
1.2.1	进口设备							
1.2.2	国产设备							
1.3	安装工程费							
1.3.1	进口材料及费用							
1.3.2	国产材料及费用							
1.4	工程建设其他费用							
1.4.1	其中：土地费用							
1.4.2	专利及专有技术费							
1.5	基本预备费							
1.6	涨价预备费							
1.7	建设期利息							
2	流动资金							
	项目投入总资金 （1＋2）							

注　1. 固定资产投资方向调节税已经暂停征收，目前表中没有此项目。
　　2. 若投资费用是通过直接估算得到的，本表应略去财务分析的相关栏目。

4. 经济费用效益分析经营费用估算调整表

在财务分析基础进行经济费用效益流量的识别和计算时，经营费用可采取以下方式调整计算：对需要采用影子价格的投入物，用影子价格重新计算；对一般投资项目，人工工资可不予调整，即取影子工资换算系数为 1；人工工资用外币计算的，应按影子汇率调整；对经营费用中的除原材料和燃料动力费用之外的其余费用，通常可不予直接调整，但有时由于取费基数的变化引起其经济数值会与财务数值略有不同。经济费用效益分析经营费用估算调整表（见表 7-4）。

表 7-4 　　　　　　　　经济费用效益分析经营费用估算调整表　　　　　　　　单位：万元

序号	项目	单位	投入量	财务分析		经济费用效益分析	
				单价	年费用	单价	年费用
1	外购原材料						
1.1	原材料 A						
1.2	原材料 B						
1.3	…						
2	外购燃料与动力						
2.1	电						
2.2	水						

序号	项目	单位	投入量	财务分析		经济费用效益分析	
				单价	年费用	单价	年费用
2.3	煤						
2.4	重油						
2.5	…						
3	工资及福利费						
4	修理费						
5	财务费						
6	其他费用						
	其中：土地使用费						
	合计						

注 1. 经营年费用应按负荷不同分年调整估算。

2. 若投资费用是通过直接估算得到的，本表应略去财务分析的相关栏目。

5. 经济费用效益分析营业收入估算调整表

在财务分析基础上进行经济费用效益流量的识别和计算时，对于具有市场价格的产出物，以市场价格为基础计算营业收入影子价格；对没有市场价格的产出效果，以支付意愿或接受补偿意愿的原则计算营业收入影子价格。经济费用效益分析营业收入估算调整表（见表7-5）。

表7-5　　　　　　　　　　　　　**经济费用效益分析销售收入估算调整表**　　　　　　　　　　单位：万元

序号	产品名称	计算单位	年产出量			财务分析				经济费用效益分析				合计
			内销	外销	合计	内销		外销		内销		外销		
						单价	销售收入	单价	销售收入	单价	销售收入	单价	销售收入	
1	投产第1年负荷甲产品乙产品小计													
2	投产第2年负荷甲产品乙产品小计													
3	投产第3年负荷甲产品乙产品小计													
	合计													

注 销售收入应按负荷不同分年调整估算。

6. 项目直接效益估算调整表

表7-6　　　　　　　　　　　　　　　**项目直接效益估算调整表**　　　　　　　　　　　单位：万元

产出物名称		投产第一期负荷（%）				…	正常生产年份（%）			
		甲产品	乙产品	…	小计		甲产品	乙产品	…	小计
年产出量	计算单位									
	国内									

产出物名称			投产第一期负荷（%）				···	正常生产年份（%）			
			甲产品	乙产品	···	小计		甲产品	乙产品	···	小计
年产出量	国际										
	合计										
财务分析	国内市场	单价（元）									
		现金收入									
	国际市场	单价（美元）									
		现金收入									
经济费用效益分析	国内市场	单价（元）									
		直接效益									
	国际市场	单价（美元）									
		直接效益									
合计（万元）											

注 若直接效益是通过直接估算得到的，本表应略去财务分析的相关栏目。

7. 项目间接效益估算调整表

表 7 – 7   **项目间接效益估算表**   单位：万元

序号	项 目	合 计	计 算 期					
			1	2	3	4	···	n

8. 项目间接费用估算调整表

表 7 – 8   **项目间接费用估算表**   单位：万元

序号	项 目	合 计	计 算 期					
			1	2	3	4	···	n

7.3.2 国民经济评价中的调整内容

1. 在财务评价基础上编制国民经济效益费用流量表

在财务分析基础上编制经济分析报表，主要包括效益和费用范围调整和数值调整方面内容：

（1）剔除转移支付。将财务现金流量表中列支的国内借款利息、补贴、税金等。

（2）计算外部效益与外部费用。根据项目的具体情况，分析项目的重要的外部效果，需要采用什么方法估算，并保持费用效益计算口径一致。

（3）调整建设投资。用影子价格、影子汇率、影子工资和土地影子费用调整构成的各项费用，剔除涨价预备费、税金、国内借款建设期利息等转移支付项目。

（4）调整流动资金。流动资金中的应收、应付款项及现金的占用，只是财务会计账目上的资产或负债占用，并没有实际耗用经济资源，国民经济评价应从流动资金中剔除。

（5）调整销售收入。用影子价格调整计算项目产出物的销售收入，编制经济效益费用分析销售收入调整计算表。

2. 直接编制国民经济效益费用流量表

有些行业的项目可能需要直接进行国民经济评价，判断项目的经济合理性。这种情况下，可按以下步骤直接编制国民经济效益费用流量表：

（1）确定国民经济效益、费用的计算范围，包括直接效益、直接费用和间接效益、间接费用。

（2）测算各种主要投入物和产出物的影子价格并在此基础上对各项国民经济效益费用进行估算。

（3）编制项目投资经济费用效益流量表。

7.4 国民经济评价指标

国民经济评价主要是进行经济盈利能力的分析上，其基本评价指标为经济内部收益率和经济净现值。此外，还可以根据需要和可能计算间接费用和间接效益，纳入费用和效益流量中，对难以量化的间接费用、间接效益进行定性分析。

1. 经济净现值（ENPV）

经济净现值（ENPV）是指用社会折现率将项目计算期内各年的净效益流量折算到建设期初的现值之和。是经济效益费用分析的主要评价指标，其计算式为

$$ENPV = \sum_{t=1}^{n} (B-C)_t (1+i_s)^{-t} \tag{7-1}$$

式中 B——经济效益流量；

C——经济费用流量；

$(B-C)_t$——第 t 年的净效益流量；

n——项目的计算期（年）；

i_s——社会折现率。

在经济费用效益分析中，当经济净现值不小于 0 时，表示项目可以达到符合社会折现率的社会盈余，认为该项目从经济资源配置的角度可以被接受。反之，则应拒绝。

2. 经济内部收益率（EIRR）

经济内部收益率是项目在计算期内经济净效益流量的现值累计等于 0 时的折现率，它是反映工程项目对国民经济净贡献的相对指标，也表示工程项目占用资金所获得的动态收益率。其计算式为

$$\sum_{t=1}^{n} (B-C)_t (1+EIRR)^{-t} = 0 \tag{7-2}$$

式中 $EIRR$——经济内部收益率；

其他同上式。

经济内部收益率不小于社会折现率，表明工程项目对国民经济净贡献超过或者达到要求的水平，应认为项目可以被接受。

7.5 国民经济评价案例

【例 7-3】 某大型投资项目有多种产品，大部分产品的市场价格可以反映其经济价值。其中的主要产品甲，年产量为 20 万 t，产量大，但市场空间不够大。该项目市场销售收入总计估算为 760000 万元（含增值税），适用的增值税税率为 17%。当前产品甲的市场价格为 22000 元/t（含增值税）。据预测，项目投产后，将导致产品甲市场价格下降20%，且很可能挤占国内原有厂家的部分市场份额。假设其他产品价格不做调整，试对该项目进行国民经济评价。

解 （1）由于该项目是大型资源加工利用项目，主要产品涉嫌垄断，要求进行经济费用效益分析，判定项目经济合理性。按照前述产出物影子价格的确定原则和方法，该产品甲的影子价格应按机会成本确定，可按不含税的市场价格作为其机会成本。

按照市场定价的非外贸货物影子价格确定方法，采用"有项目"和"无项目"价格的平均值确定影子价格：

$$[22000+22000×（1-2\%）] /2/（1+17\%）=16923 （元/t）$$

调整后的年营业收入 $=760000-20×（22000-16923）=658460 （万元）$

该项目的直接经济效益为 658460 万元。

（2）将建设投资中的涨价预备费剔除，建设投资费用中的劳动力按影子工资计算费用，土地费用按土地的影子价格调整，其他投入可根据情况决定是否调整。有进口用汇的应按影子汇率换算并剔除作为转移支付的进口关税和进口环节增值税。该项目建设投资财务数值以及调整后的经济数值列入表 7-9 中。

表 7-9 　　　　　　　　项目经济费用效益分析投资费用估算调整表

序号	项　目	财务分析			经济费用效益分析		
		外币（万美元）	人民币（万元）	合计（万元）	外币（万美元）	人民币（万元）	合计（万元）
1	建设投资	81840	746046	1425317	80595	695848	1418302
1.1	建筑工程费	0	131611	131611	0	126347	126347
1.2	设备工器具购置费	45450	178884	556119	45450	178884	586298
1.3	安装工程费	11365	152368	246697	11365	152368	254244
1.4	工程建设其他费用	17220	180191	323117	17220	180191	334551
1.4.1	其中：土地费用	0	57353	57353	0	57353	57353
1.4.2	专利及专有技术费	8250	0	68475	8250	0	73953
1.5	基本预备费	6560	58573	113021	6560	58058	116862
1.6	涨价预备费	1245	44419	54752	0	0	0

调整说明如下：

1）外币部分按影子汇率换算成人民币。

2）因建筑市场材料市场供应紧张，建筑材料影子价格按市场价格确定（含增值税），既不予调整其财务数值；对其中的非技术劳动力费用采用影子工资换算系数调整。

3）同样，国内设备费影子价格也按市场价格（含增值税），既不予调整其财务数值；由于该项目享受免税进口关税和进口环节增值税的优惠政策，其财务数值中不包含进口关税和进口增值税，因此国内设备的经济数值与财务数值相同，只是将外币部分采用影子汇率换算系数有所不同。

4）安装工程费的调整方法同设备费。

5）工程建设其他费用中，由于是按市场价格购买开发区的土地使用权，因此土地的经济数值等同于财务数值；专利与专有技术费用采用影子汇率换算为人民币；其他各项未予调整。

6）基本预备费费率不变，按调整后的数值重新计算。

7）剔除涨价预备费。

（3）国内借款的建设期利息不作为费用流量，来自国外的外汇贷款利息需按影子汇率换算，用于计算国外资金流量。本项目假设没有来自国外的外汇贷款利息。

（4）调整经营费用。该项目主要原材料紧缺，按照消费者支付意愿，用含税市场价格作为影子价格，其他原材料和燃料动力按机会成本，用不含税价格作为影子价格，经营费用中的其他科目不做调整。调整后的经营费用见表7-10。

表7-10　　　　　　　　　项目经济费用效益分析经营费用估算调整表　　　　　　　　单位：万元

序号	项目	财务分析	经济费用效益分析	序号	项目	财务分析	经济费用效益分析
1	外购原材料	355813	353323	4	修理费	33823	33823
2	外购燃料与动力	59687	52014	5	其他费用	49135	49135
3	工资及福利费	25240	25240		合计	523698	513535

注　外购原材料和外购燃料及动力的财务数值中含进项税额。

（5）调整流动资金。如果财务分析中流动资金是采用扩大指标法估算的，经济分析中可仍按扩大指标法估算，但需要将计算基数调整以影子价格计算的营业收入或经营费用，再乘以相应的系数估算。如果财务分析中流动资金是按分项详细估算法估算的，在剔除了现金、应收账款和应付账款后，剩余的存货部分要用影子价格重新分项估算。

项目达产年流动资金财务数值见表7-11，按照上述方法调整计算后，其经济数值列入表7-11。

表7-11　　　　　　　　　　　　　　项目流动资金调整表　　　　　　　　　　　　单位：万元

序号	项目	财务分析	经济费用效益分析	序号	项目	财务分析	经济费用效益分析
1	流动资产	153486	67160	2	流动负债	40421	0
1.1	应收账款	79188	0	2.1	应付账款	40421	0
1.2	存货	68100	67160	3	流动资金	113065	67160
1.3	现金	6198	0				

（6）成本费用中的其他科目一般可不予调整。在以上各项的基础上编制项目经济费用效益流量（见表7-12）。依据该表数据计算的经济内部收益率为5.3%，经济净现值为－236887万元。不能满足8%的社会折现率的要求，从资源配置效率角度，该项目不具经济合理性。

表 7-12　　　　　　　　　　项目投资经济费用效益流量表　　　　　　　　　单位：万元

序号	项 目	计 算 期（年）						
		1	2	3	4	5	6～18	19
1	效益流量					658460	658460	885864
1.1	项目直接效益					658460	658460	658460
1.2	回收固定资产余值							160244
1.3	回收流动资金							67160
1.4	项目间接效益							
2	费用流量	212745	354575	496406	354575	580695	513535	513535
2.1	建设投资	212745	354575	496406	354575			
2.2	流动资金					67160		
2.3	经营费用					513535	513535	513535
2.4	项目间接费用							
3	净效益流量	－212745	－354575	－496406	－354575	77765	144925	372329

计算指标：

项目投资经济内部收益率：5.3%

项目投资经济净现值（$i_s=8\%$）：－236887万元

? 思考题

1. 什么是建设项目的国民经济评价？它与财务评价有何异同？

2. 国民经济评价中费用与效益的识别原则有哪些？

3. 在国民经济评价的费用与效益中，哪些项目属于转移支付？如何认识转移支付？

4. 什么是影子价格？为什么国民经济评价中要使用影子价格？

第8章 建设项目的可行性研究

　　了解建设项目可行性研究的阶段划分、工作程序及研究内容；掌握建设项目的投资估算方法；了解建设项目的融资方式，掌握资金成本的计算方法；了解项目后评价的内容。

8.1 可行性研究概述

8.1.1 建设项目及建设程序

1. 建设项目的含义

项目（Project）是指在明确的时间、预算、工作范围内达到预定目标的一次性活动。

广义的项目概念泛指一切符合项目定义，具备项目特点的一次性任务（或活动），如设备的大修或技术改造、新产品的开发、计算机软件开发、应用科学研究等，都可以作为项目。狭义的项目概念，一般专指工程建设项目，如建造一座大楼、修一条公路、兴建一座水电站等，都是具有质量、投资、工期要求，以形成固定资产为目标的一次性工程建设任务。

按照现行规定，工程建设项目，亦称建设项目（Construction Project），是指在一个总体设计或初步设计范围内，由一个或几个单项工程所组成，经济上实行统一核算，行政上实行统一管理的建设单位。

2. 建设项目的分类

建设项目的分类有多种，常见的分类有以下 5 项。

（1）按建设性质可分为：新建项目、扩建项目、改建项目、迁建项目、恢复项目等。

（2）按建设规模可分为：大型项目、中型项目和小型项目。

（3）按建设过程可分为：筹建项目、在建项目、投产项目、收尾项目、停缓建项目等。

（4）按项目在国民经济中的作用可分为：生产性项目和非生产性项目。

（5）按投资主体可分为：国家投资建设项目、企业投资建设项目、利用外资项目、企业联合投资项目等。

3. 建设项目的基本建设程序

基本建设程序，是指建设项目从规划、设想、选择、评估、决策、设计、施工到竣工投产交付使用的整个建设过程中各项工作必须遵循的客观先后顺序。

一个建设项目从计划建设到建成投产，一般要经过投资决策、建设实施和交付使用三个阶段。每个阶段包含了特定的步骤和工作内容（如图 8-1 所示），建设项目的基本建设程序反映了工程建设的客观规律，是确保工程项目按设计建设的重要保证。

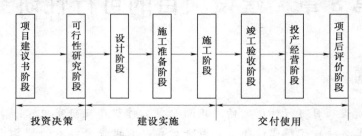

图 8-1　建设项目基本程序示意图

（1）项目建议书。项目建议书，又称立项申请，是由项目建设单位对拟建项目提出的建议性文件，是一个框架性的总体设想。主要是为确定拟建项目是否有必要建设、是否具备建设的条件、是否需要再作进一步的研究论证工作提供依据。

项目建议书的主要内容应包括：项目提出的必要性和依据；拟建规模和建设地点的初步设想；资源情况，建设条件等的初步分析；投资估算和资金筹措设想；项目进度安排；经济效益和社会效益的初步估计等。大中型新建项目和限额以上的大型扩建项目，在上报项目建议书时必须附上初步可行性研究报告。项目建议书报经有审批权限的部门批准后即可立项。

（2）可行性研究。项目立项后，建设单位可委托有相应资质的设计、咨询单位，根据批准的项目建议书，在详细可行性研究的基础上，编制可行性研究报告。这个阶段的工作是对拟建项目在技术、经济和外部协作条件等方面的可行性，进行全面分析、论证，进行方案比较，推荐最佳方案。主要作用是论述其建设的必要性、技术上的可行性和经济上的合理性，为项目投资决策提供科学依据。可行性研究报告经过有关部门的项目评估和审批决策，获得批准后即为项目决策。

（3）设计阶段。可行性研究报告获得批准后，项目法人委托有相应资质的设计单位，按照批准的可行性研究报告的要求，编制初步设计。一般工程项目可采用初步设计和施工图设计的二段设计，对于大型、复杂或缺乏经验的项目，可根据不同行业的特点和要求进行初步设计、技术设计和施工图设计的三段设计；并相应编制初步设计总概算，修正总概算和施工图预算。初步设计文件要满足施工图设计、施工准备、土地征用、项目材料和设备订货的要求；施工图设计应能满足建筑材料、构配件及设备的购置和非标准构配件及非标准设备的加工。

1）初步设计。可行性研究报告获得批准后，设计单位根据可行性研究报告的要求所做的具体实施方案。初步设计的内容依项目的类型不同而有所变化，一般来说，它是项目的宏观设计，即项目的总体设计、布局设计，主要的工艺流程、设备的选型和安装设计，并确定土建工程量，编制项目总概算。

2）技术设计。又称扩大初步设计，是根据初步设计和更详细的调查研究资料编制的，进一步解决初步设计中的重大技术问题，如工艺流程、建筑结构、设备选型及数量确定等，以使建设项目的设计更具体、更完善，技术经济指标更好。在技术设计阶段应在概算的基础上修正概算。

3）施工图设计（详细设计）。根据批准的初步设计，绘制出正确、完整和尽可能详细的建筑、安装图纸，应完整地表现建筑物外形、内部空间分割、结构体系、构造状况以及建筑群的组成和周围环境的配合，具有详细的构造尺寸。施工图设计还包括各种运输、通讯、管道系统、建设设备的设计。在施工图设计阶段编制施工图预算。

（4）建设实施阶段。建设实施阶段主要进行施工前的准备、组织施工和竣工前的生产准备。该阶段的主要任务是按照设计要求，保质保量按时完成建设任务。

完成项目开工建设前的各项准备工作：包括征地拆迁和通水、电、路等"三通一平"工作；组织设备、材料订货；资金落实，对外谈判；招标投标，选定施工单位；开工报告及其批准文件等。

项目经批准开工建设后，便进入施工阶段。施工安装活动应按照工程设计要求、施工合同条款及施工组织设计，在保证工程质量、工期、成本及安全、环保等目标的前提下进行，达到竣工验收标准后，由施工单位移交给建设单位。

生产准备是生产性项目投产前由建设单位进行的一项重要工作。它是衔接建设和生产的桥梁，是项目建设转入生产经营的必要条件。建设单位需适时地组织专门班子或机构，有计划地做好生产准备工作，包括组建生产管理机构，制定管理制度和有关规定；招收并培训生产人员，组织生产人员参加设备的安装、调试和工程验收；落实原料、材料、协作产品、燃料、水、电等来源、运输和其他需协作配合的条件；进行工具、器具、备品、备件等的制造或订货等。

（5）竣工验收阶段。项目竣工验收要按照设计文件有关技术经济要求，检验工程是否达到了设计的要求，是否可以移交生产运营。包括联动试车、指标考核、竣工验收等。竣工验收工作一般可分为单项工程验收和整个项目验收两个阶段，由建设单位和主管部门按规定组织验收。

（6）项目后评价阶段。项目后评价阶段是在项目建成投入运营后，对照项目立项、可研、设计提出的主要技术经济指标来评价项目的效益、作用和影响，分析项目目标的实现程度。项目后评价应从立项到项目运行全过程总结项目经验教训，编制项目后评价报告。

8.1.2 可行性研究的概念

可行性研究（Feasibility Study）是项目投资前期工作的重要内容，是实现建设项目技术上先进、经济上合理、建设上可行的一种科学方法。

主要任务是对拟建项目有关的技术、经济、社会、环境等各方面进行深入细致的调查研究；对项目各种可能的拟建方案进行全面的技术经济分析与比较论证；对项目建成后的经济效益、社会效益、环境效益等进行科学的预测和评价。据此提出该项目是否投资建设，以及选定最佳投资建设方案等结论性意见，为项目投资提供决策依据。

可行性研究工作最早是在 20 世纪 30 年代美国在开发田纳西河流域时开始试行，作为流域开发规划的重要阶段，可行性研究使得工程建设稳步发展，经济效益极为显著。在第二次世界大战后，由于科学技术和经济发展的需要，可行性研究在大型工程建设项目中得到广泛应用，成为投资项目决策前的一个重要工作阶段。特别是在 20 世纪 60 年代以后，逐步形成了一套完整系统的科学研究方法，它的应用范围逐渐扩大。

我国自 1979 年开始，在总结新中国成立 40 年来经济建设经验教训的基础上，引进了可行性研究，并将其用于项目建设前期的技术经济分析。1981 年，国家计划委员会正式发布文件，明确规定："把可行性研究作为建设前期工作中一个重要技术经济论证阶段，纳入基本建设程序。"1983 年又下达了《关于建设项目进行可行性研究的试行管理办法》，进一步明确了可行性研究的编制程序、内容和评审方法，把可行性研究作为编制和审批项目设计任务书的基础和依据。国家计划委员会于 1987 年、1993 年（其中 1993 年是与中华人民共和国建设部联合颁发的）颁发了《建设项目经济评价方法与参数》第 1 版、第 2 版。在认真总结前面实施经验的基础上，2006 年 7 月由国家发展和改革委员会和中华人民共和国建设部发布了《建设项目经济评价方法与参数》（第 3 版），用于指导各类建设项目的经济评价工作。

8.1.3 可行性研究的作用

（1）作为经济主体投资决策的依据。

（2）编制设计文件、进行施工准备的依据。

（3）作为筹集资金和向银行申请贷款的依据。

（4）作为建设单位与各协作单位签订合同或协议的依据。

（5）作为环保部门、地方政府和规划部门审批，申请建设许可证的依据。

8.1.4 可行性研究的阶段划分

可行性研究作为项目决策阶段的工作，可以划分为三个阶段：机会研究、初步可行性研究和详细可行性研究。由于工作深度和掌握的资料不同，各阶段工作是循序渐进，研究内容由浅入深，对建设项目投资和成本估算的精确程度也由粗到细。可行性研究的三个阶段要根据建设项目的规模、性质、要求和复杂程度的不同而有所侧重，具体见表 8-1。

表 8-1 可行性研究各阶段工作的要求

阶　段	机 会 研 究	初步可行性研究	详细可行性研究
解决的问题	1. 社会是否需要； 2. 有没有开展项目的基本条件	1. 确定是否进行详细可研； 2. 需要进行辅助性专题研究的关键问题	1. 提出建设方案； 2. 效益分析和最终方案选择； 3. 确定项目投资的最终可行性和选择依据标准
精度	≤±30%	≤±20%	≤±10%
需要时间	1～3 月	4～6 月	8～12 月或更长
研究费用 （占投资的比例）	0.2%～1%	0.25%～1.25%	大项目 0.2%～1% 小项目 1%～3%

1. 机会研究

机会研究主要是在一定的区域环境内，结合资源情况、市场预测和国家、地区、行业的相关政策，为投资者寻找最有利的投资机会，并提出项目。

机会研究比较粗略，一般根据类似项目的投资额及生产成本来估算本项目的投资额与生产成本。

这阶段的工作内容主要是地区情况、工业政策、资源条件、劳动力状况、社会条件、地理环境、国内外市场情况及项目的社会影响等。

2. 初步可行性研究

又称"预可行性研究"或"前可行性研究"。是在机会研究的基础上，进一步判断项目的可行性及是否进行下一步详细研究。也就是说，初步可行性研究是介于机会研究和详细可行性研究的中间阶段，是在机会研究的基础上进一步弄清拟建项目的规模、厂址、工艺设备、资源、组织机构和建设进度等情况。其研究内容与详细可行性研究相同，只是深度和广度略低。

初步可行性研究对项目投资的估算，一般可采用生产能力指数法、因素法、比例法等估算方法。

这阶段的主要工作是：分析投资机会研究的结论；对关键性问题进行专题的辅助性研究；论证项目的初步可行性，判定有无必要继续进行研究；编制初步可行性研究报告。

3. 详细可行性研究

又称最终可行性研究，即通常所说的可行性研究。是项目投资决策阶段的关键环节。这个阶段的主要任务是对项目进行全面、深入的技术经济分析，重点是财务评价和国民经济评价，为项目决策提供技术、经济、社会和财务方面的评价依据。可行性研究为项目决策提供可靠的依据和可行的建议，它应该明确回答项目是否应该投资和怎样投资。

8.1.5 可行性研究的工作程序

根据国家规定的投资建设程序和国家计委颁发的《关于建设项目进行可行性研究的试行管理办法》（1983年），以及改革计划、投资体制的要求，我国可行性研究一般要经历以下工作程序：参见图8-2。

1. 项目可行性研究委托

在项目建议书被批准之后，项目的投资建设者即可自行进行或委托具有研究资质的设计、咨询单位进行可行性研究，双方签订合同协议，明确规定可行性研究的工作范围、目标意图、进度安排、费用支付方法及协作方式等内容；承担单位接受委托时，应获得项目建议书和有关项目背景及文件，搞清委托者的目的和要求，明确研究内容，制订工作计划，并收集有关的基础资料、基本参数、指标、规范、标准等依据。

2. 市场与资源调查

这一阶段的主要任务是通过调查研究进一步明确项目建设的必要性和现实性，为下一步工作提供资料。市场调查要查明和预测社会对产品需求、价格和竞争状况，以便确定项目产品方案和生产规

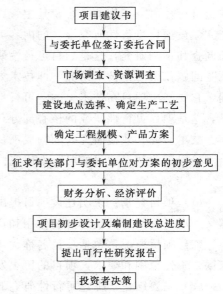

图8-2 可行性研究的工作程序示意图

模；资源调查包括对原材料、能源、厂址、工艺技术、劳动力、建材、运输条件、基础设施和环境保护等方面的调查，为选定建设地点、确定生产工艺、设备选型、组织机构设置和劳动定员等提供确切的技术经济资料。

3. 方案设计和优选

根据项目建议书的要求，结合市场和资源调查，在收集到一定的基础资料、基础数据的基础上，建立几种可供选择的技术方案和建设方案，结合实际条件进行多次反复的方案比较论证，会同委托单位明确选择方案的重大原则问题和优选标准，从若干方案中推荐较优方案，研究论证项目在技术上的可行性，进一步明确产品方案、生产规模、工艺流程等建设方案，为下一步工作做好准备。

4. 经济分析和评价

在研究论证了项目建设的必要性和可能性以及技术的可行性之后，选定与本项目有关的经济评价基础数据和定额标准、参数，对所选定的最佳建设方案进行详细的财务效益分析和国民经济评价。从测算项目投资、生产成本和销售利润入手，进行盈利性分析、费用效益分析和不确定性分析，研究论证项目财务上的盈利性和经济上的合理性，进一步提出资金筹集建议和制定项目实施总进度计划。

5. 编制可行性研究报告

在对项目进行详细的技术经济分析论证之后，编制可行性研究报告，推荐一个以上的项目建设方案，提出结论性意见和重大措施建议，为最终决策提供科学依据。

8.2　可行性研究的内容

可行性研究一般通过可行性研究报告来体现成果。可行性研究报告的内容也就体现了进行可行性研究工作的内容，是主管部门进行审批的主要依据。

建设项目可行性研究报告的内容可概括为三大部分。首先是市场研究，包括产品的市场调查和预测研究，这是项目可行性研究的前提和基础，其主要任务是解决项目的"必要性"问题；第二是技术研究，即技术方案和建设条件研究，这是项目可行性研究的技术基础，它要解决项目在技术上的"可行性"问题；第三是效益研究，即经济效益的分析和评价，这是项目可行性研究的核心部分，主要解决项目在经济上的"合理性"问题。市场研究、技术研究和效益研究共同构成项目可行性研究的三大支柱。

一般工业建设项目的可行性研究内容应包含以下14项内容。

1. 总论

（1）项目背景：说明建设项目提出的背景、投资环境、项目建设投资的必要性和经济意义，项目投资对国民经济的作用和重要性；

（2）项目概况：包括项目名称、建设单位、承担可行性研究的单位、研究工作的主要依据、工作范围和要求，项目的历史发展概况、项目建议书及有关审批文件；

（3）主要结论：综述可行性研究的主要结论概要和存在的问题与建议，并对建设项目的主要技术经济指标列表说明。

2. 市场预测和拟建规模

市场预测的研究内容主要有市场现状调查、产品供应与需求预测、产品价格预测、目标市场与市场竞争力分析以及市场风险分析等；在市场预测的基础上，论证拟建项目的建设规模和产品方案。

3. 资源、原材料、燃料及公用设施情况

对拟开发项目资源开发的合理性、资源可利用量、资源自然品质、资源储存条件和资源开发价值等进行评价；确定所需材料、辅助材料、燃料的种类、数量、质量及其来源和供应的可能性；有毒、有害及危险品的种类、数量和储运条件；材料试验情况；所需动力（水、电、气等）公用设施的数量、供应条件、外部协作条件，以及签订协议和合同的情况。

4. 厂（场）址选择

在初步可行性研究（或项目建议书）规划选址已确定的建设地区和地点范围内，进行具体坐落位置选择，主要研究场址位置、占地面积、地形地貌、气象条件、地震情况、工程地质与水文地质条件、征地拆迁及移民安置条件、交通运输条件、水电供应条件、环境保护条件、法律支持条件、生活设施依托条件、施工条件等内容。

5. 项目设计方案

主要包括项目技术方案、设备方案和工程方案。技术方案包括生产方法、工艺流程的比较选择；设备方案是对所需主要设备的规格、型号、数量、来源、价格等研究比选；工程方案是研究论证主要建筑物、构筑物的建造方案及总图布置、厂（场）内外运输、公用辅助工程方案。工程方案的选择，要满足生产使用功能要求，适应已选定的厂（场）址，符合工程标准规范要求。

6. 环境影响评价

调查研究环境条件，识别和分析拟建项目影响环境的因素（包括废气、废水、废渣等），提出治理和保护环境的措施，同时也应论证能源和资源节约措施。

7. 劳动安全卫生与消防

在已确定的技术方案和工程方案的基础上，分析和论证在建设和生产过程中存在的对劳动者和财产可能产生的不安全因素，并提出相应的防范措施。

8. 组织机构与人力资源配置

包括对企业生产管理体制、机构的设置；工程技术管理人员的素质和数量要求；劳动定员的配备方案；人员培训计划和费用估算；及比选和优化方案。

9. 项目施工计划和进度要求

按照勘察设计、工程施工、安装、试生产所需时间和进度要求，研究提出整个项目的建设工期、实施方案及总进度，并用横道图和网络图来表述最佳计划方案。

10. 投资估算

应用各种估算技术客观、全面地估算项目的总投资，包括固定资产（主体工程及辅助配套工程）投资、无形资产投资、流动资产投资等。

11. 融资方案

在投资估算的基础上，研究拟建项目的资金来源、筹措方式、融资结构、融资风险、资金成本及贷款的偿还方式等，比选融资方案。可行性研究报告中，应对每一种来源渠道的资金及其筹措方式逐一论述，并附有必要的计算表格和附件。

12. 经济评价

项目的经济评价是分别从项目的财务评价和国民经济评价两个角度来判断项目的经济可行性。

(1) 财务评价：从项目微观角度，分析预测项目的财务效益与费用，计算财务评价指标，考察拟建项目的盈利能力、偿债能力和外汇平衡能力，据此判断项目的财务可行性。

(2) 国民经济评价：从国民经济宏观角度，采用影子价格、影子工资、影子汇率和社会折现率等国民经济评价参数，考察项目对国民经济的净贡献，评价项目的经济合理性。

13. 风险分析

风险分析通过对影响投资效果的社会、经济、环境、政策、市场等因素的分析，了解各因素对项目的影响性质和程度，为控制项目运作过程中的关键因素提供依据，也为投资者了解项目的风险大小及来源提供参考。风险分析主要包括盈亏平衡分析、敏感性分析和概率分析等内容。

14. 研究结论与建议

对建设方案作总体论证，运用可行性研究的各种指标数据，从技术、经济和财务各方面论述项目的可行性，分析项目可能存在的问题，提出有效的项目建设建议。

8.3 项目的投资估算与融资

8.3.1 建设项目的投资估算

投资估算是指在项目建议书和可行性研究阶段，在项目的建设规模、技术方案、设备方案、工程方案及项目实施进度等基本确定的基础上，根据投资估算指标、类似工程的造价资料、现行的设备材料价格并结合工程的实际情况，对拟建项目的总投资进行预测和初估。投资估算是判断项目可行性、进行项目决策的主要依据之一。投资估算又是项目筹资和控制造价的主要依据。

1. 投资估算的内容

项目总投资是指项目从前期准备工作开始到项目全部建成投产为止所发生的全部投资费用。按照我国现行的资金管理体制和项目的概预算编制办法的规定，项目总投资（见表8-2）应包括设备及工器具购置费、建筑安装工程费、工程建设其他费用、预备费、建设期贷款利息、固定资产投资方向调节税和流动资金。前六部分费用形成固定资产投资。因此，建设项目总投资是由固定资产投资和流动资产投资两大块组成。

建设项目投资估算包括：固定资产投资估算与流动资金估算两部分。固定资产投资可分为静态部分和动态部分。固定资产静态部分的投资包括：设备及工器具购置费、建筑安装工程费、工程建设其他费用和基本预备费。固定资产动态部分的投资包括：涨价预备费、建设期贷款利息和固定资产投资方向调节税（已停征）。

项目总投资估算汇总表 　　　　　　单位：万元

序　号	费 用 名 称	投 资 额		占项目投入总资金的比例（％）
		合计	其中：外汇	
1	建设投资			
1.1	建设投资静态部分			
1.1.1	建筑工程费			
1.1.2	设备及工器具购置费			
1.1.3	安装工程费			
1.1.4	工程建设其他费用			
1.1.5	基本预备费			
1.2	建设投资动态部分			
1.2.1	涨价预备费			
1.2.2	建设期利息			
2	流动资金			
3	项目投入总资金(1＋2)			

2. 固定资产投资估算的方法

（1）简单估算法。简单估算法是指在没有详细的工程数据资料，仅明确项目的规模、类型以及基本技术原则和要求的情况下，根据典型项目的历史资料估算造价的方法。简单估算法一般计算比较简便，但估算精度相对较低。一般用于投资机会研究与项目建议书阶段。常用的简单估算法包括：资金周转率法、生产能力指数法、系数估算法、比例估算法、指标估算法等。

（2）详细估算法。也称逐项估算法，可行性研究阶段的投资估算多采用此方法，估算精度为±10％左右，可据此进行项目的筹资。投资估算步骤为：首先，分别估算各单项工程所需的建筑工程费、设备及工器具购置费、安装工程费；其次，在汇总各单项工程费用的基础上，估算工程建设其他费用、基本预备费；再次，估算涨价预备费、建设期贷款利息；最后，加和求得建设投资总额。

1）建筑工程费估算。建筑工程费是指为建造永久性建筑物和构筑物所需要的费用，包括：①各类房屋建筑工程和列入房屋建筑工程预算的供水、供电、供暖、卫生、通风、煤气及装饰工程等费用；②设备基础、支柱、工作台、烟囱、水塔、水池、灰塔、窑炉等建筑工程的砌筑工程和金属结构工程的费用；③为施工而进行的场地平整，及施工临时用水、电、气、路和完工后的场地清理，环境绿化、美化等工作的费用；④矿井开凿、井巷延伸、修建铁路、公路、桥梁、水库、堤坝、灌渠及防洪等工程的费用。

建筑工程费的估算方法有：①单位建筑工程投资估算法，以单位建筑工程量投资乘以建筑工程总量计算。可以一般工业与民用建筑的单位建筑面积（m²），工业窑炉砌筑的单位容积（m³），水库水坝的单位长度（m），铁路公路路基的单位长度（km）的投资，乘以相应的建筑工程总量计算建筑工程费；②单位实物工程量投资估算法，以单位实物工程量的投资乘以实物工程总量计算。土石方工程按每立方米，路面铺设工程按每平方米的投资，乘以相应的实物工程总量计算建筑工程费；③概算指标投资估算法。这种方法要以较为详细的工程资料为基础，工作量较大，可根据具体条件和要求选用。

2）设备及工器具购置费估算。设备及工器具购置费由设备购置费和工具器具及生产家具购置费组成。

设备购置费是指为投资项目购置或自制的达到固定资产标准的各种国产或进口设备、工具、器具的购置费用。工具、器具及生产家具购置费，是指按照有关规定，为保证新建或扩建项目初期正常生产必须购置的没有达到固定资产标准的设备、仪器、工卡模具、器具、生产家具等的购置费用。一般以设备购置费为计算基数，按照部门或行业规定的工具、器具及生产家具费率计算。

$$设备购置费 = 设备原价 + 设备运杂费 \tag{8-1}$$

$$工器具及生产家具购置费 = 设备购置费 \times 费率 \tag{8-2}$$

①设备原价。设备原价指国产设备或进口设备的原价。国产设备原价一般指的是设备制造厂的交货价，即出厂价，或订货合同价。国产设备原价分为国产标准设备原价和国产非标准设备原价。

$$进口设备原价 = 离岸价(FOB 价) + 国际运费 + 运输保险费 + 银行财务费$$
$$+ 外贸手续费 + 关税 + 增值税 + 消费税$$
$$+ 海关监管手续费 + 车辆购置附加费 \tag{8-3}$$

其中：离岸价（FOB 价）指装运港船上交货价。

$$国际运费 = FOB 价 \times 运费率 \tag{8-4}$$

$$运输保险费 = \frac{FOB 价 + 国际运费}{1 - 保险费率} \times 保险费率 \tag{8-5}$$

$$银行财务费 = FOB 价 \times 银行财务费率(一般为 0.4\% \sim 0.5\%) \tag{8-6}$$

$$外贸手续费 = (FOB 价 + 国际运费 + 运输保险费) \times 外贸手续费率 \tag{8-7}$$

$$进口关税 = (FOB 价 + 国际运费 + 运输保险费) \times 进口关税率 \tag{8-8}$$

$$进口环节增值税 = (FOB 价 + 国际运费 + 运输保险费 + 进口关税 + 消费税)$$
$$\times 增值税率 \tag{8-9}$$

$$海关监管手续费 = (FOB 价 + 国际运费 + 运输保险费)$$
$$\times 海关监管手续费率 \tag{8-10}$$

②设备运杂费。设备运杂费指除设备原价之外的设备采购、运输、途中包装及仓库保管等方面支出费用的总和。设备运杂费通常由下列各项构成：运费和装卸费；包装费；设备供销部门的手续费；采购与仓库保管费。

$$设备运杂费 = 设备原价 \times 费率 \tag{8-11}$$

3）安装工程费估算。需要安装的设备应估算安装工程费，安装工程费内容一般包括：①生产、动力、起重、运输、传动和医疗、实验等各种需要安装的机械设备的装配费用，与设备相连的工作台、梯子、栏杆等装设工程费用，附属于被安装设备的管线敷设工程费用，以及被安装设备的绝缘、防腐、保温、油漆等工作的材料费和安装费；②为测定安装工程质量，对单台设备进行单机试运转、对系统设备进行系统联动无负荷试运转工作的调试费。

投资估算中安装工程费通常是根据行业或专门机构发布的安装工程定额、取费标准所综合的大指标估算。

$$安装工程费 = 设备原价 \times 安装费率 \qquad (8-12)$$
$$安装工程费 = 设备吨位 \times 每吨安装费 \qquad (8-13)$$
$$安装工程费 = 安装工程实物量 \times 安装费用指标 \qquad (8-14)$$

4）工程建设其他费用估算。工程建设其他费，是指建设单位从工程筹建起到工程竣工验收交付使用止的整个建设期间，除建筑安装工程费和设备工器具购置费以外的，为保证工程建设顺利完成和交付使用后能够正常发挥效用而发生的各项费用的总和，按费用构成可分为土地使用费、与项目建设有关的其他费用、与企业未来生产有关的费用三大块。工程建设其他费的估算按各项费用科目的费率或者取费标准估算，见表8-3。

表8-3　　　　　　　　　　　工程建设其他费用估算表　　　　　　　　　单位：万元

序　号	费 用 名 称	计 算 依 据	费率或标准	总　　　价
1	土地使用费			
2	建设单位管理费			
3	勘察设计费			
4	研究试验费			
5	建设单位临时设施费			
6	工程建设监理费			
7	工程保险费			
8	施工机构迁移费			
9	引进技术和进口设备其他费用			
10	联合试运转费用			
11	生产职工培训费			
12	办公及生活家居购置费			
	合　计			

5）预备费。预备费包括基本预备费和涨价预备费。

①基本预备费。基本预备费是指在项目实施中可能发生难以预料的支出，需要事先预留的费用，又称工程建设不可预见费，主要指设计变更及施工过程中可能增加工程量的费用。一般由下列三项内容构成：在批准的设计范围内，技术设计、施工图设计及施工过程中所增加的工程费用，设计变更、工程变更、材料代用、局部地基处理等增加的费用；一般自然灾害造成的损失和预防自然灾害所采取的措施费用；竣工验收时为鉴定工程质量对隐蔽工程进行必要的挖掘和修复费用。

$$基本预备费 = （设备及工器具购置费 + 建筑安装工程费 + 工程建设其他费用）$$
$$\times 基本预备费率 \qquad (8-15)$$

②涨价预备费。涨价预备费是指建设项目在建设期间内由于价格等变化引起工程造价变化的预测预留费用。费用内容包括：人工、设备、材料、施工机械的价差费，建筑安装

工程费及工程建设其他费用调整，利率、汇率调整等增加的费用。

涨价预备费的计算是根据给定的建设期内各年涨价预备费费率，以计算年份价格水平的投资额为基数，采用复利方法计算。其计算公式为

$$PF = \sum_{t=1}^{n} I_t [(1+f)^t - 1] \tag{8-16}$$

式中　PF——涨价预备费；

　　　I_t——建设期第 t 年的投资计划额；

　　　f——建设期价格平均上涨率；

　　　n——建设期年份数。

【例 8-1】　某建设项目建设期 3 年，第一年计划投资 7200 万元，第二年计划投资 10800 万元，第三年计划投资 3600 万元，建设期内年平均价格上涨率为 6%，试估算该建设项目建设期内涨价预备费。

解：第 1 年涨价预备费：

$$PF_1 = I_1 [(1+f) - 1] = 7200 \times 0.06 = 432 \text{（万元）}$$

第 2 年涨价预备费：

$$PF_2 = I_2 [(1+f)^2 - 1] = 10800 \times (1.06^2 - 1) = 1334.88 \text{（万元）}$$

第 3 年涨价预备费：

$$PF_3 = I_3 [(1+f)^3 - 1] = 3600 \times (1.06^3 - 1) = 687.66 \text{（万元）}$$

所以建设期涨价预备费：

$$PF = PF_1 + PF_2 + PF_3 = 432 + 1334.88 + 687.66 = 2454.54 \text{（万元）}$$

6）建设期贷款利息。建设期利息是指包括向国内银行和其他非银行金融机构贷款、出口信贷、外国政府贷款、国际商业银行贷款以及在境内外发行的债券等在建设期间内应偿还的贷款利息。

建设期贷款利息采用复利法计算，一般考核的是总贷款按年均衡发放的情况。对于此种情况，建设期利息的计算可按当年借款发生在年中考虑，因此对当年借款应按半年计息，而对以前年度借款，按全年计息。其计算公式为：

各年建设期贷款利息＝∑（年初累计借款额＋当年借款金额/2）×贷款年利率

$$\tag{8-17}$$

注意：计算时采用的利率一定是实际利率，如果在题目中给出的是名义利率（计息期不以年为单位），则首先应利用公式将名义利率换算为实际利率。

【例 8-2】　某新建项目，建设期为 3 年，第一年贷款 300 万元，第二年 400 万元，第三年 300 万元，年利率为 10%。建设期内只计息不支付，试计算此项目建设期贷款利息。

解：建设期各年利息计算如下：

$$q_1 = 0.5 \times 300 \times 10\% = 15 \text{（万元）}$$

$$q_2 = (300 + 15 + 400/2) \times 10\% = 51.5 \text{（万元）}$$

$$q_3 = (315 + 400 + 51.5 + 300/2) \times 10\% = 91.65 \text{（万元）}$$

建设期贷款利息 $= q_1 + q_2 + q_3 = 15 + 51.5 + 91.65 = 158.15 \text{（万元）}$

3. *流动资金的估算方法*

流动资金是指生产性项目投产后，用于购买原材料、燃料、支付工资福利和其他费用等所需要周转资金。流动资金的估算方法有：分项详细估算法和扩大指标估算法两种。

（1）分项详细估算法。为简化计算，仅对存货、现金、应收账款三项流动资产和应付账款这项流动负债进行估算，计算公式为

$$流动资金 = 流动资产 - 流动负债 \qquad (8-18)$$

式中
$$流动资产 = 应收账款 + 预付账款 + 存货 + 现金 \qquad (8-19)$$

$$流动负债 = 应付账款 + 预收账款 \qquad (8-20)$$

1）存货的估算。存货是指企业在日常生产经营过程中持有以备出售，或者仍然处在生产过程，或者在生产或提供劳务过程中将消耗的材料或物料等，包括各类材料、商品、在产品、半成品和产成品等。为简化计算，项目评价中仅考虑外购原材料、燃料、其他材料、在产品和产成品，并分项进行计算，计算公式为

$$存货 = 外购原材料或燃料 + 其他材料 + 在产品 + 产成品 \qquad (8-21)$$

$$外购原材料或燃料 = 年外购原材料或燃料费用 / 分项周转次数 \qquad (8-22)$$

$$其他材料 = 年其他材料费用 / 其他材料周转次数 \qquad (8-23)$$

$$在产品 = （年外购原材料或燃料动力费用 + 工资及福利费$$
$$+ 年修理费 + 年其他制造费用）/ 在产品周转次数 \qquad (8-24)$$

$$产成品 = （年经营成本 - 年营业费用）/ 产成品周转次数 \qquad (8-25)$$

其他制造费用是指由制造费用中扣除生产单位管理人员工资及福利费、折旧费、修理费后的其余部分。

周转次数的计算：

$$周转次数 = 360 天 / 最低周转天数 \qquad (8-26)$$

各类流动资产和流动负债的最低周转天数参照同类企业的平均周转天数并结合项目特点确定，或按部门（行业）规定，在确定最低周转天数时应考虑储存天数、在途天数，并考虑适当的保险系数。

2）应收账款的估算。应收账款是指企业对外销售商品、提供劳务尚未收回的资金。计算公式为

$$应收账款 = 年经营成本 / 应收账款周转次数 \qquad (8-27)$$

3）现金需要量的估算。项目流动资金中的现金是指为维持正常生产运营必须预留的货币资金，计算公式为

$$现金 = （年工资及福利费 + 年其他费用）/ 现金周转次数 \qquad (8-28)$$

年其他费用 = 制造费用 + 管理费用 + 营业费用
$$- （以上三项费用中所含的工资及福利费、折旧费、摊销费、修理费） \qquad (8-29)$$

4）流动负债的估算。流动负债是指将在 1 年（含 1 年）或者超过 1 年的一个营业周期内偿还得债务，包括短期借款、应付票据、应付账款、预收账款、应付工资、应付福利费、应付股利、应交税金、其他暂收应付款项、预提费用和 1 年内到期的长期借款等。在项目评价中，流动负债的估算可以只考虑应付账款和预收账款两项，预付账款指企业为购买各类材料、半成品或服务所预先支付的款项，计算公式为

$$应付账款 = 外购原材料或燃料动力及其他材料年费用$$
$$\div 应付账款周转次数 \qquad (8-30)$$

$$预付账款 = \frac{外购商品或服务年费用金额}{预付账款周转次数} \qquad (8-31)$$

（2）扩大指标估算法。扩大指标估算法是根据现有企业的实际资料，求得各种流动资金率指标，将各类流动资金率乘以相应的费用基数来估算流动资金。计算公式为

$$年流动资金额 = 年费用基数 \times 各类流动资金率 \qquad (8-32)$$
$$年流动资金额 = 年产量 \times 单位产品产量占用流动资金额 \qquad (8-33)$$

8.3.2 建设项目的融资

融资，是以一定的渠道为某种特定活动筹集所需资金的各种活动的总称。是企业根据其生产经营、对外投资和调整资本结构的需要，通过金融市场，运用筹资方式，经济有效地筹措和集中资本的财务行为。企业筹资的基本目的，是为了自身的生存与发展，企业具体的筹资活动通常受特定动机的驱使，包括因创建、发展、偿债和外部环境变化等原因而需要筹资。

在工程项目的经济分析中，融资可以理解为为项目投资而进行的资金筹措行为或资金来源方式。

融资的类型：按融资的性质分为权益融资与债务融资；按融资的期限分为长期融资与短期融资；按是否通过金融机构分为直接筹资与间接筹资；按融资的来源不同，可分为境内融资和利用外资。

1. 融资的方式

（1）自有资金。

1）资本金。所谓项目资本金，指项目总投资中必须包含一定比例的、由出资方实缴的资金。国家对经营性项目试行资本金制度，规定了经营性项目的建设都要有一定数额的资本金，并提出了各行业项目资本金的最低比例要求。

资本金出资形态可以是货币、实物、土地使用权及其他无形资产投入。对于土地使用权及其他无形资产投入，必须经过有资格的评估机构依照法律法规评估作价，不得超过资本金总额的 20%，但国家对采用高新技术成果有特别规定的除外。

根据出资方的不同，项目资本金分为国家出资、法人出资和个人出资。根据国家法律、法规规定，建设项目可通过争取国家财政预算内投资、发行股票、自筹投资和利用外资直接投资等多种方式来筹集资本金。

2）资本公积金。所谓资本公积金是指项目或企业由于非经营性因素而发生的资本增值所形成的公积金。它的来源包括法定财产重估价值、资本溢价和接受捐赠等。

（2）外部资金来源。

1）国内资金来源。

①国内银行贷款。按我国的金融机构分类，可分为政策性银行贷款（包括国家开发银行、中国农业发展银行、国家进出口信贷银行），商业银行贷款和保险公司贷款；按贷款期限分类，可分为一年以下的短期贷款，1～5 年的中期贷款和 5 年以上的长期贷款；按贷款的用途分类，可分为固定资产贷款，流动资金贷款，城市经济建设综合贷款和科技贷

款；按贷款有无担保分类，可分为信用贷款和抵押贷款。

②发行债券。债券是指社会各类经济主体为筹集资金而向投资人出具的承诺按一定利率支付利息，并到期偿还本金的债务、债券凭证。我国发行的债券又可分为国家债券、地方政府债券、企业债券和金融债券等。

2）国外资金来源。

①外国政府贷款。是指外国政府向发展中国家提供的长期优惠性贷款。它具有政府间开发援助的性质，优点是条件优惠，期限长且利率低。

②国际金融组织贷款。目前，国际金融组织主要有国际货币基金组织（IMF）、国际复兴开发银行（I-BRD，简称世界银行"WB"）、国际清算银行（BIS）、亚洲开发银行（ADB）、泛美开发银行（IDB）、非洲开发银行（AFDB）、欧洲复兴开发银行（EBRD）等。

③国际商业贷款。包括了外国商业银行贷款、出口信贷和混合信贷。出口信贷是一种国际信贷方式，是指出口国为了支持本国产品的出口，增强国际竞争力，在政府的支持下，由本国专业银行或商业银行向本国出口商或外国进口商（或银行）提供较市场利率略低的贷款，以解决买方支付进口商品资金的需要。根据贷款对象，出口信贷可以分为买方信贷和卖方信贷。

出口商为扩大本国设备的出口，在其银行发放卖方信贷或买方信贷的同时，还发放一部分政府贷款，以满足出口商支付当地费用或进口商支付设备价款的需要。这种卖方信贷或买方信贷与政府贷款混合发放的做法即为混合信贷。

3）融资租赁。融资租赁（Financial Leasing）又称设备租赁或现代租赁，是一种以金融、贸易与租赁相结合，以租赁物品的所有权与使用权相分离为特征的一种信贷方式。它的具体内容是指出租人根据承租人对租赁物件的特定要求和对供货人的选择，出资向供货人购买租赁物件，并租给承租人使用，承租人则分期向出租人支付租金，在租赁期内租赁物件的所有权属于出租人所有，承租人拥有租赁物件的使用权。租期届满，租金支付完毕并且承租人根据融资租赁合同的规定履行完全部义务后，租赁物件所有权即转归承租人所有。它实质是依附于传统租赁上的金融交易，是一种特殊的金融工具。

2．项目融资

（1）项目融资的概念。

项目融资是投资项目资金筹措方式的一种，是指对需要大规模资金的项目而采取的金融活动。借款人原则上将项目本身拥有的资金及其收益作为还款的资金来源，而且将其项目资产作为抵押条件来处理，该项目投资主体的一般性信用能力通常不作为重要因素来考虑。

项目融资始于 20 世纪 30 年代美国油田开发项目，后来逐渐扩大范围，广泛应用于石油、天然气、煤炭、铜、铝等矿产资源的开发，如世界最大的年产 80 万吨铜的智利埃斯康迪达铜矿，就是通过项目融资实现开发的。项目融资作为一种重要的新型融资手段，适用于基础设施、能源、公用设施、石油、矿产开采、制造业和其他大中型工业项目。它是以项目本身良好的经营状况和项目建成、投入使用后的现金流量作为还款保证来融资的，可用较少的资本金获得数额比资本金大得多的贷款。这种筹资方式对于经济快速增长、国内资金缺乏而又具有许多前景良好的投资项目的发展中国家，有着很重要的现实意义。

项目融资与传统的融资方式的区别可以通过以下例子来理解：

某集团公司现拥有 A 生产企业，为了增建 B 企业，决定从金融市场上筹集资金。现在有两种方案。方案一：贷款用于建设新企业 B，而归还贷款的款项来源于整个集团公司的收益。如果新企业 B 建设失败，该公司把原来的 A 企业的收益作为偿债的担保。这时，贷款方对公司有完全追索权。方案二：借来的钱建 B 企业，还款的资金仅限于 B 企业建成后的收益。如果新项目失败，贷款方只能从清理 B 企业的资产中收回一部分贷款，除此之外，不能要求集团公司从别的资金来源归还贷款，这称为贷款方对集团公司无追索权。或双方在签订贷款协议时，只要求该集团公司把特定的一部分资产作为贷款担保，这时贷款方对该集团公司有有限追索权。

上述的方案一就是传统的融资方式，方案二就是项目融资。因此项目融资有时也称为无担保或有限担保贷款。

（2）项目融资的形式。

1）BOT 项目融资方式。BOT 是 Build – Operate – Transfer 的缩写，即"建设—经营—移交"。典型的 BOT 形式，是政府就某个基础设施项目与项目公司签订合同，授予项目公司承担该项目的投资、融资、建设、经营和维护，在协议规定的特许期限内，这个项目公司通过收取使用费或服务费来回收项目投入的融资、建造、经营和维护成本，并获取合理利润；政府部门则拥有对这一基础设施项目的监督权、调控权；特许期满，签约方的项目公司将该基础设施无偿移交给政府部门。

BOT 方式主要用于发展收费公路、发电厂、铁路、废水处理设施和城市地铁等基础设施项目。我国运用 BOT 方式吸引外资进行基础设施建设起步于 1984 年，如广西来宾电厂，湖南长沙电厂项目和成都水厂项目都是 BOT 试点项目。

2）ABS 项目融资方式。ABS 是 Asset – Backed Securitization 的缩写，即资产支持型证券化，简称资产证券化。它是以项目所属的资产为支撑的证券化融资方式，即以项目所拥有的资产为基础，以项目资产可以带来的预期收益为保证，通过在资本市场发行债券来募集资金的一种项目融资方式。

目前，ABS 资产证券化是国际资本市场上流行的一种项目融资方式，已在许多国家的大型项目中采用。ABS 融资能够以较低的资金成本筹集到期限较长、规模较大的项目建设资金。这对于投资规模大、周期长、资金回收慢的基础设施项目来说是一个比较理想的项目融资方式。在电信、电力、供水、排污、环保等领域的建设项目中，ABS 融资方式得到了广泛的应用。以后运用的债券发行收益还将投资于交通、能源、城市建设、工业、安居工程、农业与旅游业等方面。

3. 资金成本

（1）资本成本概述。

资金成本是指企业为筹集和使用资金而付出的代价。包括资金筹集成本和资金使用成本。资金筹集成本是指在资金筹措过程中支付的各项费用，如银行的借款手续费、股票的发行费、债券的各项代理费用等。资金使用成本是指在资金使用期间支付给债权人的各项费用，如贷款利息、股息等。资金成本是选择资金来源、拟定筹资方案的主要依据，也是评价投资项目可行性研究的主要经济指标。

资金成本一般用相对数表示，称之为资金成本率。其一般计算公式为

$$资金成本率 = \frac{资金使用费}{筹资总额 - 资金筹集费} \times 100\% \qquad (8-34)$$

$$= \frac{资金使用费}{筹资总额 \times (1 - 筹资费率)} \times 100\% \qquad (8-35)$$

（2）不同来源资金的资金成本。

1）银行借款资金成本。

借款成本，是指在考虑筹资费用的情况下的借款利息和筹资费用。由于借款利息计入税前成本费用，可以起到抵税的作用。借款资金成本率的计算公式为

$$借款资金成本率 = \frac{年利率 \times (1 - 所得税税率)}{1 - 筹资费率} \times 100\% \qquad (8-36)$$

另外，由于长期借款这种筹资方式的筹资费用较少，所以有时可将筹资费用忽略不计，则：

$$长期借款成本率 = 年利息率 \times (1 - 所得税税率) \qquad (8-37)$$

【例8-3】 某公司向银行借款800万元，年利率8%，每年付息一次，3年到期一次还本。已知企业所得税率为33%，贷款费用率为0.5%，试计算该项长期借款的资金成本率。

解： $$银行借款成本率 = \frac{8\% \times (1 - 25\%)}{1 - 0.5\%} = 6.03\%$$

2）债券资金成本。

发行债券按发行价格的不同可分为三种方式：等价发行、溢价发行和折价发行。债券资金成本计算基本与银行借款一致，其计算公式为

$$债券的资金成本率 = \frac{债券年利息 \times (1 - 所得税税率)}{筹资总额 \times (1 - 筹资费率)} \times 100\% \qquad (8-38)$$

【例8-4】 某公司为筹建一个基础项目，发行长期债券，票面面值为500万元，票面年利率为10%，每年付一次利息，发行价为600万元，发行费率为5%，所得税率为33%，试计算其资金成本率。

解： $$债券资金成本率 = \frac{500 \times 10\% \times (1 - 25\%)}{600 \times (1 - 5\%)} = 6.58\%$$

3）股票资金成本。

公司发行优先股股票筹集资金，需支付的筹资费有注册费、代销费等，其股息也要定期支付，但它是公司用税后利润来支付的，不会减少公司应上缴的所得税。优先股资金成本率的计算公式为

$$优先股资金成本率 = \frac{优先股每年股利额}{发行总额 \times (1 - 筹资费率)} \times 100\% \qquad (8-39)$$

【例8-5】 某公司按面值发行1000万元的优先股股票，共支付筹资费用20万元，年优先股股利率为10%。试计算其资金成本率。

解： $$优先股资金成本率 = \frac{1000 \times 10\%}{1000 - 20} \times 100\% = 10.2\%$$

4）保留盈余资金成本。

保留盈余又称留存收益，一般是指企业从税后利润总额中扣除股利之后保留在企业的剩余盈利，包括盈余公积金和未分配利润。企业保留盈余，等于股东对企业进行追加投资。保留盈余资金成本率的计算公式为

$$保留盈余资金成本率 = \frac{普通股股利}{留存收益总额} \times 100\% + 股利年增长率 \qquad (8-40)$$

【例 8-6】 某公司留存收益为 100 万元，普通股股利率 10%。预计未来股利每年增长率为 3%，试计算保留盈余资金成本率。

解： $$保留盈余资金成本率 = \frac{100 \times 10\%}{100} + 3\% = 13\%$$

5）综合资金成本。

综合资金成本即筹资方案中各种资金筹集方式的单项资金成本的加权平均值。其计算公式为

$$综合资金成本率 = \sum（各种资金来源成本 \times 该种资金来源占全部资金的比重）$$

$$(8-41)$$

【例 8-7】 某公司现有资本总额 5000 万元，其中长期债券（年利率 6%）2500 万元，优先股（年股息率 8%）1000 万，普通股 1500 万元。普通股每股的年股息率为 11%，预计股利增长率为 5%，假定筹资费率均为 3%，企业所得税税率为 33%。试计算该企业现有资本结构的综合资金成本。

解： $$债券资金成本率 = \frac{6\% \times (1-33\%)}{1-3\%} = 4.1\%$$

$$普通股资金成本率 = \frac{11\%}{1-3\%} + 5\% = 16.3\%$$

$$优先股资金成本率 = \frac{8\%}{1-3\%} = 8.2\%$$

$$综合资金成本率 = 4.1\% \times (2500/5000) + 16.3\% \times (1500/5000)$$
$$+ 8.2\% \times (1000/5000) = 8.58\%$$

8.4 建设项目的后评价

8.4.1 项目后评价的概念及作用

建设项目后评价，是指在项目建成投产并运行一段时间后，对项目的投资决策、设计准备、施工建设、竣工验收及生产运行全过程进行分析和总结；对项目取得的经济效益、社会效益和环境效益进行综合评价的技术经济活动。

通过对项目建设各个环节活动的回顾和总结，实际情况与预期效果的客观比较，分析两者产生背离的原因，将分析的结果、取得的经验教训反馈到今后的项目可行性研究与项目管理中去，为改善和提高项目的投资效益和营运状况提出切实可行的对策与措施。

项目后评价的目的与作用有以下三方面：

1. 对项目本身的监督和促进作用

项目后评价通过对项目实际情况与预期效果的客观比较，考察项目投资决策的正确性

和预期目标的实现程度。增强项目实施的透明度，是增强投资活动工作者责任心的重要手段。同时，分析产生偏差的原因，提出切实可行的措施，促使项目运营状态的正常化，充分发挥项目的经济效益和社会效益。

2. 提高项目管理水平

通过项目后评价的反馈信息，及时纠正项目决策中存在的问题，从而提高未来工程项目决策的准确程度和科学化水平，为今后同类项目的评估和决策提供参照和分析依据，防止和减少可行性研究和项目决策的随意性。同时，使项目的决策者和建设者学习到更加科学合理的方法和策略，提高决策、管理和建设水平，指导未来的管理活动。总之，后评价要从投资开发项目实践中吸取经验教训，再运用到未来的开发实践中去。

3. 为政府制定和调整宏观投资计划、政策提供依据

政府通过项目后评价所反馈的信息，能够发现工程宏观管理中的不足，从而修正不适应经济发展的技术经济政策，修订指标参数，调整和完善投资政策和发展规划，促进工程投资和管理的良性循环。

8.4.2 项目后评价的方法

为了达到项目后评估的目的，后评估方法要采用宏观分析和微观分析相结合，定量分析和定性分析相结合的对比方法，通过综合分析，总结经验和教训，提出问题和建议。

1. 对比分析法

对比分析法是项目后评估的基本方法，它包括前后对比法与有无对比法。

（1）前后对比法。

前后对比法一般是将项目实施前与项目建成后的实际情况加以对比，测定该项目的效益和影响。在项目后评估中是将项目前期阶段，即项目可行性研究和项目评估阶段所预测的建设成果、规划目标和投入产出、效果和影响，与项目建成投产后的实际情况相比较，从中找出存在的差别及原因。

（2）有无对比法。

有无对比法是指在项目地区内，将投资项目的建设及投产后的实际效果和影响，同如果没有这个项目可能发生的情况进行对比分析。由于项目所在地区的影响不只是项目本身所带来的作用，而且还有项目以外的许多其他因素的作用。因此，这种对比的重点是要分清这些影响中的项目的作用和项目以外的作用，评估项目的增量效益和社会机会成本。可以从财务效益、经济效益、经济影响、环境影响、社会影响几个方面考核得出综合结果。

2. 逻辑框架分析法（LFA 法）

LFA 法是将几个内容相关、必须同步考虑的动态因素组合起来，通过分析其间的关系，从设计策划到目的目标等方面来评估一项活动或工作。LFA 为项目计划者和评估者提供一种分析框架，用以确定工作的范围和任务，并通过对项目目标和达到目标所需手段进行逻辑关系分析。

3. 成功度分析法

成功度分析法是要对项目实现预期目标的成败程度给出一个定性的结论。成功度就是对成败程度的衡量标准。一般来说，成功度可分为完全成功的、成功的、部分成功的、不成功的及失败的五个等级。

在测定各项指标时，采用打分制，按评定等级标准 A、B、C、D 四个等级来表示。通过指标重要性分析和单项成功度结论的综合，可以得到整个项目成功度指标，也用 A、B、C、D 表示。

8.4.3 项目后评价的报告与内容要点

通常，项目后评估报告应按照国家发展改革委员会和中华人民共和国建设部规定的条例和格式要求进行编写。在工业投资项目的后评估报告中所涉及的内容主要应包括以下几个方面：

1. 总论

在此部分要说明项目后评估的目的、后评估工作的组织管理、后评估报告编制单位、后评估工作的起始和完成时间、评估资料来源和依据、后评估方法，以及建设项目实施总体概况。

2. 项目前期工作的后评估

（1）项目筹备工作。包括筹备单位的名称、组织机构、筹备计划及筹备工作效率等的分析和评估。

（2）项目决策工作。包括项目可行性研究单位的名称、资格、项目可行性研究报告的编制依据，可行性研究的起始和完成时间，项目决策单位、决策程序、决策效率和决策质量等的分析评估。

（3）项目委托设计与施工。包括设计单位的名称及资格审查，委托设计的方式与设计费用，勘测设计与施工的相互衔接协调和满足程度，设计方案的优化情况，技术上的先进性和经济上的合理性，设计标准与质量，委托施工的方式，施工队伍资格审查的情况及施工合同等的分析评估。

（4）建设物资、资金等落实情况的分析评估。

3. 项目实施后评估

（1）项目开工评估；

（2）施工准备评估，包括设备采购、投标招标的评估；

（3）项目变更评估，例如对项目范围变更、设计变更、变更的原因及影响的评估；

（4）施工管理评估，包括施工组织方式、实际施工进度、施工项目成本、工程质量及其控制、施工技术与方案等的评估；

（5）项目建设资金供应情况评估；

（6）项目建设工期评估，对实际建设工期、工期提前和延续原因的评估；

（7）项目建设成本评估，对项目实际建设成本、实际成本超支与节约的原因进行评估；

（8）项目施工验收与试生产的评估；

（9）工程监理以及各种合同执行情况的评估；

（10）项目实际生产能力与单位生产能力的投资评估。

4. 项目生产运行后评估

（1）项目达产情况评估；

（2）项目投入所需的原材料、燃料供应情况和资源综合利用情况的评估；

（3）项目产出物的种类与数量、产品销售情况等的评估；

（4）项目生产能力利用情况的评估；

（5）企业的性质与职权、主管机关情况的评估；

（6）企业经营管理评估，例如对机构设置、管理网络、管理人员配置、管理规章制度、组织管理效率等进行的分析评估；

（7）劳动组织于人员培训评估，对管理人员的工作水平，有效管理能力，人才资源利用等的评估。

5. 项目效益后评估

（1）项目财务效益后评估。包括项目财务状况及预测，项目实际财务指标评估，主要财务指标对比分析，对财务状况的前景与措施的评估。

（2）项目国民经济后评估。包括项目国民经济效益状况与预测，项目国民经济实际效益指标与计算，评估指标的对比分析，对国民经济效益的前景及其措施的评估。

（3）社会效益后评估。包括项目对改善生产力布局、本地区社会经济发展、环保的生态平衡、交通设施和城市建设，本行业的技术进步、资源配置和综合利用等的分析评估；评估指标的对比分析，对项目社会效益的前景及其措施的评估。

6. 后评估的结论

这是在对以上各项内容进行总概括后得出的基本结论。包括项目准备、决策、实施和运行各阶段的主要经验教训；对可行性研究及评估决策水平的综合评估；项目发展前景；提高项目未来经济效益的主要对策和措施。

思考题

1. 建设项目的基本程序是什么？可行性研究处于项目建设的哪个阶段？

2. 可行性研究分为几个阶段？各阶段的作用和任务是什么？

3. 可行性研究的主要内容是什么？

4. 建设项目的投资由哪些部分构成？每一部分费用的估算方法是什么？

5. 项目资本金和项目债务资金的筹措方式各有哪些？

6. 什么是项目融资？与传统融资相比它有哪些特点？

7. 项目后评价的作用是什么？

8. 项目后评价的主要内容和方法有哪些？

 习题

1. 某新建项目，建设期为 3 年，分年均衡进行贷款，第一年贷款 1500 万元，第二年贷款 2500 万元，第三年贷款 1000 万元；年贷款利率为 8%，建设期间只计息、不支付，求该项目的建设期贷款利息。

2. 某工程在建设初期的建安工程费和设备工器具购置费为 45000 万元。按本项目实施进度计划，建设期 3 年，投资分年使用比例为：第一年 30%，第二年 55%，第三年

15％，投资在每年平均支用，建设期内预计年平均价格总水平上涨率为5％。建设期利息为1560万元，工程建设其他费用为4300万元，基本预备费率为10％。试估算该项目的固定资产投资。

3. 某项目进口一套加工设备，该设备的离岸价（FOB价）为100万美元，国外运费5万美元；运输保险费1万美元；关税税率20％，银行财务费率为0.4％，外贸手续费率为1.5％，增值税税率17％，无消费税，求该进口设备的原价。（外汇汇率：1美元＝6.8元人民币）

4. 某公司准备筹集长期资金15000万元，筹资方案如下：发行长期债券5000万元，年利率6％，筹资费用率2％；发行优先股2000万元，年股息率8％，筹资费用率3％；发行普通股8000万元，每股面额1元，发行价为每股4元，共200万股；今年期望的股利为每股0.2元，预计以后每年股息率将增加4％，筹资费用率为3％，该企业所得税率为33％。求该企业的加权平均资金成本。

第 9 章 价 值 工 程

本章要点

了解价值工程的概念；了解价值工程的基本工作程序；熟悉价值工程的原理；掌握功能评价值 F 的计算方法；熟悉价值工程在工程项目中的应用。

9.1 价 值 工 程 概 述

价值工程是通过对产品功能的分析，正确处理功能与成本之间的关系来节约资源、降低产品成本的一种有效方法。不论是新产品设计，还是老产品改进都离不开技术和经济的组合，价值工程正是抓住了这一关键，在使产品的功能达到最佳状态下，使产品的结构更合理，从而提高企业经济效益。价值工程以原理简单、应用灵活、效果显著等特点受到我国企业界的重视。

9.1.1　价值工程的形成和发展

价值工程于 1947 年起源于美国。早在第二次世界大战期间，美国的军事工业发展很快。由于战争大肆滥用这些有限的资源，就连以资源丰富为荣的美国也发生了原材料短缺的状况。当时在美国通用汽车公司工作的麦尔斯（L. D. Miles）负责该公司的采购工作，由于物资短缺，他就想出这样一个办法：当你采购不到所需材料时，能不能采用代用材料，即要达到所需要的功能，还要降低成本。当时的"石棉事件"就是一个典型事例，美国通用汽车公司的生产需要大量石棉板，但有一段时间，市场上这种产品脱销，麦尔斯就考虑用既便宜数量又多的不燃纸来代替，起到了防止油漆污染地板和防火的相同作用。对此他不断实践，使他所担任的采购工作取得了出色的成绩，受到了通用汽车公司经理艾·尔利希尔的赞赏，并委任他同其他几名工人一起，专门从事在保证产品质量的前提下如何降低产品成本的科学方法的研究，经过四五年的研究和实践，终于总结出一套科学的方法。在研究过程中，麦尔斯得出这样一个基本思想："当你得不到指定物品时，就设法取得它的功能"。从 1947 年价值工程的基本理论和方法正式提出后，价值工程就迅速发展起来。1950 年美国海军部设立了专门的机构，从事价值工程的研究工作。1959 年，在华盛顿成立了美国价值工程师协会（SANE），麦尔斯担任了第一任会长，这是世界上第一个价值工程的专门学术组织。1961 年，麦尔斯发表了他的第一本价值分析专著《价值工程的分析方法》，从此价值工程就进入了系统的研究应用时期。在 20 世纪 60 年代初，美国国防部规定，所有供应国防部物资的厂商，凡是金额超过一定数额的，必须进行价值分析，并对进行价值分析的厂商订有优厚的奖励制度。目前，在美国企业中，仍有40％以上的企业把价值工程作为降低成本的有效方法加以应用。

价值工程于1955年被引入日本，受到了日本政府的重视，但由于某种原因未能推广。1960年由于日本的经济迅速发展，市场竞争日渐加剧，迫使资本家以降低成本来求得生存，这时价值工程才得以顺利推广应用。我国1978年引进价值工程，1979年开始试用这一先进的管理技术，1980年少数企业把价值工程用于产品分析初见成效。目前这一方法在我国仍在推广应用，而且一些大专院校也相继开设了价值工程课程。

9.1.2　价值的概念

价值工程中的"价值"概念不同于政治经济学中有关价值的概念，在这里，价值是作为"评价某一事物（产品或作业）的有益程度的尺度"提出来的。价值高，说明有益程度高，收益大，好处多；价值低，说明有益程度低。

在我们评价一种产品、一项工作或一种服务的价值大小时，如果认为质量高价值就大，或认为成本低价值就大，都是不合理的。因为，质量高但代价也昂贵，成本低但质量也差，这都不符合用户的要求，都不能称为价值最大。因此，从用户的角度讲，用户的价值 V_Y 可写成

$$V_Y = \frac{\text{功能}}{\text{费用（价格）}} \tag{9-1}$$

从企业角度来判断产品价值的高低，通常是把投入的资金与获得的收入作比较。因此，对企业来说，企业的价值 V_Q 可写成

$$V_Q = \frac{\text{销售收入}}{\text{成本}} \tag{9-2}$$

如果我们把中间过程简化，则可以认为企业的销售收入等于用户所付出的费用，即销售收入＝费用（价格），这样把上述两个式子加以整理，就可以得出用户价值 V_Y 与企业价值 V_Q 之间的关系表达式

$$V_Q = \frac{1}{V_Y} \cdot \frac{\text{功能}}{\text{成本}} \tag{9-3}$$

从这个公式可以看出，企业价值与用户价值成反比关系，如果采取提高价格的办法来提高企业的价值，就会使用户的价值降低，显然是行不通的，那会冒失去市场的危险，比较稳妥的办法就是从功能和成本两个方面去寻找出路。因此，从企业和用户两个方面综合考虑，就得出价值工程中价值的含义，即价值工程中的价值是功能和成本的综合反映，也是两者的比值，表达式为

$$V(\text{价值}) = \frac{F(\text{功能})}{C(\text{成本})} \tag{9-4}$$

价值工程中价值的概念是一个科学的概念，树立这样一种价值观就为争取处理好功能与成本的关系、技术与经济的关系、企业与用户的关系创造了必要前提，只有正确处理好上述三种关系，才能使产品符合社会与用户的要求，真正提高产品的价值。

一般地说，提高价值的途径有以下五种：一是功能不变，成本降低；二是功能提高，成本不变；三是功能提高，成本降低；四是成本略有提高，功能有大幅度提高；五是功能

略有下降，成本大幅度下降。

价值工程作为技术经济评价的一种方法，它对问题的研究是以功能为中心，以提高产品、工作、工程等的价值为目的，它不是单纯地追求降低成本，也不是片面提高产品（或工作）的功能，而是同时从这两方面入手，使功能和成本达到最佳匹配。

9.1.3 价值工程的概念

价值工程是以最低的寿命周期成本，可靠地实现产品（或作业）的必要功能，是一种着重于功能分析的有组织的活动。

从这个定义可以看出，价值工程包含三方面的内容：

1. 着眼于寿命周期成本

产品也和人一样，有它自己的寿命周期。一般来说，一个产品有两种寿命，一种是自然寿命，一种是经济寿命。产品的自然寿命周期是从产品研制、生产、使用、维修、直到最后不能作为物品继续使用时的全部延续时间。但很多产品不是按自然寿命周期加以使用的，而是按产品的经济寿命来使用的，产品的经济寿命是从用户对某种产品提出需要开始，到满足用户需要为止所经过的时间。例如，一台机床使用到某一时期，虽然未完全损坏，但由于劳动生产率比市场上出现的新设备的劳动生产率低，修理费用增加等因素，而使这台设备提前更换，这就表明设备已达到了它的寿命。产品的寿命周期费用就是产品的经济寿命期内所付出的全部费用。

产品的寿命周期费用又分成两部分：一是制造费用，二是使用费用。用户购买产品，就是按产品的价值支付购置费用，这个费用就是制造费用，它包括产品的研制、设计直到制造完成的全过程所消耗的支出，可用 C_1 表示；而用户在使用该产品过程中，还要支付维修费用、能源消耗费用等，我们称之为使用费用，可用 C_2 表示，产品的寿命周期费用就是 C_1 和 C_2 之和，即：

$$C = C_1 + C_2 \tag{9-5}$$

价值工程的主要任务之一，就是在保证产品功能的情况下，使产品的寿命周期成本降到最低。产品的寿命周期成本和产品的功能是密切相关的，随着产品功能水平的提高，制造费用上升，使用费用下降，如图 9-1 所示。若某一产品现在的功能水平为 F_1，寿命周期成本为 C_1，当该产品的功能水平由 F_1 上升到 F_2 时，费用则从 C_1 降低到 C_2，这时不但产品的功能水平较高，而且费用最低。我们的目的就是通过开展价值工程，在使产品的功能达到最适宜水平的条件下，使产品的费用降到最低，从而提高其价值，使用户和企业都得到最大的经济效益。

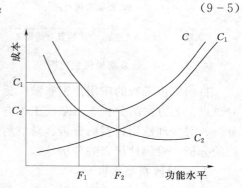

图 9-1　功能与成本关系图

2. 着重于功能分析

功能分析是价值工程的核心。在这里，功能就是产品或作业满足用户要求的某种属性。功能是产品所起的作用、所担负的职能，用户购买产品就是购买某种功能，企业只要为用户提供所需功能的手段，用户就乐意为此付出相应的代价。因此，价值工程对产品的分析，不是分析产品的结构，而是分析产品的功能，通过功能分析，可以发现哪些是必要功能，哪些是不必要功能，以便在改进方案的过程中合理分配功能，使产品的结构更加合理。

3. 一种有组织的活动

价值工程是按照系统性、逻辑性进行的有目的的思维活动，这必然要求在组织管理上，具有依靠集体智慧开展的有组织的活动。价值工程对产品的研究是对产品成本和功能进行研究，这说明它的活动涉及到产、供、销、用等各个方面，跨越车间、部门，关系到工厂内外和全体职工。处理如此全面复杂的问题，单靠个人或某一特定的部门是不行的，必须协调好各部门之间的工作，组织新的横向联合，发挥集体智慧，博采众家之长，灵活运用各方面的知识和经验，才能使价值工程的研究工作开展的更好。

9.1.4 价值工程的应用范围和指导原则

1. 应用范围

价值工程起源于材料的采购和代用品的研究，继而扩展到工程设计和新产品研制、整机和零部件的生产以及工具仪表的改进，后来发展到改进维护方法、操作程序、技术指标的分析等方面。总之，凡是有功能要求，并需要为此付出代价的地方，都可以采用价值工程进行分析。

建设工程运用价值工程的重点在于规划和设计阶段，因为一项工程布局是否合理，工

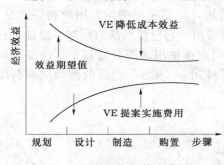

图 9-2 效益期望值变化图

程造价的高低，主要取决于生产前的各个阶段。一旦设计固定下来，在生产阶段再推行价值工程，牵扯的因素就会增多，支出的费用将大大增加。可以认为，布局上的不合理是最大的损失，设计上的浪费是最大的浪费，布局合理和设计节约是巨大的节约。所以，在开发设计阶段搞好价值工程分析，效益期望值大，一旦产品定型，再开展价值工程活动，效益期望值就减小，其变化如图 9-2。

目前价值工程的应用范围非常广泛，已涉及到许多方面，如对产品更新方案的分析、对改进工艺方案的分析、对基建工程方案的分析、对质量指标水平的分析、对设备维修的分析、对合理选用材料的分析、对节约能源的分析、对采购和外协工作的分析、对经营管理的分析、对统计报表的分析等。

2. 应用的指导原则

价值工程的创始人麦尔斯，在他的工作实践中积累了丰富的经验，为了更好地分析和解答问题，提出了著名的"麦尔斯十三条原则"，其内容为：

（1）分析问题避免一般化、概念化。

（2）收集一切可用的成本费用数据。

（3）使用可靠的情报源。

（4）打破现有框框，进行创新和提高。

（5）发挥真正的独创性。

（6）找出障碍，克服障碍。

（7）请教有关专家，扩大专业知识面。

（8）对重要的公差要换算成费用，以便认真考虑。

（9）尽量利用专业化工厂生产的产品。

（10）利用和购买专业化工厂的生产技术。

（11）采用专门的生产工艺。

（12）尽量采用标准件。

（13）以"我是否这样花自己的钱"作为判断标准。

这十三条指导原则是十分重要的，要想使价值工程的研究工作开展得更好，就必需深刻体会这十三条原则的含义。

9.1.5 价值工程的基本工作程序

在价值工程的发展过程中，曾经出现过五步骤法、七步骤法、十一步骤法、十二步骤法等，这里介绍其中十二步骤法及它对应的 7 个问题。

开展价值工程的整个过程就是一个提出问题、分析问题和解决问题的过程。国外习惯于针对价值工程的研究对象，逐步深入、合乎逻辑地提出一系列问题，通过回答问题，寻找答案，从而使问题得到解决，所提出的问题及对应的各个阶段如表 9-1 所示。

表 9-1　　　　　　　　　　价值工程的基本工作程序

构思的一般过程	价值工程活动程序		对应的问题
	基本步骤	详细步骤	
分　析	1. 功能定义	1. 对象的选择 2. 情报的收集	1. 这是什么
		3. 功能定义 4. 功能整理	2. 它的功能是什么
	2. 功能评价	5. 功能成本分析	3. 它的成本是多少
		6. 功能评价 7. 研究对象的范围	4. 它的价值是多少
综　合 评　价	3. 制定改进方案	8. 创造	5. 还有新的方案吗
		9. 概略评价 10. 具体化调整 11. 详细评价 12. 提案	6. 新方案的成本是多少 7. 新方案能满足功能要求吗

在实际工作中，各个步骤可以灵活安排，表中的七个问题则是一条重要的解决问题的思路，如果这 7 个问题均能圆满地回答，就能找到较好的改进方案。

在我国进行新产品的研制要经过 4 个阶段 16 个步骤，这一过程同价值工程的工作程序既有显著区别，又有内在联系。我们在进行新产品设计研究的过程中，既不要把研制新产品的一套程序误作为价值工程的工作程序，又要弄清楚在新产品的研制过程中，如何运用价值工程的方法。为此，表 9-2 中将二者的内容联系及其各阶段的对应关系表示出来，供新产品设计中应用价值工程方法参考之用。

表 9 - 2　　　　　　　　　新产品研制与价值工程程序对照表

新产品研制程序		价值工程实施步骤
设计阶段	1. 调查研究 2. 新产品发展计划 3. 新产品发展计划任务书	1. 对象选择 2. 收集情报 3. 功能定义 4. 功能评价
设计试制阶段	4. 方案设计 5. 实验研究 6. 技术设计 7. 实验研究 8. 施工设计 9. 样机试制 10. 实验研究 11. 样机鉴定	5. 方案创造 6. 概略评价 7. 方案具体制定 8. 实验研究 9. 详细评价 10. 提案审批
批量生产阶段	12. 小批实验 13. 小批鉴定 14. 市场试销 15. 正式生产	11. 方案实施
销售服务阶段	16. 销售服务及用户调查	

9.2　价值工程的原理

9.2.1　价值工程对象的选择与情报收集

1. 对象选择

价值工程的对象选择过程就是收缩研究范围的过程，最后明确分析研究的目标即主攻方向。一般说来，从以下几方面考虑价值工程对象的选择：

（1）从设计方面看，对产品结构复杂、性能和技术指标差、体积和重量大的产品进行价值工程活动，可使产品结构、性能、技术水平得到优化，从而提高产品价值。

（2）从施工生产方面看，对量大面广、工序繁琐、工艺复杂、原材料和能源消耗高、质量难于保证的产品，进行价值工程活动可以最低的寿命周期成本可靠地实现必要功能。

（3）从销售方面看，选择用户意见多、退货索赔多和竞争力差的产品进行价值工程活动，以赢得消费者的认同，占领更大的市场份额。

（4）从成本方面看，选择成本高或成本比重大的产品，进行价值工程活动可降低产品成本。

2. 对象选择的方法

价值工程对象选择的方法有很多种，不同方法适宜于不同的价值工程对象，根据企业条件选用适宜的方法，就可以取得较好效果。常用的方法有因素分析法、ABC 分析法、强制确定法、百分比分析法、价值指数法等。

（1）因素分析法。又称经验分析法，是指根据价值工程对象选择应考虑的各种因素，凭借分析人员的经验集体研究确定选择对象的一种方法。

因素分析法是一种定性分析方法，依据分析人员经验做出选择，简便易行。特别是在被研究对象彼此相差比较大以及时间紧迫的情况下比较适用。在对象选择中还可以将这种方法与其他方法相结合，往往能取得更好效果。因素分析法的缺点是缺乏定量依据、准确性较差，对象选择的正确与否，主要取决于价值工程活动人员的经验及工作态度，有时难以保证分析质量。为了提高分析的准确程度，可以选择技术水平高、经验丰富、熟练业务的人员参加，并且要发挥集体智慧，共同确定对象。

（2）ABC 分析法。又称重点选择法或不均匀分布定律法，是应用数理统计分析的方法来选择对象。这种方法由意大利经济学家帕累托提出，其基本原理为"关键的少数和次要的多数"，抓住关键的少数可以解决问题的大部分。在价值工程中，这种方法的基本思路是：首先把一个产品的各种部件（或企业各种产品）按成本的大小由高到低排列起来，然后绘成费用累积分配图（如图 9-3 所示）。然后将占总成本 70％～80％而占零部件总数 10％～20％的零部件划分为 A 类部件；将占总成本 5％～10％而占零部件总数 60％～80％

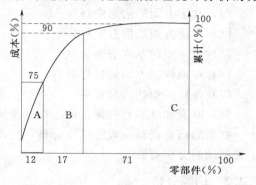

图 9-3 ABC 法分析原理图

的零部件划分为 C 类；其余为 B 类。其中 A 类零部件是价值工程的主要研究对象。

有些产品不是由各个部件组成，如工程项目投资等，对这类产品可按费用构成项目分类，如分为管理费、动力费、人工费等，将其中所占比重最大的，作为价值工程的重点研究对象。这种分析方法也可从产品成本利润率、利润比重角度分析，其中利润额占总利润比重最低，而且成本利润率也最低的，应当考虑作为价值工程的研究对象。

ABC 分析法抓住成本比重大的零部件或工序作为研究对象，有利于集中精力重点突破，取得较大效果，同时简便易行，因此广泛为人们所采用。但在实际工作中，有时由于成本分配不合理，造成成本比重不大，但用户认为功能重要的对象可能被漏选或排序推后。ABC 分析法的这一缺点可以通过经验分析法、强制确定法等方法补充修正。

（3）强制确定法。是以功能重要程度作为选择价值工程对象的一种分析方法。具体做法是：先求出分析对象的成本系数、功能系数，然后得出价值系数，以揭示出分析对象的功能与成本之间是否相符。如果不相符，价值低的则被选为价值工程的研究对象。这种方法在功能评价和方案评价中也有应用。

强制确定法从功能和成本两方面综合考虑，比较适用、简便，不仅能明确揭示出价值工程的研究对象，而且具有数量概念。但这种方法是人为打分，不能准确反映功能差距的大小，只适用于部件间功能差别不太大且比较均匀的对象，而且一次分析的部件数目也不能太多，以不超过 10 个为宜。在零部件很多时，可以先用 ABC 法、经验分析法选出重点部件，然后再用强制确定法细选；也可以用逐层分析法，从部件选起，然后在重点部件中选出重点零件。

（4）百分比分析法。这是一种通过分析某种费用或资源对企业的某个技术经济指标的影响程度的大小（百分比），来选择价值工程对象的方法。

（5）价值指数法。这是通过比较各个对象（或零部件）之间的功能水平位次和成本位次，寻找价值较低对象（零部件），并将其作为价值工程研究对象的一种方法。

3. 信息资料收集

价值工程所需的信息资料，应视具体情况而定。对于产品分析来说，一般应收集以下几方面的信息资料：

（1）用户方面的信息资料。

（2）市场销售方面的信息资料。

（3）技术方面的信息资料。

（4）经济方面的信息资料。

（5）本企业的基本资料。

（6）环境保护方面的信息资料。

（7）外协方面的信息资料。

（8）政府和社会有关部门的法规、条例等方面信息资料。

收集的信息资料一般需加以分析、整理，剔除无效资料，使用有效资料，以利于价值工程活动的分析研究。

9.2.2　功能分析

价值工程分析阶段主要工作是功能定义、功能整理与功能评价。

1. 功能定义

任何产品都具有使用价值，即任何产品的存在是由于它们具有能满足用户所需求的特有功能，这是存在于产品中的一种本质。人们购买物品的实质是为了获得产品的功能。

（1）功能分类。

为了弄清功能的定义，根据功能的不同特性，可以先将功能分为以下几类：

1）按功能的重要程度分类，产品的功能一般可分为基本功能和辅助功能。

基本功能就是要达到这种产品的目的所必不可少的功能，是产品的主要功能，如果不具备这种功能，这种产品就失去其存在的价值。例如承重外墙的基本功能是承受荷载，室内间壁墙的基本功能是分隔空间。

辅助功能是为了更有效的实现基本功能而添加的功能，是次要功能，是为了实现基本功能而附加的功能。如墙体的隔声、隔热就是墙体的辅助功能。

2）按功能的性质分类，功能可划分为使用功能和美学功能。

使用功能从功能的内涵上反映其使用属性，而美学功能是从产品外观反映功能的艺术属性。无论是使用功能和美观功能，他们都是通过基本功能和辅助功能来实现的。产品的使用功能和美观功能要根据产品的特点而有所侧重。有的产品应突出其使用功能，例如地下电缆、地下管道等；有的应突出其美观功能，例如墙纸、陶瓷、壁画等。当然，有的产品如手表二者功能兼而有之。

3）按用户的需求分类，功能可分为必要功能和不必要功能。

必要功能是指用户所要求的功能以及与实现用户所需求功能有关的功能，使用功能、美学功能、基本功能、辅助功能等均为必要功能；不必要功能是指不符合用户要求的功能。不必要的功能包括三类：一是多余功能；二是重复功能；三是过剩功能。不必要的功能必然产生不必要的费用，这不仅增加了用户的经济负担，而且还浪费资源。因此，价值工程的功能，一般是指必要功能，即充分满足用户必不可少的功能要求。

4）按功能的量化标准分类，产品的功能可分为过剩功能与不足功能。

过剩功能是指某些功能虽属必要，但满足需要有余，在数量上超过了用户要求或标准功能水平。不足功能是相对于过剩功能而言的，表现为产品整体功能或零部件功能水平在数量上低于标准功能水平，不能完全满足用户需要。不足功能和过剩功能要作为价值工程的对象，通过设计进行改进和完善。

5）按总体与局部分类，产品的功能可划分为总体功能和局部功能。

总体功能和局部功能是目的与手段的关系，产品各局部功能是实现产品总体功能的基础，而产品的总体功能又是产品各局部功能要达到的目的。

上述功能的分类不是功能分析的必要步骤，而是用以分辨确定各种功能的性质和其重要的程度。价值工程正是抓住产品功能这一本质，通过对产品功能的分析研究，正确、合理地确定产品的必要功能、消除不必要功能，加强不足功能、削弱过剩功能，改进设计，降低产品成本。因此，可以说价值工程是以功能为中心，在可靠地实现必要的功能基础上来考虑降低产品成本的。

（2）功能定义。

功能定义就是根据收集到的情报和资料，透过对象产品或部件的物理特征（或现象），找出其效用或功用的本质东西，并逐项加以区分和规定，以简洁的语言描述出来。

功能定义的目的是：

1）明确对象产品和组成产品各部件的功能，借以弄清产品的特性。

2）便于进行功能评价，通过评价弄清哪些是价值低的功能和有问题的功能，实现价值工程的目的。

3）便于构思方案，对功能下定义的过程实际上也是为对象产品改进设计的构思过程，为价值工程的方案创造工作阶段作了准备。

2. 功能整理

功能整理是用系统的观点将已经定义了的功能加以系统化，找出各局部功能相互之间的逻辑关系，并用图表形式表达，以明确产品的功能系统如图 9-4 所示，从而为功能评价和方案构思提供依据。

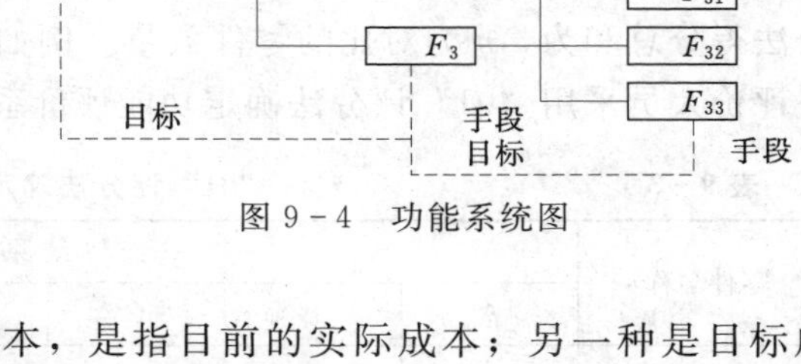

3. 功能评价

功能评价是在功能定义和功能整理完成之后，在已定性确定问题的基础上进一步作定量的确定，即评定功能的价值。

图 9-4　功能系统图

（1）功能评价的程序。

价值工程的成本有两种，一种是现实成本，是指目前的实际成本；另一种是目标成本。功能评价就是找出实现功能的最低费用作为功能的目标成本，以功能目标成本为基准，通过与功能现实成本的比较，求出两者的比值（功能价值）和两者的差异值（改善期望值），然后选择功能价值低、改善期望值大的功能作为价值工程活动的重点对象。功能评价的程序如图9-5所示。

（2）功能现实成本的计算。

功能现实成本的计算与一般的传统的成本核算既有相同点，也有不同之处。两者相同点是指它们在成本费用的构成项目上是完全相同的；而两者的不同之处在于功能现实成本的计算是以对

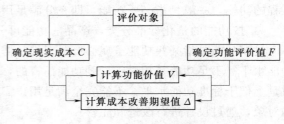

图9-5 功能评价的程序

象的功能为单位，而传统的成本核算是以产品或零部件为单位。因此，在计算功能现实成本时，就需要根据传统的成本核算资料，将产品或零部件的现实成本换算成功能的现实成本。具体地讲，当一个零部件只具有一个功能时，该零部件的成本就是它本身的功能成本；当一项功能要由多个零部件共同实现时，该功能的成本就等于这些零部件的功能成本之和。当一个零部件具有多项功能或同时与多项功能有关时，就需要将零部件成本分摊给各项有关功能，至于分摊的方法和分摊的比例，可根据具体情况决定。

（3）成本指数的计算。

成本指数是指评价对象的现实成本在全部成本中所占的比率。计算式如下

$$C_I = \frac{C_i}{C} \qquad\qquad (9-6)$$

式中　C_I——第 I 个评价对象的成本指数；

　　　C_i——第 i 个评价对象的现实成本；

　　　C——全部成本。

（4）功能评价值 F 的计算。

对象的功能评价值 F（目标成本），是指可靠地实现用户要求功能的最低成本，可以根据图纸和定额，也可根据国内外先进水平或根据市场竞争的价格等来确定。它可以理解为是企业有把握，或者说应该达到的实现用户要求功能的最低成本。从企业目标的角度来看，功能评价值可以看成是企业预期的、理想的成本目标值，常用功能重要性系数评价法计算。其主要方法有"01"评分法、直接评分法、"04"评分法、倍比法等。

1）"01"评分法（也称强制确定法—Forced Decision Method，简称FD法）。这种方法的做法是请 5～15 个对产品熟悉的人员各自参加功能的评价。评价两个功能的重要性时，可以对完成该功能的相应零件进行比较，重要者得1分，不重要者得0分。"01"评分法得分总和为，n 为对比的零件数量。例如某个产品有5个零件，总分应为10分。某一评价人员采用"01"评分法确定功能评价系数的过程见表9-3。

表9-3　　　　　　　　　　"01"评分法确定功能评价系数

零件名称	一对一比较结果					得分	功能评价系数
	A	B	C	D	E		
A	—	1	0	1	1	3	0.3
B	0	—	0	1	1	2	0.2
C	1	1	—	1	1	4	0.4

零件名称	一 对 一 比 较 结 果					得分	功能评价系数
	A	B	C	D	E		
D	0	0	0	—	0	0	0
E	0	0	0	1	—	1	0.1
合计						10	1

2）直接评分法。直接评分法是请 5～15 个对对象熟悉的人员对对象各零件的功能直接打分，评价时规定总分标准，每个参评人员对对象各零件功能的评分之和必须等于总分。

3）"04"评分法。"04"评分法是对"01"评分法的改进，它更能反映功能之间的真实差别：采用"04"评分法对评价对象进行一一比较时，分为 4 种情况：

①非常重要的功能得 4 分，很不重要的功能得 0 分；

②比较重要的功能得 3 分，不太重要的功能得 1 分；

③两个功能重要程度相同时各得 2 分；

④自身对比不得分。

"04"评分法得分总和为 $2n(n-1)$，n 为对比的零件数量。

4）倍比法。这种方法是利用评价对象之间的相关性进行比较来定出功能评价系数体，步骤如下：

①根据各评价对象的功能重要性程度，按上高下低原则排序；

②从上至下按倍数比较相邻两个评价对象；

③令最后一个评价对象得分为 1，按上述各对象之间的相对比值计算其他对象的得分；

④计算各评价对象的功能评价参数。

（5）计算功能价值 V，分析成本功能的合理匹配程度。

功能价值 V 的计算方法可分为两大类，即功能成本法与功能指数法。下面仅介绍功能成本法。

功能成本法是通过一定的测算方法，测定实现应有功能所必须消耗的最低成本，同时计算为实现应有功能所耗费的现实成本，经过分析、对比，求得对象的价值系数和成本降低期望值，确定价值工程的改进对象。其表达式如下

$$V_i = \frac{F_i}{C_i} \tag{9-7}$$

式中　V_i——第 i 个评价对象的价值系数；

F_i——第 i 个评价对象的功能评价值（目标成本）；

C_i——第 i 个评价对象的现实成本。

根据上述计算公式，功能的价值系数不外以下几种结果：

$V_i = 1$，表示功能评价值等于功能现实成本。这表明评价对象的功能现实成本与实现功能所必需的最低成本大致相当，说明评价对象的价值为最佳，一般无需改进。

$V_i < 1$，此时功能现实成本大于功能评价值。表明评价对象的现实成本偏高，而功能

要求不高，这时一种可能是存在着过剩的功能；另一种可能是功能虽无过剩，但实现功能的条件或方法不佳，以致使实现功能的成本大于功能的实际需要。

$V_i > 1$，说明该部件功能比较重要，但分配的成本较少，即功能现实成本低于功能评价值。应具体分析，可能功能与成本分配已较理想，或者有不必要的功能，或者应该提高成本。

$V = 0$ 时，因为只有分子为 0，或分母为 ∞ 时，才能使 $V = 0$。根据上述对功能评价值 F 的定义，分子不应为 0，而分母也不会为 ∞，要进一步分析。如果是不必要的功能，该部件则取消；但如果是最不重要的必要功能，要根据实际情况处理。

（6）确定价值工程对象的改进范围。

从以上分析可以看出，对产品部件进行价值分析，就是使每个部件的价值系数尽可能趋近于 1。为此，确定的改进对象是：

1）F/C 值低的功能。

2）$\Delta C = (C - F)$ 值大的功能。

3）复杂的功能。

4）问题多的功能。

9.2.3 方案创造及评价

1. 方案创造

方案创造是从提高对象的功能价值出发，在正确的功能分析和评价的基础上，针对应改进的具体目标，通过创造性的思维活动，提出能够可靠地实现必要功能的新方案。从某种意义上讲，价值工程可以说是创新工程，方案创造是价值工程取得成功的关键一步。因为前面所论述的一些问题，如选择对象、收集资料、功能成本分析、功能评价等，虽然都很重要，但都是为方案创造服务的。前面的工作做得再好，如果不能创造出高价值的创新方案，也就不会产生好的效果。所以，从价值工程技术实践来看，方案创造是决定价值工程成败的关键阶段。

方案创造的理论依据是功能载体具有替代性。这种功能载体替代的重点应放在以功能创新的新产品替代原有产品和以功能创新的结构替代原有结构方案。而方案创造的过程是思想高度活跃、进行创造性开发的过程。为了引导和启发创造性地思考，可以采取各种方法，比较常用的方法有以下几种：

（1）头脑风暴法（BS，Brain Storming）。

头脑风暴法是指自由奔放地思考问题。具体地说，就是由对改进对象有较深了解的人员组成的小集体在非常融洽和不受任何限制的气氛中进行讨论、座谈，打破常规、积极思考、互相启发、集思广益，提出创新方案。这种方法可使获得的方案新颖、全面、富于创造性，并可以防止片面和遗漏。

这种方法以 5～10 人的小型会议的方式进行为宜，会议的主持者应熟悉研究对象，思想活跃，知识面广，善于启发引导，使会议气氛融洽，使与会者广开思路，畅所欲言。会议应按以下原则进行：

1）欢迎畅所欲言，自由地发表意见。

2）希望提出的方案越多越好。

3）对所有提出的方案不加任何评价。

4）要求结合别人的意见提设想，借题发挥。

5）会议应有记录，以便于整理研究。

（2）歌顿（Gorden）法。

这是美国人歌顿在1964年提出的方法。这个方法也是在会议上提方案，但究竟研究什么问题，目的是什么，只有会议的主持人知道，以免其他人受约束。例如，想要研究试制一种新型剪板机，主持会议者请大家就如何把东西切断和分离提出方案。当会议进行到一定时机，再宣布会议的具体要求，在此联想的基础上研究和提出各种新的具体方案。

这种方法的指导思想是把要研究的问题适当抽象，以利于开拓思路。在研究到新方案时，会议主持人开始并不全部摊开要解决的问题，而是只对大家作一番抽象笼统的介绍，要求大家提出各种设想，以激发出有价值的创新方案。这种方法要求会议主持人机智灵活、提问得当。提问太具体，容易限制思路；提问太抽象，则方案可能离题太远。

（3）专家意见法。

这种方法又称德尔菲（Delphi）法，是由组织者将研究对象的问题和要求，函寄给若干有关专家，使他们在互不商量的情况下提出各种建议和设想，专家返回设想意见，经整理分析后，归纳出若干较合理的方案和建议，再函寄给有关专家征求意见，再回收整理，如此经过几次反复后专家意见趋向一致，从而最后确定出新的功能实现方案。这种方法的特点是专家们彼此不见面，研究问题时间充裕，可以无顾虑、不受约束地从各种角度提出意见和方案。缺点是花费时间较长，缺乏面对面的交谈和商议。

（4）专家检查法。

这个方法不是靠大家想办法，而由主管设计的工程师作出设计，提出完成所需功能的办法和生产工艺，然后按顺序请各方面的专家（如材料方面的、生产工艺的、工艺装备的、成本管理的、采购方面的）审查。这种方法先由熟悉的人进行审查，以提高效率。

2. 方案评价

在方案创造阶段提出的设想和方案是多种多样的，能否付诸实施，就必须对各个方案的优缺点和可行性进行分析、比较、论证和评价，并在评价过程中进一步完善有希望的方案。方案评价包括概略评价和详细评价两个基础。其评价内容都包括技术评价、经济评价、社会评价以及综合评价，如图9-6所示。

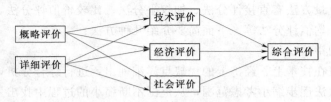

图9-6 方案评价步骤示意图

在对方案进行评价时，无论是概略评价还是详细评价，一般可先做技术评价，再分别进行经济评价和社会评价，最后进行综合评价。

（1）概略评价。

概略评价是对方案创新阶段提出的各个方案设想进行初步评价，目的是淘汰那些明显不可行的方案，筛选出少数几个价值较高的方案，以供详细评价作进一步的分析。概略评价的内容包括以下几个方面：

1) 技术可行性方面，应分析和研究创新方案能否满足所要求的功能及其本身在技术方面能否实现。

2) 经济可行性方面，应分析和研究产品成本能否降低和降低的幅度，以及实现目标成本的可能性。

3) 社会评价方面，应分析研究创新方案对社会利害影响的大小。

4) 综合评价方面，应分析和研究创新方案能否使价值工程活动对象的功能和价值有所提高。

(2) 详细评价。

详细评价是在掌握大量数据资料的基础上，对通过概略评价的少数方案，从技术、经济、社会3个方面进行详尽的评价分析，为提案的编写和审批提供依据。详细评价的内容包括以下几个方面：

1) 技术可行性方面，主要以用户需要的功能为依据，对创新方案的必要功能条件实现的程度作出分析评价。特别对产品或零部件，一般要对功能的实现程度（包括性能、质量、寿命等）、可靠性、维修性、操作性、安全性以及系统的协调性等进行评价。

2) 经济可行性方面，主要考虑成本、利润、企业经营的要求；创新方案的适用期限与数量；实施方案所需费用、节约额与投资回收期以及实现方案所需的生产条件等。

3) 社会评价方面，主要研究和分析创新方案给国家和社会带来的影响（如环境污染、生态平衡、国民经济效益等）。

4) 综合评价方面，是在上述3种评价的基础上，对整个创新方案的诸因素作出全面系统的评价。为此，首先要明确规定评价项目，即确定评价所需的各种指标和因素；然后分析各个方案对每一评价项目的满足程度；最后再根据方案对各评价项目的满足程度来权衡利弊，判断各方案的总体价值，从而选出总体价值最大的方案，即技术上先进、经济上合理和社会上有利的最优方案。

3. 方案综合评价方法

用于方案综合评价的方法有很多，常用的定性方法有德尔菲（Delphi）法、优缺点列举法等；常用的定量方法有直接评分法、加权平分法、比较价值评分法、环比评分法、强制评分法、几何平均值评分法等。下面简要介绍几种方法：

(1) 优缺点列举法。

把每一个方案在技术上、经济上的优缺点详细列出，进行综合分析，并对优缺点作进一步调查，用淘汰法逐步缩小考虑范围，从范围不断缩小的过程中找出最后的结论。

(2) 直接评分法。

根据各种方案能够达到各项功能要求的程度，按10分制（或100分制）评分，然后算出每个方案达到功能要求的总分，比较各方案总分，作出采纳、保留、舍弃的决定，再对采纳、保留的方案进行成本比较，最后确定最优方案。

(3) 加权评分法。

又称矩阵评分法。这种方法是将功能、成本等各种因素，根据要求的不同进行加权计算，权数大小应根据它在产品中所处的地位而定，算出综合分数，最后与各方案寿命周期成本进行综合分析，选择最优方案。加权评分法主要包括以下四个步骤：

1）确定评价项目及其权重系数。

2）根据各方案对各评价项目的满足程度进行评分。

3）计算各方案的评分权数和。

4）计算各方案的价值系数，以较大的为优。

方案经过评价，不能满足要求的就淘汰，有价值的就保留。

9.3 价值工程在工程项目中的应用

建筑工程项目从立项到竣工交付使用，历时较长。其生产过程是通过不断变换的人流将物质有机的凝聚成产品，而最终产品是一个需要符合一系列功能的统一体，所以建筑产品的生产是一个"多维"系统工程。在建筑工程中应用价值工程，对降低建筑成本，合理配置资源，增加建筑产品的科技含量和价值均具有深远的意义。价值工程可应用于项目实施过程中的各个阶段，本节主要介绍价值工程在建设项目设计阶段的应用。

同一建设项目，同一单项、单位过程可以有不同的设计方案，方案不同，造价也就会有差异，这时，设计人员可通过价值工程活动进行方案的优选。根据功能系统图分析，对上位功能进行分析和改善比对下位功能效果好；对功能领域进行分析和改善比对单个功能效果好。因此，价值工程既可用于工程项目设计方案的分析选择，也可用于单位工程设计方案的分析选择。现以某建筑设计院在建筑设计中应用价值工程，进行住宅设计方案选优，说明价值工程在工程设计中的应用。

9.3.1 对象选择

对建筑设计单位来说，承担的工程设计的种类繁多，必须运用一定方法选择价值工程的重点研究对象。到底选择哪些项目作为价值工程的分析对象呢？该建筑设计院依据近几年承担的设计项目建筑面积的统计数据，运用百分比法来选择价值工程的研究对象。通过分析，价值工程人员决定把该建筑设计院设计项目比例最大的住宅工程作为价值工程的研究对象。该建筑设计院近几年各类设计项目所占比例见表9-4。

表9-4 某建筑设计院设计项目情况

工程类别	比例（%）	工程类别	比例（%）	工程类别	比例（%）	工程类别	比例（%）
住宅	38	教学楼	5	图书馆	1	影剧院	3
综合楼	10	车间	5	商业建筑	2	医院	5
办公楼	9	宾馆	3	体育建筑	2	其他	17

9.3.2 信息资料

在选择好价值工程分析对象之后，价值工程人员围绕以下几个方面进行资料收集：

（1）通过工程回访，收集广大用户对住宅的使用意见。

（2）通过对不同地质情况和基础形式的住宅进行定期的沉降观察，获取地基方面的第一手材料。

（3）了解有关住宅施工方面的情况。

（4）收集大量有关住宅建设的新工艺及新材料的性能、价格和使用效果等方面资料。

（5）分地区按不同地质、基础形式和设计标准，统计分析近年来住宅建筑的各种技术经济指标。

9.3.3 功能分析价值

功能分析是价值工程人员组织设计、施工及建设单位的有关人员共同讨论，对住宅的各种功能进行定义、整理和评价分析的活动。参与分析人员应适用、安全、美观和其他几方面对住宅功能进行分析研究。就适用功能而言，可以具体分为平面布局、采光通风和层高层数等功能。就安全功能而言，可以具体分为牢固耐用、"三防"设施等功能。就美观功能而言，可以具体分为建筑造型、室外装修、室内装修等功能。在功能分析中，价值工程人员应坚持把用户的意见放在第一位，结合设计、施工单位的意见进行综合评分，把用户、设计及施工单位三者意见的权数分别定义为70％、20％和10％。具体情况见表9-5。

表 9-5　　　　　　　　　　　　　　住宅功能重要系数表

功 能		用户评分		设计人员评分		施工人员评分		功能重要系数 $\dfrac{0.7F_a+0.2F_b+0.1F_c}{100}$
		得分 F_a	$0.7F_a$	得分 F_b	$0.2F_b$	得分 F_c	$0.1F_c$	
适用	平面布置 F_1	41	28.7	38	7.6	43	4.3	0.406
	采光通风 F_2	16	11.2	17	3.4	15	1.5	0.161
	层高层数 F_3	4	2.8	5	1	4	0.4	0.042
安全	坚固耐用 F_4	20	14	21	4.2	19	1.9	0.201
	（三防）设施 F_5	4	2.8	3	0.6	3	0.3	0.037
美观	建筑造型 F_6	3	2.1	5	1	3	0.3	0.034
	室外装修 F_7	2	1.4	3	0.6	2	0.2	0.022
	室内装修 F_8	7	4.9	6	1.2	5	0.5	0.066
其他	环境、便于施工等 F_9	3	2.1	2	0.4	6	0.6	0.031
合 计		100	70	100	20	100	10	1

9.3.4 方案设计与评价

以某单位一郊区住宅为例来说明价值工程人员如何进行方案设计与评价。

根据收集的信息资料及上述功能重要程度的分析结果，设计人员集思广益，大胆创新，设计了十几个不同的方案。价值工程人员对创新设计的十几个方案，先采用优缺点列举法进行工程分析筛选，从而保留5个较优方案供进一步筛选。5个备选方案的主要特征及单方造价见表9-6。

表 9 - 6 **住 宅 备 选 方 案**

方案名称	主 要 特 征	造价（元/m²）
A 方案	7 层混合，层高 3m，240 内外砖墙，钢筋混凝土预制桩基础，半地下室作储藏间，外装修一般，内装修好，室内设备较好	784
B 方案	7 层混合，层高 2.9m，240 内外砖墙（120 砖非承重内墙），钢筋混凝土条形桩基础（地基经过真空预压处理），装修一般，室内设备中等标准	596
C 方案	7 层混合，层高 3m，240 内外砖墙，沉管灌注桩基础，外装修一般，内装修好，半地下室作杂放间，室内设备中等标准	740
D 方案	5 层混合，层高 3m，空心砖内外墙，钢筋混凝土满堂基础，装修及室内设备一般，屋顶无水箱	604
E 方案	层高 3m，其他特征同 B 方案	624

为了从备选的 5 个方案中选出最佳方案，价值工程人员从技术与经济二者综合的角度来确定最合理的方案。为此，价值工程人员按照下述步骤进行综合评价。

（1）计算各方案的功能评价系数，其结果见表 9 - 7。

（2）计算各方案的成本功能系数，其结果见表 9 - 8。

（3）计算各方案的价值系数，其结果见表 9 - 9。

最后，根据价值系数大小选择最优方案。例中 B 方案价值系数最高为 1.112，故 B 方案最优。

表 9 - 7 **功能评价系数计算表**

评 价 因 素			方 案 名 称				
功能因素	重要系数		A	B	C	D	E
F_1	0.406	方案满足分数 S	10	10	9	9	10
F_2	0.161		10	9	10	10	9
F_3	0.042		9	8	9	10	9
F_4	0.201		9	9	9	8	9
F_5	0.037		7	6	7	6	6
F_6	0.034		9	7	8	6	7
F_7	0.022		7	7	7	7	7
F_8	0.066		9	6	8	7	7
F_9	0.031		9	7	8	7	7
方案总分			9.449	8.881	8.912	8.553	8.99
功能评价系数			0.211	0.198	0.199	0.191	0.201

表 9 - 8 **各方案成本评价系数计算表**

方案名称	A	B	C	D	E	方案名称	A	B	C	D	E
单位造价（元）	784	596	740	604	624	成本评价系数	0.2342	0.1780	0.2210	0.1804	0.1864

表 9 - 9 价 值 系 数 计 算 表

方案名称	A	B	C	D	E	方案名称	A	B	C	D	E
功能评价系数	0.211	0.198	0.199	0.191	0.201	价值系数	0.901	1.112	0.900	1.059	1.078
成本评价系数	0.2342	0.178	0.221	0.1804	0.1864						

 思考题

1. 什么是价值工程？价值工程中的价值含义是什么？提高价值有哪些途径？
2. 价值工程对象选择中的 ABC 分析法的基本思路是什么？
3. 什么是功能评价？常用的评价方法有哪些？

习题

为某工程指示危险的装置提出四个方案，每个方案对 6 个功能的满足程度的评分和估计如表 9-10，请选择最优方案？

表 9 - 10 各方案功能评分和成本估计表 单位：元

功能 方案	A	B	C	D	E	F	估计成本
安全信号灯	2	10	10	10	10	2	155
警报器	8	8	4	8	6	4	147
红灯	8	10	8	10	10	8	165
中心指示器	8	8	8	10	10	4	172
理想方案	10	10	10	10	10	10	180

附　　录

附表1　　　　　　　　　　复 利 系 数 表 ($i=1\%$）

n	$(F/P, i, n)$	$(P/F, i, n)$	$(F/A, i, n)$	$(A/F, i, n)$	$(P/A, i, n)$	$(A/P, i, n)$	$(A/G, i, n)$	$(P/G, i, n)$
1	1.0100	0.9901	1.0000	1.0000	0.9901	1.0100	0.0000	0.0000
2	1.0201	0.9803	2.0100	0.4975	1.9704	0.5075	0.4975	0.9803
3	1.0303	0.9706	3.0301	0.3300	2.9410	0.3400	0.9934	2.9215
4	1.0406	0.9610	4.0604	0.2463	3.9020	0.2563	1.4876	5.8044
5	1.0510	0.9515	5.1010	0.1960	4.8534	0.2060	1.9801	9.6103
6	1.0615	0.9420	6.1520	0.1625	5.7955	0.1725	2.4710	14.3205
7	1.0721	0.9327	7.2135	0.1386	6.7282	0.1486	2.9602	19.9168
8	1.0829	0.9235	8.2857	0.1207	7.6517	0.1307	3.4478	26.3812
9	1.0937	0.9143	9.3685	0.1067	8.5660	0.1167	3.9337	33.6959
10	1.1046	0.9053	10.4622	0.0956	9.4713	0.1056	4.4179	41.8435
11	1.1157	0.8963	11.5668	0.0865	10.3676	0.0965	4.9005	50.8067
12	1.1268	0.8874	12.6825	0.0788	11.2551	0.0888	5.3815	60.5687
13	1.1381	0.8787	13.8093	0.0724	12.1337	0.0824	5.8607	71.1126
14	1.1495	0.8700	14.9474	0.0669	13.0037	0.0769	6.3384	82.4221
15	1.1610	0.8613	16.0969	0.0621	13.8651	0.0721	6.8143	94.4810
16	1.1726	0.8528	17.2579	0.0579	14.7179	0.0679	7.2886	107.2734
17	1.1843	0.8444	18.4304	0.0543	15.5623	0.0643	7.7613	120.7834
18	1.1961	0.8360	19.6147	0.0510	16.3983	0.0610	8.2323	134.9957
19	1.2081	0.8277	20.8109	0.0481	17.2260	0.0581	8.7017	149.8950
20	1.2202	0.8195	22.0190	0.0454	18.0456	0.0554	9.1694	165.4664
21	1.2324	0.8114	23.2392	0.0430	18.8570	0.0530	9.6354	181.6950
22	1.2447	0.8034	24.4716	0.0409	19.6604	0.0509	10.0998	198.5663
23	1.2572	0.7954	25.7163	0.0389	20.4558	0.0489	10.5626	216.0660
24	1.2697	0.7876	26.9735	0.0371	21.2434	0.0471	11.0237	234.1800
25	1.2824	0.7798	28.2432	0.0354	22.0232	0.0454	11.4831	252.8945
26	1.2953	0.7720	29.5256	0.0339	22.7952	0.0439	11.9409	272.1957
27	1.3082	0.7644	30.8209	0.0324	23.5596	0.0424	12.3971	292.0702
28	1.3213	0.7568	32.1291	0.0311	24.3164	0.0411	12.8516	312.5047
29	1.3345	0.7493	33.4504	0.0299	25.0658	0.0399	13.3044	333.4863
30	1.3478	0.7419	34.7849	0.0287	25.8077	0.0387	13.7557	355.0021
31	1.3613	0.7346	36.1327	0.0277	26.5423	0.0377	14.2052	377.0394
32	1.3749	0.7273	37.4941	0.0267	27.2696	0.0367	14.6532	399.5858
33	1.3887	0.7201	38.8690	0.0257	27.9897	0.0357	15.0995	422.6291
34	1.4026	0.7130	40.2577	0.0248	28.7027	0.0348	15.5441	446.1572
35	1.4166	0.7059	41.6603	0.0240	29.4086	0.0340	15.9871	470.1583
40	1.4889	0.6717	48.8864	0.0205	32.8347	0.0305	18.1776	596.8561
45	1.5648	0.6391	56.4811	0.0177	36.0945	0.0277	20.3273	733.7037
50	1.6446	0.6080	64.4632	0.0155	39.1961	0.0255	22.4363	879.4176

复 利 系 数 表 $(i=2\%)$

n	$(F/P, i, n)$	$(P/F, i, n)$	$(F/A, i, n)$	$(A/F, i, n)$	$(P/A, i, n)$	$(A/P, i, n)$	$(A/G, i, n)$	$(P/G, i, n)$
1	1.0200	0.9804	1.0000	1.0000	0.9804	1.0200	0.0000	0.0000
2	1.0404	0.9612	2.0200	0.4950	1.9416	0.5150	0.4950	0.9612
3	1.0612	0.9423	3.0604	0.3268	2.8839	0.3468	0.9868	2.8458
4	1.0824	0.9238	4.1216	0.2426	3.8077	0.2626	1.4752	5.6173
5	1.1041	0.9057	5.2040	0.1922	4.7135	0.2122	1.9604	9.2403
6	1.1262	0.8880	6.3081	0.1585	5.6014	0.1785	2.4423	13.6801
7	1.1487	0.8706	7.4343	0.1345	6.4720	0.1545	2.9208	18.9035
8	1.1717	0.8535	8.5830	0.1165	7.3255	0.1365	3.3961	24.8779
9	1.1951	0.8368	9.7546	0.1025	8.1622	0.1225	3.8681	31.5720
10	1.2190	0.8203	10.9497	0.0913	8.9826	0.1113	4.3367	38.9551
11	1.2434	0.8043	12.1687	0.0822	9.7868	0.1022	4.8021	46.9977
12	1.2682	0.7885	13.4121	0.0746	10.5753	0.0946	5.2642	55.6712
13	1.2936	0.7730	14.6803	0.0681	11.3484	0.0881	5.7231	64.9475
14	1.3195	0.7579	15.9739	0.0626	12.1062	0.0826	6.1786	74.7999
15	1.3459	0.7430	17.2934	0.0578	12.8493	0.0778	6.6309	85.2021
16	1.3728	0.7284	18.6393	0.0537	13.5777	0.0737	7.0799	96.1288
17	1.4002	0.7142	20.0121	0.0500	14.2919	0.0700	7.5256	107.5554
18	1.4282	0.7002	21.4123	0.0467	14.9920	0.0667	7.9681	119.4581
19	1.4568	0.6864	22.8406	0.0438	15.6785	0.0638	8.4073	131.8139
20	1.4859	0.6730	24.2974	0.0412	16.3514	0.0612	8.8433	144.6003
21	1.5157	0.6598	25.7833	0.0388	17.0112	0.0588	9.2760	157.7959
22	1.5460	0.6468	27.2990	0.0366	17.6580	0.0566	9.7055	171.3795
23	1.5769	0.6342	28.8450	0.0347	18.2922	0.0547	10.1317	185.3309
24	1.6084	0.6217	30.4219	0.0329	18.9139	0.0529	10.5547	199.6305
25	1.6406	0.6095	32.0303	0.0312	19.5235	0.0512	10.9745	214.2592
26	1.6734	0.5976	33.6709	0.0297	20.1210	0.0497	11.3910	229.1987
27	1.7069	0.5859	35.3443	0.0283	20.7069	0.0483	11.8043	244.4311
28	1.7410	0.5744	37.0512	0.0270	21.2813	0.0470	12.2145	259.9392
29	1.7758	0.5631	38.7922	0.0258	21.8444	0.0458	12.6214	275.7064
30	1.8114	0.5521	40.5681	0.0246	22.3965	0.0446	13.0251	291.7164
31	1.8476	0.5412	42.3794	0.0236	22.9377	0.0436	13.4257	307.9538
32	1.8845	0.5306	44.2270	0.0226	23.4683	0.0426	13.8230	324.4035
33	1.9222	0.5202	46.1116	0.0217	23.9886	0.0417	14.2172	341.0508
34	1.9607	0.5100	48.0338	0.0208	24.4986	0.0408	14.6083	357.8817
35	1.9999	0.5000	49.9945	0.0200	24.9986	0.0400	14.9961	374.8826
40	2.2080	0.4529	60.4020	0.0166	27.3555	0.0366	16.8885	461.9931
45	2.4379	0.4102	71.8927	0.0139	29.4902	0.0339	18.7034	551.5652
50	2.6916	0.3715	84.5794	0.0118	31.4236	0.0318	20.4420	642.3606

复 利 系 数 表 (*i*=3%)

n	(*F/P*, *i*, *n*)	(*P/F*, *i*, *n*)	(*F/A*, *i*, *n*)	(*A/F*, *i*, *n*)	(*P/A*, *i*, *n*)	(*A/P*, *i*, *n*)	(*A/G*, *i*, *n*)	(*P/G*, *i*, *n*)
1	1.0300	0.9709	1.0000	1.0000	0.9709	1.0300	0.0000	0.0000
2	1.0609	0.9426	2.0300	0.4926	1.9135	0.5226	0.4926	0.9426
3	1.0927	0.9151	3.0909	0.3235	2.8286	0.3535	0.9803	2.7729
4	1.1255	0.8885	4.1836	0.2390	3.7171	0.2690	1.4631	5.4383
5	1.1593	0.8626	5.3091	0.1884	4.5797	0.2184	1.9409	8.8888
6	1.1941	0.8375	6.4684	0.1546	5.4172	0.1846	2.4138	13.0762
7	1.2299	0.8131	7.6625	0.1305	6.2303	0.1605	2.8819	17.9547
8	1.2668	0.7894	8.8923	0.1125	7.0197	0.1425	3.3450	23.4806
9	1.3048	0.7664	10.1591	0.0984	7.7861	0.1284	3.8032	29.6119
10	1.3439	0.7441	11.4639	0.0872	8.5302	0.1172	4.2565	36.3088
11	1.3842	0.7224	12.8078	0.0781	9.2526	0.1081	4.7049	43.5330
12	1.4258	0.7014	14.1920	0.0705	9.9540	0.1005	5.1485	51.2482
13	1.4685	0.6810	15.6178	0.0640	10.6350	0.0940	5.5872	59.4196
14	1.5126	0.6611	17.0863	0.0585	11.2961	0.0885	6.0210	68.0141
15	1.5580	0.6419	18.5989	0.0538	11.9379	0.0838	6.4500	77.0002
16	1.6047	0.6232	20.1569	0.0496	12.5611	0.0796	6.8742	86.3477
17	1.6528	0.6050	21.7616	0.0460	13.1661	0.0760	7.2936	96.0280
18	1.7024	0.5874	23.4144	0.0427	13.7535	0.0727	7.7081	106.0137
19	1.7535	0.5703	25.1169	0.0398	14.3238	0.0698	8.1179	116.2788
20	1.8061	0.5537	26.8704	0.0372	14.8775	0.0672	8.5229	126.7987
21	1.8603	0.5375	28.6765	0.0349	15.4150	0.0649	8.9231	137.5496
22	1.9161	0.5219	30.5368	0.0327	15.9369	0.0627	9.3186	148.5094
23	1.9736	0.5067	32.4529	0.0308	16.4436	0.0608	9.7093	159.6566
24	2.0328	0.4919	34.4265	0.0290	16.9355	0.0590	10.0954	170.9711
25	2.0938	0.4776	36.4593	0.0274	17.4131	0.0574	10.4768	182.4336
26	2.1566	0.4637	38.5530	0.0259	17.8768	0.0559	10.8535	194.0260
27	2.2213	0.4502	40.7096	0.0246	18.3270	0.0546	11.2255	205.7309
28	2.2879	0.4371	42.9309	0.0233	18.7641	0.0533	11.5930	217.5320
29	2.3566	0.4243	45.2189	0.0221	19.1885	0.0521	11.9558	229.4137
30	2.4273	0.4120	47.5754	0.0210	19.6004	0.0510	12.3141	241.3613
31	2.5001	0.4000	50.0027	0.0200	20.0004	0.0500	12.6678	253.3609
32	2.5751	0.3883	52.5028	0.0190	20.3888	0.0490	13.0169	265.3993
33	2.6523	0.3770	55.0778	0.0182	20.7658	0.0482	13.3616	277.4642
34	2.7319	0.3660	57.7302	0.0173	21.1318	0.0473	13.7018	289.5437
35	2.8139	0.3554	60.4621	0.0165	21.4872	0.0465	14.0375	301.6267
40	3.2620	0.3066	75.4013	0.0133	23.1148	0.0433	15.6502	361.7499
45	3.7816	0.2644	92.7199	0.0108	24.5187	0.0408	17.1556	420.6325
50	4.3839	0.2281	112.7969	0.0089	25.7298	0.0389	18.5575	477.4803

附表 4　　　　　　　　　　复 利 系 数 表 （*i*＝4%）

n	(F/P, *i*, *n*)	(P/F, *i*, *n*)	(F/A, *i*, *n*)	(A/F, *i*, *n*)	(P/A, *i*, *n*)	(A/P, *i*, *n*)	(A/G, *i*, *n*)	(P/G, *i*, *n*)
1	1.0400	0.9615	1.0000	1.0000	0.9615	1.0400	0.0000	0.0000
2	1.0816	0.9246	2.0400	0.4902	1.8861	0.5302	0.4902	0.9246
3	1.1249	0.8890	3.1216	0.3203	2.7751	0.3603	0.9739	2.7025
4	1.1699	0.8548	4.2465	0.2355	3.6299	0.2755	1.4510	5.2670
5	1.2167	0.8219	5.4163	0.1846	4.4518	0.2246	1.9216	8.5547
6	1.2653	0.7903	6.6330	0.1508	5.2421	0.1908	2.3857	12.5062
7	1.3159	0.7599	7.8983	0.1266	6.0021	0.1666	2.8433	17.0657
8	1.3686	0.7307	9.2142	0.1085	6.7327	0.1485	3.2944	22.1806
9	1.4233	0.7026	10.5828	0.0945	7.4353	0.1345	3.7391	27.8013
10	1.4802	0.6756	12.0061	0.0833	8.1109	0.1233	4.1773	33.8814
11	1.5395	0.6496	13.4864	0.0741	8.7605	0.1141	4.6090	40.3772
12	1.6010	0.6246	15.0258	0.0666	9.3851	0.1066	5.0343	47.2477
13	1.6651	0.6006	16.6268	0.0601	9.9856	0.1001	5.4533	54.4546
14	1.7317	0.5775	18.2919	0.0547	10.5631	0.0947	5.8659	61.9618
15	1.8009	0.5553	20.0236	0.0499	11.1184	0.0899	6.2721	69.7355
16	1.8730	0.5339	21.8245	0.0458	11.6523	0.0858	6.6720	77.7441
17	1.9479	0.5134	23.6975	0.0422	12.1657	0.0822	7.0656	85.9581
18	2.0258	0.4936	25.6454	0.0390	12.6593	0.0790	7.4530	94.3498
19	2.1068	0.4746	27.6712	0.0361	13.1339	0.0761	7.8342	102.8933
20	2.1911	0.4564	29.7781	0.0336	13.5903	0.0736	8.2091	111.5647
21	2.2788	0.4388	31.9692	0.0313	14.0292	0.0713	8.5779	120.3414
22	2.3699	0.4220	34.2480	0.0292	14.4511	0.0692	8.9407	129.2024
23	2.4647	0.4057	36.6179	0.0273	14.8568	0.0673	9.2973	138.1284
24	2.5633	0.3901	39.0826	0.0256	15.2470	0.0656	9.6479	147.1012
25	2.6658	0.3751	41.6459	0.0240	15.6221	0.0640	9.9925	156.1040
26	2.7725	0.3607	44.3117	0.0226	15.9828	0.0626	10.3312	165.1212
27	2.8834	0.3468	47.0842	0.0212	16.3296	0.0612	10.6640	174.1385
28	2.9987	0.3335	49.9676	0.0200	16.6631	0.0600	10.9909	183.1424
29	3.1187	0.3207	52.9663	0.0189	16.9837	0.0589	11.3120	192.1206
30	3.2434	0.3083	56.0849	0.0178	17.2920	0.0578	11.6274	201.0618
31	3.3731	0.2965	59.3283	0.0169	17.5885	0.0569	11.9371	209.9556
32	3.5081	0.2851	62.7015	0.0159	17.8736	0.0559	12.2411	218.7924
33	3.6484	0.2741	66.2095	0.0151	18.1476	0.0551	12.5396	227.5634
34	3.7943	0.2636	69.8579	0.0143	18.4112	0.0543	12.8324	236.2607
35	3.9461	0.2534	73.6522	0.0136	18.6646	0.0536	13.1198	244.8768
40	4.8010	0.2083	95.0255	0.0105	19.7928	0.0505	14.4765	286.5303
45	5.8412	0.1712	121.0294	0.0083	20.7200	0.0483	15.7047	325.4028
50	7.1067	0.1407	152.6671	0.0066	21.4822	0.0466	16.8122	361.1638

复 利 系 数 表 （$i=5\%$）

n	$(F/P, i, n)$	$(P/F, i, n)$	$(F/A, i, n)$	$(A/F, i, n)$	$(P/A, i, n)$	$(A/P, i, n)$	$(A/G, i, n)$	$(P/G, i, n)$
1	1.0500	0.9524	1.0000	1.0000	0.9524	1.0500	0.0000	0.0000
2	1.1025	0.9070	2.0500	0.4878	1.8594	0.5378	0.4878	0.9070
3	1.1576	0.8638	3.1525	0.3172	2.7232	0.3672	0.9675	2.6347
4	1.2155	0.8227	4.3101	0.2320	3.5460	0.2820	1.4391	5.1028
5	1.2763	0.7835	5.5256	0.1810	4.3295	0.2310	1.9025	8.2369
6	1.3401	0.7462	6.8019	0.1470	5.0757	0.1970	2.3579	11.9680
7	1.4071	0.7107	8.1420	0.1228	5.7864	0.1728	2.8052	16.2321
8	1.4775	0.6768	9.5491	0.1047	6.4632	0.1547	3.2445	20.9700
9	1.5513	0.6446	11.0266	0.0907	7.1078	0.1407	3.6758	26.1268
10	1.6289	0.6139	12.5779	0.0795	7.7217	0.1295	4.0991	31.6520
11	1.7103	0.5847	14.2068	0.0704	8.3064	0.1204	4.5144	37.4988
12	1.7959	0.5568	15.9171	0.0628	8.8633	0.1128	4.9219	43.6241
13	1.8856	0.5303	17.7130	0.0565	9.3936	0.1065	5.3215	49.9879
14	1.9799	0.5051	19.5986	0.0510	9.8986	0.1010	5.7133	56.5538
15	2.0789	0.4810	21.5786	0.0463	10.3797	0.0963	6.0973	63.2880
16	2.1829	0.4581	23.6575	0.0423	10.8378	0.0923	6.4736	70.1597
17	2.2920	0.4363	25.8404	0.0387	11.2741	0.0887	6.8423	77.1405
18	2.4066	0.4155	28.1324	0.0355	11.6896	0.0855	7.2034	84.2043
19	2.5270	0.3957	30.5390	0.0327	12.0853	0.0827	7.5569	91.3275
20	2.6533	0.3769	33.0660	0.0302	12.4622	0.0802	7.9030	98.4884
21	2.7860	0.3589	35.7193	0.0280	12.8212	0.0780	8.2416	105.6673
22	2.9253	0.3418	38.5052	0.0260	13.1630	0.0760	8.5730	112.8461
23	3.0715	0.3256	41.4305	0.0241	13.4886	0.0741	8.8971	120.0087
24	3.2251	0.3101	44.5020	0.0225	13.7986	0.0725	9.2140	127.1402
25	3.3864	0.2953	47.7271	0.0210	14.0939	0.0710	9.5238	134.2275
26	3.5557	0.2812	51.1135	0.0196	14.3752	0.0696	9.8266	141.2585
27	3.7335	0.2678	54.6691	0.0183	14.6430	0.0683	10.1224	148.2226
28	3.9201	0.2551	58.4026	0.0171	14.8981	0.0671	10.4114	155.1101
29	4.1161	0.2429	62.3227	0.0160	15.1411	0.0660	10.6936	161.9126
30	4.3219	0.2314	66.4388	0.0151	15.3725	0.0651	10.9691	168.6226
31	4.5380	0.2204	70.7608	0.0141	15.5928	0.0641	11.2381	175.2333
32	4.7649	0.2099	75.2988	0.0133	15.8027	0.0633	11.5005	181.7392
33	5.0032	0.1999	80.0638	0.0125	16.0025	0.0625	11.7566	188.1351
34	5.2533	0.1904	85.0670	0.0118	16.1929	0.0618	12.0063	194.4168
35	5.5160	0.1813	90.3203	0.0111	16.3742	0.0611	12.2498	200.5807
40	7.0400	0.1420	120.7998	0.0083	17.1591	0.0583	13.3775	229.5452
45	8.9850	0.1113	159.7002	0.0063	17.7741	0.0563	14.3644	255.3145
50	11.4674	0.0872	209.3480	0.0048	18.2559	0.0548	15.2233	277.9148

复 利 系 数 表 （$i=6\%$）

n	$(F/P,i,n)$	$(P/F,i,n)$	$(F/A,i,n)$	$(A/F,i,n)$	$(P/A,i,n)$	$(A/P,i,n)$	$(A/G,i,n)$	$(P/G,i,n)$
1	1.0600	0.9434	1.0000	1.0000	0.9434	1.0600	0.0000	0.0000
2	1.1236	0.8900	2.0600	0.4854	1.8334	0.5454	0.4854	0.8900
3	1.1910	0.8396	3.1836	0.3141	2.6730	0.3741	0.9612	2.5692
4	1.2625	0.7921	4.3746	0.2286	3.4651	0.2886	1.4272	4.9455
5	1.3382	0.7473	5.6371	0.1774	4.2124	0.2374	1.8836	7.9345
6	1.4185	0.7050	6.9753	0.1434	4.9173	0.2034	2.3304	11.4594
7	1.5036	0.6651	8.3938	0.1191	5.5824	0.1791	2.7676	15.4497
8	1.5938	0.6274	9.8975	0.1010	6.2098	0.1610	3.1952	19.8416
9	1.6895	0.5919	11.4913	0.0870	6.8017	0.1470	3.6133	24.5768
10	1.7908	0.5584	13.1808	0.0759	7.3601	0.1359	4.0220	29.6023
11	1.8983	0.5268	14.9716	0.0668	7.8869	0.1268	4.4213	34.8702
12	2.0122	0.4970	16.8699	0.0593	8.3838	0.1193	4.8113	40.3369
13	2.1329	0.4688	18.8821	0.0530	8.8527	0.1130	5.1920	45.9629
14	2.2609	0.4423	21.0151	0.0476	9.2950	0.1076	5.5635	51.7128
15	2.3966	0.4173	23.2760	0.0430	9.7122	0.1030	5.9260	57.5546
16	2.5404	0.3936	25.6725	0.0390	10.1059	0.0990	6.2794	63.4592
17	2.6928	0.3714	28.2129	0.0354	10.4773	0.0954	6.6240	69.4011
18	2.8543	0.3503	30.9057	0.0324	10.8276	0.0924	6.9597	75.3569
19	3.0256	0.3305	33.7600	0.0296	11.1581	0.0896	7.2867	81.3062
20	3.2071	0.3118	36.7856	0.0272	11.4699	0.0872	7.6051	87.2304
21	3.3996	0.2942	39.9927	0.0250	11.7641	0.0850	7.9151	93.1136
22	3.6035	0.2775	43.3923	0.0230	12.0416	0.0830	8.2166	98.9412
23	3.8197	0.2618	46.9958	0.0213	12.3034	0.0813	8.5099	104.7007
24	4.0489	0.2470	50.8156	0.0197	12.5504	0.0797	8.7951	110.3812
25	4.2919	0.2330	54.8645	0.0182	12.7834	0.0782	9.0722	115.9732
26	4.5494	0.2198	59.1564	0.0169	13.0032	0.0769	9.3414	121.4684
27	4.8223	0.2074	63.7058	0.0157	13.2105	0.0757	9.6029	126.8600
28	5.1117	0.1956	68.5281	0.0146	13.4062	0.0746	9.8568	132.1420
29	5.4184	0.1846	73.6398	0.0136	13.5907	0.0736	10.1032	137.3096
30	5.7435	0.1741	79.0582	0.0126	13.7648	0.0726	10.3422	142.3588
31	6.0881	0.1643	84.8017	0.0118	13.9291	0.0718	10.5740	147.2864
32	6.4534	0.1550	90.8898	0.0110	14.0840	0.0710	10.7988	152.0901
33	6.8406	0.1462	97.3432	0.0103	14.2302	0.0703	11.0166	156.7681
34	7.2510	0.1379	104.1838	0.0096	14.3681	0.0696	11.2276	161.3192
35	7.6861	0.1301	111.4348	0.0090	14.4982	0.0690	11.4319	165.7427
40	10.2857	0.0972	154.7620	0.0065	15.0463	0.0665	12.3590	185.9568
45	13.7646	0.0727	212.7435	0.0047	15.4558	0.0647	13.1413	203.1096
50	18.4202	0.0543	290.3359	0.0034	15.7619	0.0634	13.7964	217.4574

复 利 系 数 表 （i＝7%）

n	(F/P, i, n)	(P/F, i, n)	(F/A, i, n)	(A/F, i, n)	(P/A, i, n)	(A/P, i, n)	(A/G, i, n)	(P/G, i, n)
1	1.0700	0.9346	1.0000	1.0000	0.9346	1.0700	0.0000	0.0000
2	1.1449	0.8734	2.0700	0.4831	1.8080	0.5531	0.4831	0.8734
3	1.2250	0.8163	3.2149	0.3111	2.6243	0.3811	0.9549	2.5060
4	1.3108	0.7629	4.4399	0.2252	3.3872	0.2952	1.4155	4.7947
5	1.4026	0.7130	5.7507	0.1739	4.1002	0.2439	1.8650	7.6467
6	1.5007	0.6663	7.1533	0.1398	4.7665	0.2098	2.3032	10.9784
7	1.6058	0.6227	8.6540	0.1156	5.3893	0.1856	2.7304	14.7149
8	1.7182	0.5820	10.2598	0.0975	5.9713	0.1675	3.1465	18.7889
9	1.8385	0.5439	11.9780	0.0835	6.5152	0.1535	3.5517	23.1404
10	1.9672	0.5083	13.8164	0.0724	7.0236	0.1424	3.9461	27.7156
11	2.1049	0.4751	15.7836	0.0634	7.4987	0.1334	4.3296	32.4665
12	2.2522	0.4440	17.8885	0.0559	7.9427	0.1259	4.7025	37.3506
13	2.4098	0.4150	20.1406	0.0497	8.3577	0.1197	5.0648	42.3302
14	2.5785	0.3878	22.5505	0.0443	8.7455	0.1143	5.4167	47.3718
15	2.7590	0.3624	25.1290	0.0398	9.1079	0.1098	5.7583	52.4461
16	2.9522	0.3387	27.8881	0.0359	9.4466	0.1059	6.0897	57.5271
17	3.1588	0.3166	30.8402	0.0324	9.7632	0.1024	6.4110	62.5923
18	3.3799	0.2959	33.9990	0.0294	10.0591	0.0994	6.7225	67.6219
19	3.6165	0.2765	37.3790	0.0268	10.3356	0.0968	7.0242	72.5991
20	3.8697	0.2584	40.9955	0.0244	10.5940	0.0944	7.3163	77.5091
21	4.1406	0.2415	44.8652	0.0223	10.8355	0.0923	7.5990	82.3393
22	4.4304	0.2257	49.0057	0.0204	11.0612	0.0904	7.8725	87.0793
23	4.7405	0.2109	53.4361	0.0187	11.2722	0.0887	8.1369	91.7201
24	5.0724	0.1971	58.1767	0.0172	11.4693	0.0872	8.3923	96.2545
25	5.4274	0.1842	63.2490	0.0158	11.6536	0.0858	8.6391	100.6765
26	5.8074	0.1722	68.6765	0.0146	11.8258	0.0846	8.8773	104.9814
27	6.2139	0.1609	74.4838	0.0134	11.9867	0.0834	9.1072	109.1656
28	6.6488	0.1504	80.6977	0.0124	12.1371	0.0824	9.3289	113.2264
29	7.1143	0.1406	87.3465	0.0114	12.2777	0.0814	9.5427	117.1622
30	7.6123	0.1314	94.4608	0.0106	12.4090	0.0806	9.7487	120.9718
31	8.1451	0.1228	102.0730	0.0098	12.5318	0.0798	9.9471	124.6550
32	8.7153	0.1147	110.2182	0.0091	12.6466	0.0791	10.1381	128.2120
33	9.3253	0.1072	118.9334	0.0084	12.7538	0.0784	10.3219	131.6435
34	9.9781	0.1002	128.2588	0.0078	12.8540	0.0778	10.4987	134.9507
35	10.6766	0.0937	138.2369	0.0072	12.9477	0.0772	10.6687	138.1353
40	14.9745	0.0668	199.6351	0.0050	13.3317	0.0750	11.4233	152.2928
45	21.0025	0.0476	285.7493	0.0035	13.6055	0.0735	12.0360	163.7559
50	29.4570	0.0339	406.5289	0.0025	13.8007	0.0725	12.5287	172.9051

n	$(F/P, i, n)$	$(P/F, i, n)$	$(F/A, i, n)$	$(A/F, i, n)$	$(P/A, i, n)$	$(A/P, i, n)$	$(A/G, i, n)$	$(P/G, i, n)$
1	1.0800	0.9259	1.0000	1.0000	0.9259	1.0800	0.0000	0.0000
2	1.1664	0.8573	2.0800	0.4808	1.7833	0.5608	0.4808	0.8573
3	1.2597	0.7938	3.2464	0.3080	2.5771	0.3880	0.9487	2.4450
4	1.3605	0.7350	4.5061	0.2219	3.3121	0.3019	1.4040	4.6501
5	1.4693	0.6806	5.8666	0.1705	3.9927	0.2505	1.8465	7.3724
6	1.5869	0.6302	7.3359	0.1363	4.6229	0.2163	2.2763	10.5233
7	1.7138	0.5835	8.9228	0.1121	5.2064	0.1921	2.6937	14.0242
8	1.8509	0.5403	10.6366	0.0940	5.7466	0.1740	3.0985	17.8061
9	1.9990	0.5002	12.4876	0.0801	6.2469	0.1601	3.4910	21.8081
10	2.1589	0.4632	14.4866	0.0690	6.7101	0.1490	3.8713	25.9768
11	2.3316	0.4289	16.6455	0.0601	7.1390	0.1401	4.2395	30.2657
12	2.5182	0.3971	18.9771	0.0527	7.5361	0.1327	4.5957	34.6339
13	2.7196	0.3677	21.4953	0.0465	7.9038	0.1265	4.9402	39.0463
14	2.9372	0.3405	24.2149	0.0413	8.2442	0.1213	5.2731	43.4723
15	3.1722	0.3152	27.1521	0.0368	8.5595	0.1168	5.5945	47.8857
16	3.4259	0.2919	30.3243	0.0330	8.8514	0.1130	5.9046	52.2640
17	3.7000	0.2703	33.7502	0.0296	9.1216	0.1096	6.2037	56.5883
18	3.9960	0.2502	37.4502	0.0267	9.3719	0.1067	6.4920	60.8426
19	4.3157	0.2317	41.4463	0.0241	9.6036	0.1041	6.7697	65.0134
20	4.6610	0.2145	45.7620	0.0219	9.8181	0.1019	7.0369	69.0898
21	5.0338	0.1987	50.4229	0.0198	10.0168	0.0998	7.2940	73.0629
22	5.4365	0.1839	55.4568	0.0180	10.2007	0.0980	7.5412	76.9257
23	5.8715	0.1703	60.8933	0.0164	10.3711	0.0964	7.7786	80.6726
24	6.3412	0.1577	66.7648	0.0150	10.5288	0.0950	8.0066	84.2997
25	6.8485	0.1460	73.1059	0.0137	10.6748	0.0937	8.2254	87.8041
26	7.3964	0.1352	79.9544	0.0125	10.8100	0.0925	8.4352	91.1842
27	7.9881	0.1252	87.3508	0.0114	10.9352	0.0914	8.6363	94.4390
28	8.6271	0.1159	95.3388	0.0105	11.0511	0.0905	8.8289	97.5687
29	9.3173	0.1073	103.9659	0.0096	11.1584	0.0896	9.0133	100.5738
30	10.0627	0.0994	113.2832	0.0088	11.2578	0.0888	9.1897	103.4558
31	10.8677	0.0920	123.3459	0.0081	11.3498	0.0881	9.3584	106.2163
32	11.7371	0.0852	134.2135	0.0075	11.4350	0.0875	9.5197	108.8575
33	12.6760	0.0789	145.9506	0.0069	11.5139	0.0869	9.6737	111.3819
34	13.6901	0.0730	158.6267	0.0063	11.5869	0.0863	9.8208	113.7924
35	14.7853	0.0676	172.3168	0.0058	11.6546	0.0858	9.9611	116.0920
40	21.7245	0.0460	259.0565	0.0039	11.9246	0.0839	10.5699	126.0422
45	31.9204	0.0313	386.5056	0.0026	12.1084	0.0826	11.0447	133.7331
50	46.9016	0.0213	573.7702	0.0017	12.2335	0.0817	11.4107	139.5928

附表 9 复 利 系 数 表 （i=9%）

n	(F/P, i, n)	(P/F, i, n)	(F/A, i, n)	(A/F, i, n)	(P/A, i, n)	(A/P, i, n)	(A/G, i, n)	(P/G, i, n)
1	1.0900	0.9174	1.0000	1.0000	0.9174	1.0900	0.0000	0.0000
2	1.1881	0.8417	2.0900	0.4785	1.7591	0.5685	0.4785	0.8417
3	1.2950	0.7722	3.2781	0.3051	2.5313	0.3951	0.9426	2.3860
4	1.4116	0.7084	4.5731	0.2187	3.2397	0.3087	1.3925	4.5113
5	1.5386	0.6499	5.9847	0.1671	3.8897	0.2571	1.8282	7.1110
6	1.6771	0.5963	7.5233	0.1329	4.4859	0.2229	2.2498	10.0924
7	1.8280	0.5470	9.2004	0.1087	5.0330	0.1987	2.6574	13.3746
8	1.9926	0.5019	11.0285	0.0907	5.5348	0.1807	3.0512	16.8877
9	2.1719	0.4604	13.0210	0.0768	5.9952	0.1668	3.4312	20.5711
10	2.3674	0.4224	15.1929	0.0658	6.4177	0.1558	3.7978	24.3728
11	2.5804	0.3875	17.5603	0.0569	6.8052	0.1469	4.1510	28.2481
12	2.8127	0.3555	20.1407	0.0497	7.1607	0.1397	4.4910	32.1590
13	3.0658	0.3262	22.9534	0.0436	7.4869	0.1336	4.8182	36.0731
14	3.3417	0.2992	26.0192	0.0384	7.7862	0.1284	5.1326	39.9633
15	3.6425	0.2745	29.3609	0.0341	8.0607	0.1241	5.4346	43.8069
16	3.9703	0.2519	33.0034	0.0303	8.3126	0.1203	5.7245	47.5849
17	4.3276	0.2311	36.9737	0.0270	8.5436	0.1170	6.0024	51.2821
18	4.7171	0.2120	41.3013	0.0242	8.7556	0.1142	6.2687	54.8860
19	5.1417	0.1945	46.0185	0.0217	8.9501	0.1117	6.5236	58.3868
20	5.6044	0.1784	51.1601	0.0195	9.1285	0.1095	6.7674	61.7770
21	6.1088	0.1637	56.7645	0.0176	9.2922	0.1076	7.0006	65.0509
22	6.6586	0.1502	62.8733	0.0159	9.4424	0.1059	7.2232	68.2048
23	7.2579	0.1378	69.5319	0.0144	9.5802	0.1044	7.4357	71.2359
24	7.9111	0.1264	76.7898	0.0130	9.7066	0.1030	7.6384	74.1433
25	8.6231	0.1160	84.7009	0.0118	9.8226	0.1018	7.8316	76.9265
26	9.3992	0.1064	93.3240	0.0107	9.9290	0.1007	8.0156	79.5863
27	10.2451	0.0976	102.7231	0.0097	10.0266	0.0997	8.1906	82.1241
28	11.1671	0.0895	112.9682	0.0089	10.1161	0.0989	8.3571	84.5419
29	12.1722	0.0822	124.1354	0.0081	10.1983	0.0981	8.5154	86.8422
30	13.2677	0.0754	136.3075	0.0073	10.2737	0.0973	8.6657	89.0280
31	14.4618	0.0691	149.5752	0.0067	10.3428	0.0967	8.8083	91.1024
32	15.7633	0.0634	164.0370	0.0061	10.4062	0.0961	8.9436	93.0690
33	17.1820	0.0582	179.8003	0.0056	10.4644	0.0956	9.0718	94.9314
34	18.7284	0.0534	196.9823	0.0051	10.5178	0.0951	9.1933	96.6935
35	20.4140	0.0490	215.7108	0.0046	10.5668	0.0946	9.3083	98.3590
40	31.4094	0.0318	337.8824	0.0030	10.7574	0.0930	9.7957	105.3762
45	48.3273	0.0207	525.8587	0.0019	10.8812	0.0919	10.1603	110.5561
50	74.3575	0.0134	815.0836	0.0012	10.9617	0.0912	10.4295	114.3251

n	(F/P, i, n)	(P/F, i, n)	(F/A, i, n)	(A/F, i, n)	(P/A, i, n)	(A/P, i, n)	(A/G, i, n)	(P/G, i, n)
1	1.1000	0.9091	1.0000	1.0000	0.9091	1.1000	0.0000	0.0000
2	1.2100	0.8264	2.1000	0.4762	1.7355	0.5762	0.4762	0.8264
3	1.3310	0.7513	3.3100	0.3021	2.4869	0.4021	0.9366	2.3291
4	1.4641	0.6830	4.6410	0.2155	3.1699	0.3155	1.3812	4.3781
5	1.6105	0.6209	6.1051	0.1638	3.7908	0.2638	1.8101	6.8618
6	1.7716	0.5645	7.7156	0.1296	4.3553	0.2296	2.2236	9.6842
7	1.9487	0.5132	9.4872	0.1054	4.8684	0.2054	2.6216	12.7631
8	2.1436	0.4665	11.4359	0.0874	5.3349	0.1874	3.0045	16.0287
9	2.3579	0.4241	13.5795	0.0736	5.7590	0.1736	3.3724	19.4215
10	2.5937	0.3855	15.9374	0.0627	6.1446	0.1627	3.7255	22.8913
11	2.8531	0.3505	18.5312	0.0540	6.4951	0.1540	4.0641	26.3963
12	3.1384	0.3186	21.3843	0.0468	6.8137	0.1468	4.3884	29.9012
13	3.4523	0.2897	24.5227	0.0408	7.1034	0.1408	4.6988	33.3772
14	3.7975	0.2633	27.9750	0.0357	7.3667	0.1357	4.9955	36.8005
15	4.1772	0.2394	31.7725	0.0315	7.6061	0.1315	5.2789	40.1520
16	4.5950	0.2176	35.9497	0.0278	7.8237	0.1278	5.5493	43.4164
17	5.0545	0.1978	40.5447	0.0247	8.0216	0.1247	5.8071	46.5819
18	5.5599	0.1799	45.5992	0.0219	8.2014	0.1219	6.0526	49.6395
19	6.1159	0.1635	51.1591	0.0195	8.3649	0.1195	6.2861	52.5827
20	6.7275	0.1486	57.2750	0.0175	8.5136	0.1175	6.5081	55.4069
21	7.4002	0.1351	64.0025	0.0156	8.6487	0.1156	6.7189	58.1095
22	8.1403	0.1228	71.4027	0.0140	8.7715	0.1140	6.9189	60.6893
23	8.9543	0.1117	79.5430	0.0126	8.8832	0.1126	7.1085	63.1462
24	9.8497	0.1015	88.4973	0.0113	8.9847	0.1113	7.2881	65.4813
25	10.8347	0.0923	98.3471	0.0102	9.0770	0.1102	7.4580	67.6964
26	11.9182	0.0839	109.1818	0.0092	9.1609	0.1092	7.6186	69.7940
27	13.1100	0.0763	121.0999	0.0083	9.2372	0.1083	7.7704	71.7773
28	14.4210	0.0693	134.2099	0.0075	9.3066	0.1075	7.9137	73.6495
29	15.8631	0.0630	148.6309	0.0067	9.3696	0.1067	8.0489	75.4146
30	17.4494	0.0573	164.4940	0.0061	9.4269	0.1061	8.1762	77.0766
31	19.1943	0.0521	181.9434	0.0055	9.4790	0.1055	8.2962	78.6395
32	21.1138	0.0474	201.1378	0.0050	9.5264	0.1050	8.4091	80.1078
33	23.2252	0.0431	222.2515	0.0045	9.5694	0.1045	8.5152	81.4856
34	25.5477	0.0391	245.4767	0.0041	9.6086	0.1041	8.6149	82.7773
35	28.1024	0.0356	271.0244	0.0037	9.6442	0.1037	8.7086	83.9872
40	45.2593	0.0221	442.5926	0.0023	9.7791	0.1023	9.0962	88.9525
45	72.8905	0.0137	718.9048	0.0014	9.8628	0.1014	9.3740	92.4544
50	117.3909	0.0085	1163.9085	0.0009	9.9148	0.1009	9.5704	94.8889

复 利 系 数 表 （$i=12\%$）

n	$(F/P, i, n)$	$(P/F, i, n)$	$(F/A, i, n)$	$(A/F, i, n)$	$(P/A, i, n)$	$(A/P, i, n)$	$(A/G, i, n)$	$(P/G, i, n)$
1	1.1200	0.8929	1.0000	1.0000	0.8929	1.1200	0.0000	0.0000
2	1.2544	0.7972	2.1200	0.4717	1.6901	0.5917	0.4717	0.7972
3	1.4049	0.7118	3.3744	0.2963	2.4018	0.4163	0.9246	2.2208
4	1.5735	0.6355	4.7793	0.2092	3.0373	0.3292	1.3589	4.1273
5	1.7623	0.5674	6.3528	0.1574	3.6048	0.2774	1.7746	6.3970
6	1.9738	0.5066	8.1152	0.1232	4.1114	0.2432	2.1720	8.9302
7	2.2107	0.4523	10.0890	0.0991	4.5638	0.2191	2.5515	11.6443
8	2.4760	0.4039	12.2997	0.0813	4.9676	0.2013	2.9131	14.4714
9	2.7731	0.3606	14.7757	0.0677	5.3282	0.1877	3.2574	17.3563
10	3.1058	0.3220	17.5487	0.0570	5.6502	0.1770	3.5847	20.2541
11	3.4785	0.2875	20.6546	0.0484	5.9377	0.1684	3.8953	23.1288
12	3.8960	0.2567	24.1331	0.0414	6.1944	0.1614	4.1897	25.9523
13	4.3635	0.2292	28.0291	0.0357	6.4235	0.1557	4.4683	28.7024
14	4.8871	0.2046	32.3926	0.0309	6.6282	0.1509	4.7317	31.3624
15	5.4736	0.1827	37.2797	0.0268	6.8109	0.1468	4.9803	33.9202
16	6.1304	0.1631	42.7533	0.0234	6.9740	0.1434	5.2147	36.3670
17	6.8660	0.1456	48.8837	0.0205	7.1196	0.1405	5.4353	38.6973
18	7.6900	0.1300	55.7497	0.0179	7.2497	0.1379	5.6427	40.9080
19	8.6128	0.1161	63.4397	0.0158	7.3658	0.1358	5.8375	42.9979
20	9.6463	0.1037	72.0524	0.0139	7.4694	0.1339	6.0202	44.9676
21	10.8038	0.0926	81.6987	0.0122	7.5620	0.1322	6.1913	46.8188
22	12.1003	0.0826	92.5026	0.0108	7.6446	0.1308	6.3514	48.5543
23	13.5523	0.0738	104.6029	0.0096	7.7184	0.1296	6.5010	50.1776
24	15.1786	0.0659	118.1552	0.0085	7.7843	0.1285	6.6406	51.6929
25	17.0001	0.0588	133.3339	0.0075	7.8431	0.1275	6.7708	53.1046
26	19.0401	0.0525	150.3339	0.0067	7.8957	0.1267	6.8921	54.4177
27	21.3249	0.0469	169.3740	0.0059	7.9426	0.1259	7.0049	55.6369
28	23.8839	0.0419	190.6989	0.0052	7.9844	0.1252	7.1098	56.7674
29	26.7499	0.0374	214.5828	0.0047	8.0218	0.1247	7.2071	57.8141
30	29.9599	0.0334	241.3327	0.0041	8.0552	0.1241	7.2974	58.7821
31	33.5551	0.0298	271.2926	0.0037	8.0850	0.1237	7.3811	59.6761
32	37.5817	0.0266	304.8477	0.0033	8.1116	0.1233	7.4586	60.5010
33	42.0915	0.0238	342.4294	0.0029	8.1354	0.1229	7.5302	61.2612
34	47.1425	0.0212	384.5210	0.0026	8.1566	0.1226	7.5965	61.9612
35	52.7996	0.0189	431.6635	0.0023	8.1755	0.1223	7.6577	62.6052
40	93.0510	0.0107	767.0914	0.0013	8.2438	0.1213	7.8988	65.1159
45	163.9876	0.0061	1358.2300	0.0007	8.2825	0.1207	8.0572	66.7342
50	289.0022	0.0035	2400.0182	0.0004	8.3045	0.1204	8.1597	67.7624

复 利 系 数 表 ($i=15\%$)

n	$(F/P, i, n)$	$(P/F, i, n)$	$(F/A, i, n)$	$(A/F, i, n)$	$(P/A, i, n)$	$(A/P, i, n)$	$(A/G, i, n)$	$(P/G, i, n)$
1	1.1500	0.8696	1.0000	1.0000	0.8696	1.1500	0.0000	0.0000
2	1.3225	0.7561	2.1500	0.4651	1.6257	0.6151	0.4651	0.7561
3	1.5209	0.6575	3.4725	0.2880	2.2832	0.4380	0.9071	2.0712
4	1.7490	0.5718	4.9934	0.2003	2.8550	0.3503	1.3263	3.7864
5	2.0114	0.4972	6.7424	0.1483	3.3522	0.2983	1.7228	5.7751
6	2.3131	0.4323	8.7537	0.1142	3.7845	0.2642	2.0972	7.9368
7	2.6600	0.3759	11.0668	0.0904	4.1604	0.2404	2.4498	10.1924
8	3.0590	0.3269	13.7268	0.0729	4.4873	0.2229	2.7813	12.4807
9	3.5179	0.2843	16.7858	0.0596	4.7716	0.2096	3.0922	14.7548
10	4.0456	0.2472	20.3037	0.0493	5.0188	0.1993	3.3832	16.9795
11	4.6524	0.2149	24.3493	0.0411	5.2337	0.1911	3.6549	19.1289
12	5.3503	0.1869	29.0017	0.0345	5.4206	0.1845	3.9082	21.1849
13	6.1528	0.1625	34.3519	0.0291	5.5831	0.1791	4.1438	23.1352
14	7.0757	0.1413	40.5047	0.0247	5.7245	0.1747	4.3624	24.9725
15	8.1371	0.1229	47.5804	0.0210	5.8474	0.1710	4.5650	26.6930
16	9.3576	0.1069	55.7175	0.0179	5.9542	0.1679	4.7522	28.2960
17	10.7613	0.0929	65.0751	0.0154	6.0472	0.1654	4.9251	29.7828
18	12.3755	0.0808	75.8364	0.0132	6.1280	0.1632	5.0843	31.1565
19	14.2318	0.0703	88.2118	0.0113	6.1982	0.1613	5.2307	32.4213
20	16.3665	0.0611	102.4436	0.0098	6.2593	0.1598	5.3651	33.5822
21	18.8215	0.0531	118.8101	0.0084	6.3125	0.1584	5.4883	34.6448
22	21.6447	0.0462	137.6316	0.0073	6.3587	0.1573	5.6010	35.6150
23	24.8915	0.0402	159.2764	0.0063	6.3988	0.1563	5.7040	36.4988
24	28.6252	0.0349	184.1678	0.0054	6.4338	0.1554	5.7979	37.3023
25	32.9190	0.0304	212.7930	0.0047	6.4641	0.1547	5.8834	38.0314
26	37.8568	0.0264	245.7120	0.0041	6.4906	0.1541	5.9612	38.6918
27	43.5353	0.0230	283.5688	0.0035	6.5135	0.1535	6.0319	39.2890
28	50.0656	0.0200	327.1041	0.0031	6.5335	0.1531	6.0960	39.8283
29	57.5755	0.0174	377.1697	0.0027	6.5509	0.1527	6.1541	40.3146
30	66.2118	0.0151	434.7451	0.0023	6.5660	0.1523	6.2066	40.7526
31	76.1435	0.0131	500.9569	0.0020	6.5791	0.1520	6.2541	41.1466
32	87.5651	0.0114	577.1005	0.0017	6.5905	0.1517	6.2970	41.5006
33	100.6998	0.0099	664.6655	0.0015	6.6005	0.1515	6.3357	41.8184
34	115.8048	0.0086	765.3654	0.0013	6.6091	0.1513	6.3705	42.1033
35	133.1755	0.0075	881.1702	0.0011	6.6166	0.1511	6.4019	42.3586
40	267.8635	0.0037	1779.0903	0.0006	6.6418	0.1506	6.5168	43.2830
45	538.7693	0.0019	3585.1285	0.0003	6.6543	0.1503	6.5830	43.8051
50	1083.6574	0.0009	7217.7163	0.0001	6.6605	0.1501	6.6205	44.0958

复 利 系 数 表 （$i=18\%$）

n	$(F/P，i，n)$	$(P/F，i，n)$	$(F/A，i，n)$	$(A/F，i，n)$	$(P/A，i，n)$	$(A/P，i，n)$	$(A/G，i，n)$	$(P/G，i，n)$
1	1.1800	0.8475	1.0000	1.0000	0.8475	1.1800	0.0000	0.0000
2	1.3924	0.7182	2.1800	0.4587	1.5656	0.6387	0.4587	0.7182
3	1.6430	0.6086	3.5724	0.2799	2.1743	0.4599	0.8902	1.9354
4	1.9388	0.5158	5.2154	0.1917	2.6901	0.3717	1.2947	3.4828
5	2.2878	0.4371	7.1542	0.1398	3.1272	0.3198	1.6728	5.2312
6	2.6996	0.3704	9.4420	0.1059	3.4976	0.2859	2.0252	7.0834
7	3.1855	0.3139	12.1415	0.0824	3.8115	0.2624	2.3526	8.9670
8	3.7589	0.2660	15.3270	0.0652	4.0776	0.2452	2.6558	10.8292
9	4.4355	0.2255	19.0859	0.0524	4.3030	0.2324	2.9358	12.6329
10	5.2338	0.1911	23.5213	0.0425	4.4941	0.2225	3.1936	14.3525
11	6.1759	0.1619	28.7551	0.0348	4.6560	0.2148	3.4303	15.9716
12	7.2876	0.1372	34.9311	0.0286	4.7932	0.2086	3.6470	17.4811
13	8.5994	0.1163	42.2187	0.0237	4.9095	0.2037	3.8449	18.8765
14	10.1472	0.0985	50.8180	0.0197	5.0081	0.1997	4.0250	20.1576
15	11.9737	0.0835	60.9653	0.0164	5.0916	0.1964	4.1887	21.3269
16	14.1290	0.0708	72.9390	0.0137	5.1624	0.1937	4.3369	22.3885
17	16.6722	0.0600	87.0680	0.0115	5.2223	0.1915	4.4708	23.3482
18	19.6733	0.0508	103.7403	0.0096	5.2732	0.1896	4.5916	24.2123
19	23.2144	0.0431	123.4135	0.0081	5.3162	0.1881	4.7003	24.9877
20	27.3930	0.0365	146.6280	0.0068	5.3527	0.1868	4.7978	25.6813
21	32.3238	0.0309	174.0210	0.0057	5.3837	0.1857	4.8851	26.3000
22	38.1421	0.0262	206.3448	0.0048	5.4099	0.1848	4.9632	26.8506
23	45.0076	0.0222	244.4868	0.0041	5.4321	0.1841	5.0329	27.3394
24	53.1090	0.0188	289.4945	0.0035	5.4509	0.1835	5.0950	27.7725
25	62.6686	0.0160	342.6035	0.0029	5.4669	0.1829	5.1502	28.1555
26	73.9490	0.0135	405.2721	0.0025	5.4804	0.1825	5.1991	28.4935
27	87.2598	0.0115	479.2211	0.0021	5.4919	0.1821	5.2425	28.7915
28	102.9666	0.0097	566.4809	0.0018	5.5016	0.1818	5.2810	29.0537
29	121.5005	0.0082	669.4475	0.0015	5.5098	0.1815	5.3149	29.2842
30	143.3706	0.0070	790.9480	0.0013	5.5168	0.1813	5.3448	29.4864
31	169.1774	0.0059	934.3186	0.0011	5.5227	0.1811	5.3712	29.6638
32	199.6293	0.0050	1103.4960	0.0009	5.5277	0.1809	5.3945	29.8191
33	235.5625	0.0042	1303.1253	0.0008	5.5320	0.1808	5.4149	29.9549
34	277.9638	0.0036	1538.6878	0.0006	5.5356	0.1806	5.4328	30.0736
35	327.9973	0.0030	1816.6516	0.0006	5.5386	0.1806	5.4485	30.1773
40	750.3783	0.0013	4163.2130	0.0002	5.5482	0.1802	5.5022	30.5269
45	1716.6839	0.0006	9531.5771	0.0001	5.5523	0.1801	5.5293	30.7006
50	3927.3569	0.0003	21813.0937	0.0000	5.5541	0.1800	5.5428	30.7856

n	(*F/P*, *i*, *n*)	(*P/F*, *i*, *n*)	(*F/A*, *i*, *n*)	(*A/F*, *i*, *n*)	(*P/A*, *i*, *n*)	(*A/P*, *i*, *n*)	(*A/G*, *i*, *n*)	(*P/G*, *i*, *n*)
1	1.2000	0.8333	1.0000	1.0000	0.8333	1.2000	0.0000	0.0000
2	1.4400	0.6944	2.2000	0.4545	1.5278	0.6545	0.4545	0.6944
3	1.7280	0.5787	3.6400	0.2747	2.1065	0.4747	0.8791	1.8519
4	2.0736	0.4823	5.3680	0.1863	2.5887	0.3863	1.2742	3.2986
5	2.4883	0.4019	7.4416	0.1344	2.9906	0.3344	1.6405	4.9061
6	2.9860	0.3349	9.9299	0.1007	3.3255	0.3007	1.9788	6.5806
7	3.5832	0.2791	12.9159	0.0774	3.6046	0.2774	2.2902	8.2551
8	4.2998	0.2326	16.4991	0.0606	3.8372	0.2606	2.5756	9.8831
9	5.1598	0.1938	20.7989	0.0481	4.0310	0.2481	2.8364	11.4335
10	6.1917	0.1615	25.9587	0.0385	4.1925	0.2385	3.0739	12.8871
11	7.4301	0.1346	32.1504	0.0311	4.3271	0.2311	3.2893	14.2330
12	8.9161	0.1122	39.5805	0.0253	4.4392	0.2253	3.4841	15.4667
13	10.6993	0.0935	48.4966	0.0206	4.5327	0.2206	3.6597	16.5883
14	12.8392	0.0779	59.1959	0.0169	4.6106	0.2169	3.8175	17.6008
15	15.4070	0.0649	72.0351	0.0139	4.6755	0.2139	3.9588	18.5095
16	18.4884	0.0541	87.4421	0.0114	4.7296	0.2114	4.0851	19.3208
17	22.1861	0.0451	105.9306	0.0094	4.7746	0.2094	4.1976	20.0419
18	26.6233	0.0376	128.1167	0.0078	4.8122	0.2078	4.2975	20.6805
19	31.9480	0.0313	154.7400	0.0065	4.8435	0.2065	4.3861	21.2439
20	38.3376	0.0261	186.6880	0.0054	4.8696	0.2054	4.4643	21.7395
21	46.0051	0.0217	225.0256	0.0044	4.8913	0.2044	4.5334	22.1742
22	55.2061	0.0181	271.0307	0.0037	4.9094	0.2037	4.5941	22.5546
23	66.2474	0.0151	326.2369	0.0031	4.9245	0.2031	4.6475	22.8867
24	79.4968	0.0126	392.4842	0.0025	4.9371	0.2025	4.6943	23.1760
25	95.3962	0.0105	471.9811	0.0021	4.9476	0.2021	4.7352	23.4276
26	114.4755	0.0087	567.3773	0.0018	4.9563	0.2018	4.7709	23.6460
27	137.3706	0.0073	681.8528	0.0015	4.9636	0.2015	4.8020	23.8353
28	164.8447	0.0061	819.2233	0.0012	4.9697	0.2012	4.8291	23.9991
29	197.8136	0.0051	984.0680	0.0010	4.9747	0.2010	4.8527	24.1406
30	237.3763	0.0042	1181.8816	0.0008	4.9789	0.2008	4.8731	24.2628
31	284.8516	0.0035	1419.2579	0.0007	4.9824	0.2007	4.8908	24.3681
32	341.8219	0.0029	1704.1095	0.0006	4.9854	0.2006	4.9061	24.4588
33	410.1863	0.0024	2045.9314	0.0005	4.9878	0.2005	4.9194	24.5368
34	492.2235	0.0020	2456.1176	0.0004	4.9898	0.2004	4.9308	24.6038
35	590.6682	0.0017	2948.3411	0.0003	4.9915	0.2003	4.9406	24.6614
40	1469.7716	0.0007	7343.8578	0.0001	4.9966	0.2001	4.9728	24.8469
45	3657.2620	0.0003	18281.3099	0.0001	4.9986	0.2001	4.9877	24.9316
50	9100.4382	0.0001	45497.1908	0.0000	4.9995	0.2000	4.9945	24.9698

附表 15　　　　　　　　复 利 系 数 表 （i＝25%）

n	(F/P, i, n)	(P/F, i, n)	(F/A, i, n)	(A/F, i, n)	(P/A, i, n)	(A/P, i, n)	(A/G, i, n)	(P/G, i, n)
1	1.2500	0.8000	1.0000	1.0000	0.8000	1.2500	0.0000	0.0000
2	1.5625	0.6400	2.2500	0.4444	1.4400	0.6944	0.4444	0.6400
3	1.9531	0.5120	3.8125	0.2623	1.9520	0.5123	0.8525	1.6640
4	2.4414	0.4096	5.7656	0.1734	2.3616	0.4234	1.2249	2.8928
5	3.0518	0.3277	8.2070	0.1218	2.6893	0.3718	1.5631	4.2035
6	3.8147	0.2621	11.2588	0.0888	2.9514	0.3388	1.8683	5.5142
7	4.7684	0.2097	15.0735	0.0663	3.1611	0.3163	2.1424	6.7725
8	5.9605	0.1678	19.8419	0.0504	3.3289	0.3004	2.3872	7.9469
9	7.4506	0.1342	25.8023	0.0388	3.4631	0.2888	2.6048	9.0207
10	9.3132	0.1074	33.2529	0.0301	3.5705	0.2801	2.7971	9.9870
11	11.6415	0.0859	42.5661	0.0235	3.6564	0.2735	2.9663	10.8460
12	14.5519	0.0687	54.2077	0.0184	3.7251	0.2684	3.1145	11.6020
13	18.1899	0.0550	68.7596	0.0145	3.7801	0.2645	3.2437	12.2617
14	22.7374	0.0440	86.9495	0.0115	3.8241	0.2615	3.3559	12.8334
15	28.4217	0.0352	109.6868	0.0091	3.8593	0.2591	3.4530	13.3260
16	35.5271	0.0281	138.1085	0.0072	3.8874	0.2572	3.5366	13.7482
17	44.4089	0.0225	173.6357	0.0058	3.9099	0.2558	3.6084	14.1085
18	55.5112	0.0180	218.0446	0.0046	3.9279	0.2546	3.6698	14.4147
19	69.3889	0.0144	273.5558	0.0037	3.9424	0.2537	3.7222	14.6741
20	86.7362	0.0115	342.9447	0.0029	3.9539	0.2529	3.7667	14.8932
21	108.4202	0.0092	429.6809	0.0023	3.9631	0.2523	3.8045	15.0777
22	135.5253	0.0074	538.1011	0.0019	3.9705	0.2519	3.8365	15.2326
23	169.4066	0.0059	673.6264	0.0015	3.9764	0.2515	3.8634	15.3625
24	211.7582	0.0047	843.0329	0.0012	3.9811	0.2512	3.8861	15.4711
25	264.6978	0.0038	1054.7912	0.0009	3.9849	0.2509	3.9052	15.5618
26	330.8722	0.0030	1319.4890	0.0008	3.9879	0.2508	3.9212	15.6373
27	413.5903	0.0024	1650.3612	0.0006	3.9903	0.2506	3.9346	15.7002
28	516.9879	0.0019	2063.9515	0.0005	3.9923	0.2505	3.9457	15.7524
29	646.2349	0.0015	2580.9394	0.0004	3.9938	0.2504	3.9551	15.7957
30	807.7936	0.0012	3227.1743	0.0003	3.9950	0.2503	3.9628	15.8316
31	1009.7420	0.0010	4034.9678	0.0002	3.9960	0.2502	3.9693	15.8614
32	1262.1774	0.0008	5044.7098	0.0002	3.9968	0.2502	3.9746	15.8859
33	1577.7218	0.0006	6306.8872	0.0002	3.9975	0.2502	3.9791	15.9062
34	1972.1523	0.0005	7884.6091	0.0001	3.9980	0.2501	3.9828	15.9229
35	2465.1903	0.0004	9856.7613	0.0001	3.9984	0.2501	3.9858	15.9367
40	7523.1638	0.0001	30088.6554	0.0000	3.9995	0.2500	3.9947	15.9766
45	22958.8740	0.0000	91831.4962	0.0000	3.9998	0.2500	3.9980	15.9915
50	70064.9232	0.0000	280255.6929	0.0000	3.9999	0.2500	3.9993	15.9969

n	(F/P, i, n)	(P/F, i, n)	(F/A, i, n)	(A/F, i, n)	(P/A, i, n)	(A/P, i, n)	(A/G, i, n)	(P/G, i, n)
1	1.3000	0.7692	1.0000	1.0000	0.7692	1.3000	0.0000	0.0000
2	1.6900	0.5917	2.3000	0.4348	1.3609	0.7348	0.4348	0.5917
3	2.1970	0.4552	3.9900	0.2506	1.8161	0.5506	0.8271	1.5020
4	2.8561	0.3501	6.1870	0.1616	2.1662	0.4616	1.1783	2.5524
5	3.7129	0.2693	9.0431	0.1106	2.4356	0.4106	1.4903	3.6297
6	4.8268	0.2072	12.7560	0.0784	2.6427	0.3784	1.7654	4.6656
7	6.2749	0.1594	17.5828	0.0569	2.8021	0.3569	2.0063	5.6218
8	8.1573	0.1226	23.8577	0.0419	2.9247	0.3419	2.2156	6.4800
9	10.6045	0.0943	32.0150	0.0312	3.0190	0.3312	2.3963	7.2343
10	13.7858	0.0725	42.6195	0.0235	3.0915	0.3235	2.5512	7.8872
11	17.9216	0.0558	56.4053	0.0177	3.1473	0.3177	2.6833	8.4452
12	23.2981	0.0429	74.3270	0.0135	3.1903	0.3135	2.7952	8.9173
13	30.2875	0.0330	97.6250	0.0102	3.2233	0.3102	2.8895	9.3135
14	39.3738	0.0254	127.9125	0.0078	3.2487	0.3078	2.9685	9.6437
15	51.1859	0.0195	167.2863	0.0060	3.2682	0.3060	3.0344	9.9172
16	66.5417	0.0150	218.4722	0.0046	3.2832	0.3046	3.0892	10.1426
17	86.5042	0.0116	285.0139	0.0035	3.2948	0.3035	3.1345	10.3276
18	112.4554	0.0089	371.5180	0.0027	3.3037	0.3027	3.1718	10.4788
19	146.1920	0.0068	483.9734	0.0021	3.3105	0.3021	3.2025	10.6019
20	190.0496	0.0053	630.1655	0.0016	3.3158	0.3016	3.2275	10.7019
21	247.0645	0.0040	820.2151	0.0012	3.3198	0.3012	3.2480	10.7828
22	321.1839	0.0031	1067.2796	0.0009	3.3230	0.3009	3.2646	10.8482
23	417.5391	0.0024	1388.4635	0.0007	3.3254	0.3007	3.2781	10.9009
24	542.8008	0.0018	1806.0026	0.0006	3.3272	0.3006	3.2890	10.9433
25	705.6410	0.0014	2348.8033	0.0004	3.3286	0.3004	3.2979	10.9773
26	917.3333	0.0011	3054.4443	0.0003	3.3297	0.3003	3.3050	11.0045
27	1192.5333	0.0008	3971.7776	0.0003	3.3305	0.3003	3.3107	11.0263
28	1550.2933	0.0006	5164.3109	0.0002	3.3312	0.3002	3.3153	11.0437
29	2015.3813	0.0005	6714.6042	0.0001	3.3317	0.3001	3.3189	11.0576
30	2619.9956	0.0004	8729.9855	0.0001	3.3321	0.3001	3.3219	11.0687
31	3405.9943	0.0003	11349.9811	0.0001	3.3324	0.3001	3.3242	11.0775
32	4427.7926	0.0002	14755.9755	0.0001	3.3326	0.3001	3.3261	11.0845
33	5756.1304	0.0002	19183.7681	0.0001	3.3328	0.3001	3.3276	11.0901
34	7482.9696	0.0001	24939.8985	0.0000	3.3329	0.3000	3.3288	11.0945
35	9727.8604	0.0001	32422.8681	0.0000	3.3330	0.3000	3.3297	11.0980
40	36118.8648	0.0000	120392.8827	0.0000	3.3332	0.3000	3.3322	11.1071
45	134106.8167	0.0000	447019.3890	0.0000	3.3333	0.3000	3.3330	11.1099
50	497929.2230	0.0000	1659760.7433	0.0000	3.3333	0.3000	3.3332	11.1108

复 利 系 数 表 （$i=35\%$）

n	$(F/P, i, n)$	$(P/F, i, n)$	$(F/A, i, n)$	$(A/F, i, n)$	$(P/A, i, n)$	$(A/P, i, n)$	$(A/G, i, n)$	$(P/G, i, n)$
1	1.3500	0.7407	1.0000	1.0000	0.7407	1.3500	0.0000	0.0000
2	1.8225	0.5487	2.3500	0.4255	1.2894	0.7755	0.4255	0.5487
3	2.4604	0.4064	4.1725	0.2397	1.6959	0.5897	0.8029	1.3616
4	3.3215	0.3011	6.6329	0.1508	1.9969	0.5008	1.1341	2.2648
5	4.4840	0.2230	9.9544	0.1005	2.2200	0.4505	1.4220	3.1568
6	6.0534	0.1652	14.4384	0.0693	2.3852	0.4193	1.6698	3.9828
7	8.1722	0.1224	20.4919	0.0488	2.5075	0.3988	1.8811	4.7170
8	11.0324	0.0906	28.6640	0.0349	2.5982	0.3849	2.0597	5.3515
9	14.8937	0.0671	39.6964	0.0252	2.6653	0.3752	2.2094	5.8886
10	20.1066	0.0497	54.5902	0.0183	2.7150	0.3683	2.3338	6.3363
11	27.1439	0.0368	74.6967	0.0134	2.7519	0.3634	2.4364	6.7047
12	36.6442	0.0273	101.8406	0.0098	2.7792	0.3598	2.5205	7.0049
13	49.4697	0.0202	138.4848	0.0072	2.7994	0.3572	2.5889	7.2474
14	66.7841	0.0150	187.9544	0.0053	2.8144	0.3553	2.6443	7.4421
15	90.1585	0.0111	254.7385	0.0039	2.8255	0.3539	2.6889	7.5974
16	121.7139	0.0082	344.8970	0.0029	2.8337	0.3529	2.7246	7.7206
17	164.3138	0.0061	466.6109	0.0021	2.8398	0.3521	2.7530	7.8180
18	221.8236	0.0045	630.9247	0.0016	2.8443	0.3516	2.7756	7.8946
19	299.4619	0.0033	852.7483	0.0012	2.8476	0.3512	2.7935	7.9547
20	404.2736	0.0025	1152.2103	0.0009	2.8501	0.3509	2.8075	8.0017
21	545.7693	0.0018	1556.4838	0.0006	2.8519	0.3506	2.8186	8.0384
22	736.7886	0.0014	2102.2532	0.0005	2.8533	0.3505	2.8272	8.0669
23	994.6646	0.0010	2839.0418	0.0004	2.8543	0.3504	2.8340	8.0890
24	1342.7973	0.0007	3833.7064	0.0003	2.8550	0.3503	2.8393	8.1061
25	1812.7763	0.0006	5176.5037	0.0002	2.8556	0.3502	2.8433	8.1194
26	2447.2480	0.0004	6989.2800	0.0001	2.8560	0.3501	2.8465	8.1296
27	3303.7848	0.0003	9436.5280	0.0001	2.8563	0.3501	2.8490	8.1374
28	4460.1095	0.0002	12740.3128	0.0001	2.8565	0.3501	2.8509	8.1435
29	6021.1478	0.0002	17200.4222	0.0001	2.8567	0.3501	2.8523	8.1481
30	8128.5495	0.0001	23221.5700	0.0000	2.8568	0.3500	2.8535	8.1517
31	10973.5418	0.0001	31350.1195	0.0000	2.8569	0.3500	2.8543	8.1545
32	14814.2815	0.0001	42323.6613	0.0000	2.8569	0.3500	2.8550	8.1565
33	19999.2800	0.0001	57137.9428	0.0000	2.8570	0.3500	2.8555	8.1581
34	26999.0280	0.0000	77137.2228	0.0000	2.8570	0.3500	2.8559	8.1594
35	36448.6878	0.0000	104136.2508	0.0000	2.8571	0.3500	2.8562	8.1603
40	163437.1347	0.0000	466960.3848	0.0000	2.8571	0.3500	2.8569	8.1625
45	732857.5768	0.0000	2093875.9338	0.0000	2.8571	0.3500	2.8571	8.1631

n	$(F/P, i, n)$	$(P/F, i, n)$	$(F/A, i, n)$	$(A/F, i, n)$	$(P/A, i, n)$	$(A/P, i, n)$	$(A/G, i, n)$	$(P/G, i, n)$
1	1.4000	0.7143	1.0000	1.0000	0.7143	1.4000	0.0000	0.0000
2	1.9600	0.5102	2.4000	0.4167	1.2245	0.8167	0.4167	0.5102
3	2.7440	0.3644	4.3600	0.2294	1.5889	0.6294	0.7798	1.2391
4	3.8416	0.2603	7.1040	0.1408	1.8492	0.5408	1.0923	2.0200
5	5.3782	0.1859	10.9456	0.0914	2.0352	0.4914	1.3580	2.7637
6	7.5295	0.1328	16.3238	0.0613	2.1680	0.4613	1.5811	3.4278
7	10.5414	0.0949	23.8534	0.0419	2.2628	0.4419	1.7664	3.9970
8	14.7579	0.0678	34.3947	0.0291	2.3306	0.4291	1.9185	4.4713
9	20.6610	0.0484	49.1526	0.0203	2.3790	0.4203	2.0422	4.8585
10	28.9255	0.0346	69.8137	0.0143	2.4136	0.4143	2.1419	5.1696
11	40.4957	0.0247	98.7391	0.0101	2.4383	0.4101	2.2215	5.4166
12	56.6939	0.0176	139.2348	0.0072	2.4559	0.4072	2.2845	5.6106
13	79.3715	0.0126	195.9287	0.0051	2.4685	0.4051	2.3341	5.7618
14	111.1201	0.0090	275.3002	0.0036	2.4775	0.4036	2.3729	5.8788
15	155.5681	0.0064	386.4202	0.0026	2.4839	0.4026	2.4030	5.9688
16	217.7953	0.0046	541.9883	0.0018	2.4885	0.4018	2.4262	6.0376
17	304.9135	0.0033	759.7837	0.0013	2.4918	0.4013	2.4441	6.0901
18	426.8789	0.0023	1064.6971	0.0009	2.4941	0.4009	2.4577	6.1299
19	597.6304	0.0017	1491.5760	0.0007	2.4958	0.4007	2.4682	6.1601
20	836.6826	0.0012	2089.2064	0.0005	2.4970	0.4005	2.4761	6.1828
21	1171.3556	0.0009	2925.8889	0.0003	2.4979	0.4003	2.4821	6.1998
22	1639.8978	0.0006	4097.2445	0.0002	2.4985	0.4002	2.4866	6.2127
23	2295.8569	0.0004	5737.1423	0.0002	2.4989	0.4002	2.4900	6.2222
24	3214.1997	0.0003	8032.9993	0.0001	2.4992	0.4001	2.4925	6.2294
25	4499.8796	0.0002	11247.1990	0.0001	2.4994	0.4001	2.4944	6.2347
26	6299.8314	0.0002	15747.0785	0.0001	2.4996	0.4001	2.4959	6.2387
27	8819.7640	0.0001	22046.9099	0.0000	2.4997	0.4000	2.4969	6.2416
28	12347.6696	0.0001	30866.6739	0.0000	2.4998	0.4000	2.4977	6.2438
29	17286.7374	0.0001	43214.3435	0.0000	2.4999	0.4000	2.4983	6.2454
30	24201.4324	0.0000	60501.0809	0.0000	2.4999	0.4000	2.4988	6.2466
31	33882.0053	0.0000	84702.5132	0.0000	2.4999	0.4000	2.4991	6.2475
32	47434.8074	0.0000	118584.5185	0.0000	2.4999	0.4000	2.4993	6.2482
33	66408.7304	0.0000	166019.3260	0.0000	2.5000	0.4000	2.4995	6.2487
34	92972.2225	0.0000	232428.0563	0.0000	2.5000	0.4000	2.4996	6.2490
35	130161.1116	0.0000	325400.2789	0.0000	2.5000	0.4000	2.4997	6.2493
40	700037.6966	0.0000	1750091.7415	0.0000	2.5000	0.4000	2.4999	6.2498
45	3764970.7413	0.0000	9412424.3533	0.0000	2.5000	0.4000	2.5000	6.2500
50	20248916.2398	0.0000	50622288.0994	0.0000	2.5000	0.4000	2.5000	6.2500

n	(*F*/*P*, *i*, *n*)	(*P*/*F*, *i*, *n*)	(*F*/*A*, *i*, *n*)	(*A*/*F*, *i*, *n*)	(*P*/*A*, *i*, *n*)	(*A*/*P*, *i*, *n*)	(*A*/*G*, *i*, *n*)	(*P*/*G*, *i*, *n*)
1	1.4500	0.6897	1.0000	1.0000	0.6897	1.4500	0.0000	0.0000
2	2.1025	0.4756	2.4500	0.4082	1.1653	0.8582	0.4082	0.4756
3	3.0486	0.3280	4.5525	0.2197	1.4933	0.6697	0.7578	1.1317
4	4.4205	0.2262	7.6011	0.1316	1.7195	0.5816	1.0528	1.8103
5	6.4097	0.1560	12.0216	0.0832	1.8755	0.5332	1.2980	2.4344
6	9.2941	0.1076	18.4314	0.0543	1.9831	0.5043	1.4988	2.9723
7	13.4765	0.0742	27.7255	0.0361	2.0573	0.4861	1.6612	3.4176
8	19.5409	0.0512	41.2019	0.0243	2.1085	0.4743	1.7907	3.7758
9	28.3343	0.0353	60.7428	0.0165	2.1438	0.4665	1.8930	4.0581
10	41.0847	0.0243	89.0771	0.0112	2.1681	0.4612	1.9728	4.2772
11	59.5728	0.0168	130.1618	0.0077	2.1849	0.4577	2.0344	4.4450
12	86.3806	0.0116	189.7346	0.0053	2.1965	0.4553	2.0817	4.5724
13	125.2518	0.0080	276.1151	0.0036	2.2045	0.4536	2.1176	4.6682
14	181.6151	0.0055	401.3670	0.0025	2.2100	0.4525	2.1447	4.7398
15	263.3419	0.0038	582.9821	0.0017	2.2138	0.4517	2.1650	4.7929
16	381.8458	0.0026	846.3240	0.0012	2.2164	0.4512	2.1802	4.8322
17	553.6764	0.0018	1228.1699	0.0008	2.2182	0.4508	2.1915	4.8611
18	802.8308	0.0012	1781.8463	0.0006	2.2195	0.4506	2.1998	4.8823
19	1164.1047	0.0009	2584.6771	0.0004	2.2203	0.4504	2.2059	4.8978
20	1687.9518	0.0006	3748.7818	0.0003	2.2209	0.4503	2.2104	4.9090
21	2447.5301	0.0004	5436.7336	0.0002	2.2213	0.4502	2.2136	4.9172
22	3548.9187	0.0003	7884.2638	0.0001	2.2216	0.4501	2.2160	4.9231
23	5145.9321	0.0002	11433.1824	0.0001	2.2218	0.4501	2.2178	4.9274
24	7461.6015	0.0001	16579.1145	0.0001	2.2219	0.4501	2.2190	4.9305
25	10819.3222	0.0001	24040.7161	0.0000	2.2220	0.4500	2.2199	4.9327
26	15688.0172	0.0001	34860.0383	0.0000	2.2221	0.4500	2.2206	4.9343
27	22747.6250	0.0000	50548.0556	0.0000	2.2221	0.4500	2.2210	4.9354
28	32984.0563	0.0000	73295.6806	0.0000	2.2222	0.4500	2.2214	4.9362
29	47826.8816	0.0000	106279.7368	0.0000	2.2222	0.4500	2.2216	4.9368
30	69348.9783	0.0000	154106.6184	0.0000	2.2222	0.4500	2.2218	4.9372
31	100556.0185	0.0000	223455.5967	0.0000	2.2222	0.4500	2.2219	4.9375
32	145806.2269	0.0000	324011.6152	0.0000	2.2222	0.4500	2.2220	4.9378
33	211419.0289	0.0000	469817.8421	0.0000	2.2222	0.4500	2.2221	4.9379
34	306557.5920	0.0000	681236.8710	0.0000	2.2222	0.4500	2.2221	4.9380
35	444508.5083	0.0000	987794.4630	0.0000	2.2222	0.4500	2.2221	4.9381
40	2849181.3270	0.0000	6331511.8378	0.0000	2.2222	0.4500	2.2222	4.9382
45	18262494.6020	0.0000	40583319.1155	0.0000	2.2222	0.4500	2.2222	4.9383
50	117057733.7166	0.0000	260128294.9257	0.0000	2.2222	0.4500	2.2222	4.9383

复 利 系 数 表 (i＝50%)

n	(F/P, i, n)	(P/F, i, n)	(F/A, i, n)	(A/F, i, n)	(P/A, i, n)	(A/P, i, n)	(A/G, i, n)	(P/G, i, n)
1	1.5000	0.6667	1.0000	1.0000	0.6667	1.5000	0.0000	0.0000
2	2.2500	0.4444	2.5000	0.4000	1.1111	0.9000	0.4000	0.4444
3	3.3750	0.2963	4.7500	0.2105	1.4074	0.7105	0.7368	1.0370
4	5.0625	0.1975	8.1250	0.1231	1.6049	0.6231	1.0154	1.6296
5	7.5938	0.1317	13.1875	0.0758	1.7366	0.5758	1.2417	2.1564
6	11.3906	0.0878	20.7813	0.0481	1.8244	0.5481	1.4226	2.5953
7	17.0859	0.0585	32.1719	0.0311	1.8829	0.5311	1.5648	2.9465
8	25.6289	0.0390	49.2578	0.0203	1.9220	0.5203	1.6752	3.2196
9	38.4434	0.0260	74.8867	0.0134	1.9480	0.5134	1.7596	3.4277
10	57.6650	0.0173	113.3301	0.0088	1.9653	0.5088	1.8235	3.5838
11	86.4976	0.0116	170.9951	0.0058	1.9769	0.5058	1.8713	3.6994
12	129.7463	0.0077	257.4927	0.0039	1.9846	0.5039	1.9068	3.7842
13	194.6195	0.0051	387.2390	0.0026	1.9897	0.5026	1.9329	3.8459
14	291.9293	0.0034	581.8585	0.0017	1.9931	0.5017	1.9519	3.8904
15	437.8939	0.0023	873.7878	0.0011	1.9954	0.5011	1.9657	3.9224
16	656.8408	0.0015	1311.6817	0.0008	1.9970	0.5008	1.9756	3.9452
17	985.2613	0.0010	1968.5225	0.0005	1.9980	0.5005	1.9827	3.9614
18	1477.8919	0.0007	2953.7838	0.0003	1.9986	0.5003	1.9878	3.9729
19	2216.8378	0.0005	4431.6756	0.0002	1.9991	0.5002	1.9914	3.9811
20	3325.2567	0.0003	6648.5135	0.0002	1.9994	0.5002	1.9940	3.9868
21	4987.8851	0.0002	9973.7702	0.0001	1.9996	0.5001	1.9958	3.9908
22	7481.8276	0.0001	14961.6553	0.0001	1.9997	0.5001	1.9971	3.9936
23	11222.7415	0.0001	22443.4829	0.0000	1.9998	0.5000	1.9980	3.9955
24	16834.1122	0.0001	33666.2244	0.0000	1.9999	0.5000	1.9986	3.9969
25	25251.1683	0.0000	50500.3366	0.0000	1.9999	0.5000	1.9990	3.9979
26	37876.7524	0.0000	75751.5049	0.0000	1.9999	0.5000	1.9993	3.9985
27	56815.1287	0.0000	113628.2573	0.0000	2.0000	0.5000	1.9995	3.9990
28	85222.6930	0.0000	170443.3860	0.0000	2.0000	0.5000	1.9997	3.9993
29	127834.0395	0.0000	255666.0790	0.0000	2.0000	0.5000	1.9998	3.9995
30	191751.0592	0.0000	383500.1185	0.0000	2.0000	0.5000	1.9998	3.9997
31	287626.5888	0.0000	575251.1777	0.0000	2.0000	0.5000	1.9999	3.9998
32	431439.8833	0.0000	862877.7665	0.0000	2.0000	0.5000	1.9999	3.9998
33	647159.8249	0.0000	1294317.6498	0.0000	2.0000	0.5000	1.9999	3.9999
34	970739.7374	0.0000	1941477.4747	0.0000	2.0000	0.5000	2.0000	3.9999
35	1456109.6060	0.0000	2912217.2121	0.0000	2.0000	0.5000	2.0000	3.9999
40	11057332.3209	0.0000	22114662.6419	0.0000	2.0000	0.5000	2.0000	4.0000
45	83966617.3121	0.0000	167933232.6243	0.0000	2.0000	0.5000	2.0000	4.0000
50	637621500.2141	0.0000	1275242998.4281	0.0000	2.0000	0.5000	2.0000	4.0000

参 考 文 献

[1] 刘津明. 建筑技术经济 [M]. 天津：天津大学出版社，2002.
[2] 赵彬. 工程技术经济 [M]. 北京：高等教育出版社，2004.
[3] 左建. 建筑工程经济学 [M]. 北京：中国水利水电出版社，2003.
[4] 卢有杰. 新建筑经济学 [M]. 北京：中国水利水电出版社，知识产权出版社，2005.
[5] 金敏求. 建筑经济学 [M]. 北京：中国建材工业出版社，2003.
[6] 李相然. 工程经济学 [M]. 北京：中国建材工业出版社，2005.
[7] 刘云月，马纯杰. 建筑经济 [M]. 北京：中国建筑工业出版社，2004.
[8] 林增杰，武永祥. 房地产经济学 [M]. 北京：中国建筑工业出版社，2003.
[9] [美] 亨利·马尔科姆·斯坦纳. 工程经济学原理 [M]. 北京：经济科学出版社，2000.
[10] 段力平，陈建. 实用技术经济学 [M]. 北京：高等教育出版社，2003.
[11] 刘晓君. 工程经济学 [M]. 北京：中国建材工业出版社，2004.
[12] 刘新梅. 工程经济分析 [M]. 西安：西安交通大学出版社，2003.
[13] 刘亚臣. 工程经济学 [M]. 大连：大连理工大学出版社，1999.
[14] 李慧民. 建筑工程经济与项目管理 [M]. 北京：冶金工业出版社，2004.
[15] 注册咨询工程师（投资）考试教材编写委员会. 项目决策分析与评价 [M]. 北京：中国计划出版社，2003.
[16] 注册咨询工程师（投资）考试教材编写委员会. 现代咨询方法与实务 [M]. 北京：中国计划出版社，2003.
[17] 全国造价工程师考试培训教材编写委员会. 工程造价管理相关知识 [M]. 北京：中国计划出版社，2002.
[18] 全国经济专业技术资格考试用书编写委员会. 建筑经济专业知识与实务（中级）[M]. 北京：中国建筑工业出版社，2003.
[19] 赵彬. 工程技术经济 [M]. 北京：高等教育出版社，2006.
[20] 赵彬，武育秦. 建筑工程经济与管理 [M]. 武汉：武汉理工大学出版社，2005.
[21] 周银河，严薇. 建筑经济与企业管理 [M]. 武汉：武汉大学出版社，2002.
[22] 潘艳珠，侯聪霞. 工程经济学 [M]. 北京：清华大学出版社，2007.
[23] 刘零. 现代建筑管理方法与应用 [M]. 武汉：武汉工业大学出版社，1991.
[24] 国家发展和改革委员会，中华人民共和国建设部. 建设项目经济评价方法与参数第 3 版 [M]. 北京：中国计划出版社，2006.
[25] 王勇，方志达. 项目可行性研究与评估 [M]. 北京：中国建筑工业出版社，2004.
[26] 渠晓伟. 建筑工程经济 [M]. 北京：机械工业出版社，2007.
[27] 投资项目可行性研究指南编写组. 投资项目可行性研究指南 [M]. 北京：中国电力出版社，2002.
[28] 李国强，陈以一，王丛. 一级注册结构工程师基础考试复习教程 [M]. 北京：中国建筑工业出版社，2008.
[29] 谢文蕙. 建筑技术经济 [M]. 北京：清华大学出版社，1984.
[30] 黄有亮，徐向阳，谈飞，等. 工程经济学 [M]. 南京：东南大学出版社，2006.
[31] 张先玲. 建筑工程技术经济 [M]. 重庆：重庆大学出版社，2007.
[32] 陶燕瑜. 工程技术经济 [M]. 重庆：重庆大学出版社，2002.
[33] 田恒久. 工程经济 [M]. 武汉：武汉理工大学出版社，2004.
[34] 孙怀玉. 实用价值工程教程 [M]. 北京：机械工业出版社，1999.